高速高效磨削传热过程建模与数值分析方法

金 滩 易 军 著

机 械 工 业 出 版 社

本书以高速与超高速高效深切磨削模式的传热理论分析为起点，建立了磨削传热分析的系统分析模型。本书具体内容如下：对磨削区内的对流换热冷却作用进行了定量分析和测量，建立了磨屑与工件之间热分配定量分析模型；通过系统联系工件、砂轮磨粒、磨削液以及磨屑之间的传热关系，建立了磨削温度分析的完整模型；建立了齿轮成形磨削的完整传热模型，可以对渐开线齿轮成形磨削传热问题进行详细分析；通过多个具体实例介绍了不同磨削工况下磨削温度的计算方法和计算流程，同时还结合实际研究工作，详细介绍了磨削温度数值仿真分析的方法和具体步骤。

本书可作为高等院校机械制造相关专业研究生和高年级本科生的选修课教材，也可作为从事机械加工的工程技术人员和研究人员的参考书。

图书在版编目(CIP)数据

高速高效磨削传热过程建模与数值分析方法/金滩，易军著. —北京：机械工业出版社，2016.1
ISBN 978-7-111-52729-9

Ⅰ. ①高… Ⅱ. ①金… ②易… Ⅲ. ①高速磨削-传热过程-数值分析-分析方法 Ⅳ. ①TG580.1

中国版本图书馆CIP数据核字（2016）第016342号

机械工业出版社(北京市百万庄大街22号 邮政编码100037)
策划编辑：张敬柱 马 晋 责任编辑：王晓洁 王 良 宋亚东
版式设计：霍永明 责任校对：张 征
封面设计：路恩中 责任印制：李 洋
北京圣夫亚美印刷有限公司印刷
2016年3月第1版第1次印刷
184mm×260mm · 10.5印张 · 253千字
0001—2000册
标准书号：ISBN 978-7-111-52729-9
定价：49.80元

凡购本书，如有缺页、倒页、脱页，由本社发行部调换
电话服务 网络服务
服务咨询热线：010-88361066 机 工 官 网：www.cmpbook.com
读者购书热线：010-68326294 机 工 官 博：weibo.com/cmp1952
010-88379203 金 书 网：www.golden-book.com
封面无防伪标均为盗版 教育服务网：www.cmpedu.com

前　言

磨削是保证各类精密零件的加工精度、表面质量和表面完整性的重要手段。如何正确选择磨削条件和磨削参数，有效控制磨削温度，避免磨削烧伤，获得符合使用要求的零件表面硬度、残留应力和显微组织状态，是磨削理论与技术研究以及具体工程应用中的重要课题。

作者对于磨削传热分析的兴趣始于20世纪90年代初，比较系统的工作则始于1997年。在跟随蔡光起先生开展高速与超高速磨削理论和技术研究期间，对高效深切磨削的传热机制开展了比较系统的研究工作。后来在英国利物浦约翰摩尔大学以及克兰菲尔德大学工作期间，作者在布赖恩·罗以及大卫·斯蒂芬森教授指导下，做了深入研究。2010年回国后，在湖南大学工作期间，对齿轮磨削传热模型开展了进一步的研究。本书正是作者对过去十几年在磨削传热理论方面研究工作的总结。

本书以高速与超高速高效深切磨削模式的传热理论分析为起点，建立了磨削传热分析的系统分析模型。相关模型和分析方法对于普通磨削模式也完全适用，分析精度和准确性更高。本书厘清了在一般传热分析中容易忽视但却非常重要的内容，对磨削区内的对流换热冷却作用进行了定量分析和测量，建立了磨屑与工件之间热分配定量分析模型。通过系统联系工件、砂轮磨粒、磨削液以及磨屑之间的传热关系，建立了磨削温度分析的完整模型。只要知道磨削区总的热流输入或者总的磨削功率，即可对磨削区工件表面温度以及表层温度分布进行较为准确的预测和计算。本书还建立了齿轮成形磨削的完整传热模型，可以对渐开线齿轮成形磨削传热问题进行详细分析。本书还通过多个具体实例介绍了不同磨削工况下磨削温度的计算方法和计算流程，同时还结合实际研究工作，详细介绍了磨削温度数值仿真分析的方法和具体步骤。

本书在编写过程中参考和引用了许多著作的内容，在此向各位作者表示衷心的感谢。

由于编者水平有限，书中难免有不足之处，恳请广大读者批评指正。

金　滩

长沙岳麓山下

目　录

第1章 磨削热的生成及对工件表面质量的影响

1.1 磨削机制

磨削加工是使用高速旋转的砂轮，通过砂轮表面众多磨粒对工件表面的切削、耕犁、滑擦等共同作用，在工件表面去除一层材料，获得要求的尺寸精度、形状精度和表面质量的加工方法。在磨削过程中，砂轮高速旋转，在一定的磨削深度和工作台进给速度下在工件表面去除一层材料；砂轮表面随机分布的众多磨粒在极短的瞬时与工件材料产生干涉作用，对接触区工件材料造成复杂的应力、应变、摩擦和传热效果，直接影响磨削力、比磨削能等宏观输出，并进而影响磨削区生成的总热量、热流分布、热分配、工件表层的磨削温度分布以及砂轮磨损状况，从而影响实际的磨削效果。在不同的磨削参数（砂轮磨削速度、磨削深度、工作台进给速度）、砂轮（包括砂轮磨粒种类、粒度、密度、结合剂类型、砂轮硬度或气孔率、砂轮修整以及磨损情况等）以及磨削液供给（磨削液种类、喷嘴设计、供给压力、流量等）条件下，磨削区的传热条件极其复杂，影响因素众多，因而成熟稳定的磨削工艺的热设计与应用取决于多方面条件。完整可靠的磨削热分析理论与技术方法，是实现可靠磨削工艺设计的重要工具。

从传统加工方法来说，磨削属于一种精密加工的方法，工件在经过铣削、车削等粗加工和半精加工工序后，一般还需经过磨削工序以达到较高的尺寸精度、几何精度和表面质量要求。近年来，随着磨削理论尤其是磨削传热理论的发展和对磨削加工机制理解的不断深入，加之硬件技术包括超硬磨料技术以及高速和超高速、大功率、高刚度磨削装备研制水平的提高，高效深切磨削技术（High Efficiency Deep Grinding，HEDG）得到了极大发展，并在国内外工业界获得了成功应用[1-18]。在高效深切磨削中，砂轮线速度一般在150～200m/s之间，磨削深度可达5～30mm。极高的砂轮速度、大切深结合较高的工作台进给速度（10～50m/min），使磨削区传热机制较之传统磨削方式发生根本性转变，加工表面温度可显著低于砂轮与工件接触区温度，并且80%～90%的磨削热可被磨屑带走[10,12,18]。HEDG的热设计一方面可极大提高磨削效率，同时可有效降低磨削表面温度，有利于控制表面热损伤，获得良好的表面完整性。传统精密磨削（浅磨）示意图如图1-1所示。

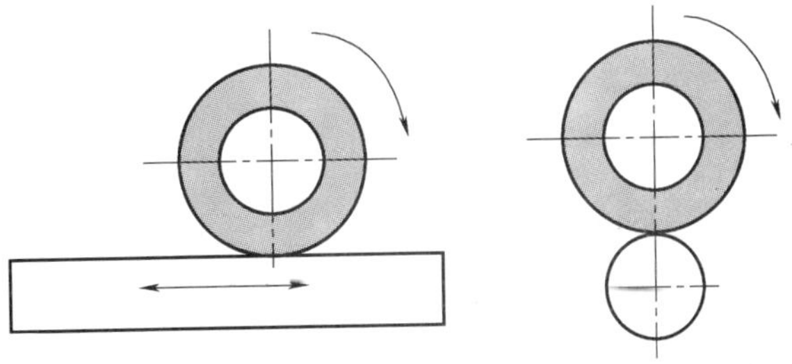

图1-1 传统精密磨削（浅磨）示意图

对于金属材料的磨削加工，一般认为磨粒对接触区材料存在切削（Cutting）、耕犁（Plowing）、滑擦（Sliding）等三种作用机制[19]。国内外学者从不同角度对这一问题进行了多方面的理论和试验研究。张幼祯[20]在《金属切削理论》一书中引用R.S.哈恩和R.P.林赛等人的研究结果，通过磨削试验得出了单位切削宽度的磨削力 F'_n 与磨削深度 a_p 之间的关系[20]，阐明了临界磨削力与切削、耕犁、滑擦三阶段的联系。其研究表明，切削、耕犁、滑擦三个磨削阶段与磨粒的切削厚度 a_g 有关，在临界切削厚度 a_{gmin} 以下，磨削刃只在工件表面滑擦，而不形成切屑。K. 斯蒂芬斯（K. Steffens）和 W. 凯尼格（W. Koenig）应用平面滑移线场理论，建立了描述单颗粒切入工件材料过程的滑移线场模型[21,22]。其分析表明，磨粒在刚接触工件材料时，只引起摩擦和弹性变形，接着是单纯的耕犁作用，在切削刃下近乎圆形的区域内存在着塑性变形；在达到临界磨削厚度后同时发生耕犁和切屑的形成。此外，W. 洛茨（W. Lortz）等用分析理论格子变形的方法，对磨削区材料瞬时自由流动进行了研究，指出在邻近死区的速度不连续滑移线附近，产生薄层的金属剧烈变形，并导致材料局部硬化，在磨粒切削刃的正下方，除极薄一层金属材料外，其余部分无塑性变形[23]。S. 马尔金（S. Malkin）结合他本人和其他学者的研究工作，系统考察和论述了在实际磨削条件下磨粒的不同作用机制对磨削力、比磨削能等磨削输出的影响[19,24,25,26]。

磨粒在磨具上排列的间距和高低都是随机分布的，磨粒是一个多面体，其每个棱角都可看作是一个切削刃，顶尖角大致为 90°～120°，尖端是半径为几微米至几十微米的圆弧。经精细修整的磨具，其磨粒表面会形成一些微小的切削刃，称为微刃。磨粒在磨削时有较大的负前角，其平均值为 -60°左右。磨粒的切削过程可分三个阶段：①滑擦阶段：磨粒开始挤入工件，滑擦而过，工件表面产生弹性变形而无切屑；②耕犁阶段：磨粒挤入深度加大，工件产生塑性变形，耕犁成沟槽，磨粒两侧和前端堆高隆起；③切削阶段：切入深度继续增大，温度达到或超过工件材料的临界温度，部分工件材料明显地沿剪切面滑移而形成磨屑。根据条件不同，磨粒的切削过程的三个阶段可以全部存在，也可以部分存在。磨屑的形状有带状、挤裂状和熔融的球状等，可据此分析各主要工艺参数、砂轮特性、冷却润滑条件和磨料的性能等对磨削过程的影响，从而寻求提高磨削表面质量和磨削效率的措施。在超高速高效磨床上进行外圆深切磨削如图 1-2 所示。

图 1-2　在超高速高效磨床上进行外圆深切磨削

1.2　磨削热的生成

磨削热来源于磨削功率的消耗。砂轮在对工件表面进行磨削加工时，由于磨粒磨刃对被加工表面的切削、刻划、摩擦、抛光作用，使金属在较短的时间内经历挤压、滑移、挤裂、切离四个阶段，从而使磨粒与工件的摩擦及金属的塑性变形能量全部转化为热能，因而使磨削局部区域内的瞬时温度高达 1000℃ 左右。磨削功率的消耗除了极少部分消耗于新生面形成所需的表面能、残留于表层和磨屑中的应变能和使磨屑流走的动能外，绝大部分消耗在加热工件、砂轮和磨屑及辐射散逸。

磨削区的能量关系可表示如下

$$Q = Q_1 + Q_2 + Q_3 + Q_4 + Q_5 \tag{1-1}$$

式中　Q——磨削过程中消耗的总能量（J）；

Q_1——金属变形能（J）；

Q_2——磨粒与工件摩擦能（J）；

Q_3——新生面形成的表面能（J）；

Q_4——残留于表层和磨屑中的应变能（J）；

Q_5——磨屑动能（J）。

磨削区的热量传入磨削接触区不同部分

$$Q_t = Q_w + Q_{ch} + Q_s + Q_f \tag{1-2}$$

式中　Q_t——磨削功转变的总热量（J）；

Q_w——传入工件的热量（J）；

Q_{ch}——传入磨屑的热量（J）；

Q_s——传入砂轮的热量（J）；

Q_f——传入磨削液的热量（J）。

1.3　比磨削能

1.3.1　比磨削能的定义

在磨削加工中，高速旋转的砂轮表面上众多磨粒的切削、耕犁、滑擦所做的机械功绝大部分都转化为热，并在磨削接触弧区内工件表面、砂轮、磨削液和磨屑之间分配。磨削区的热作用对工件加工精度、表面质量、加工效率和砂轮磨削性能等都有很大的影响。磨削加工中去除工件材料所消耗的能量一般用比磨削能（e_c）来衡量。所谓比磨削能是指磨除单位体积的工件所耗用的能量，一般以 J/mm^3 为单位表示。在平面磨削条件下，磨削宽度为 b（mm），磨削深度为 a_e(mm)，工作台速度 v_w(mm/s)，如果磨削功率为 P(W)，则比磨削能 e_c(J/mm^3）为

$$e_c = \frac{P}{a_e v_w b} \tag{1-3}$$

比磨削能可以用来度量磨削加工过程中材料去除的能量应用效率。一般来说，在磨削深度较大，砂轮相对较锋利的情况下，磨粒的切削作用所占比例相对较大，去除单位体积工件材料消耗的能量相对较小，比磨削能相应较低；反之，如果在磨削深度很小和砂轮磨钝的情况下，磨粒耕犁、滑擦作用所占比例提高，增加了工件表面材料去除的难度，因而比磨削能相应较高。平面磨削示意图如图 1-3 所示。

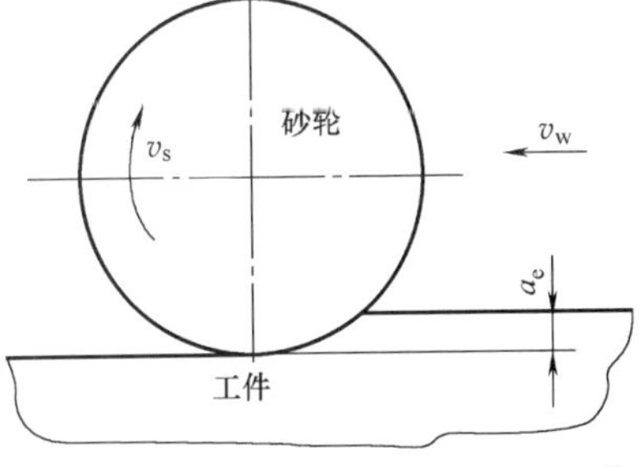

图 1-3　平面磨削示意图

1.3.2　尺寸效应与比磨削能

过去几十年对多种金属材料包括钢材、铸铁、钛合金以及高强合金的磨削力和比磨削能的系统测量计

算表明，由于大部分的磨削能量用于砂轮磨粒与工件材料间耕犁、滑擦作用，材料去除效率极低，磨削过程（尤其是传统浅磨和缓进给磨削）中的比磨削能明显高于铣削、车削等切削过程。在相同的砂轮、工件材料和磨削液供给条件下，比磨削能随磨削参数的改变发生变化，在磨削深度或工作台速度降低，即当磨削区未变形切屑厚度或切削横截面积减小时，比磨削能相应增大，即产生所谓的尺寸效应[19,27]。

尺寸效应产生的原因有几种。根据有关磨削试验及理论计算，磨削成屑过程的剪切应力大大高于材料的屈服应力，在磨屑很薄时，切应力极大。M. C. 肖（M. C. Shaw）据此认为尺寸效应与材料的微观缺陷有关，磨屑厚度减小，则位错等缺陷存在的概率减小，屈服强度增大，在切削近于无缺陷的金属材料时，最大切应力的量值等于 $G/2\pi$，G 为材料的剪切弹性模量[27]。这种假说曾在很长一段时间被国内外学者引用；但后期其他学者通过透射电子显微镜对磨屑的微观观察和有关位错理论的分析研究表明，剪切区内的位错密度极大，这与 M. C. Shaw 的假说显然有很大的矛盾[19]。有些学者认为，磨削中的高比磨削能，与磨削成屑绝热过程有关。在磨削过程中消耗的能量绝大部分转化为热量，由于极高的切削速度和大应变，磨削成屑速度极快，接近于绝热过程，即材料变形所产生的热量来不及向外传散。在绝热条件下，输入的塑性变形能最高不会超过材料的熔化能，即不会超过单位体积的材料从环境温度加热至熔融状态所需的能量。对于钢铁材料，其单位体积的熔化能为 10.5J/mm^3。实际上，传统磨削方式（传统浅磨以及缓慢进给磨削）中的比磨削能都高于该值，一般在 20～60J/mm^{3}之间，在磨屑很薄时，比磨削能可以远超过这一量值。可见，用材料的熔化能来确定比磨削能的上限并不符合实际情况[19,25]。

1.3.3　滑擦力与滑擦能

磨削中，材料的去除主要是通过成屑作用实现的，这一点可以从对磨屑的观察中看出，如图 1-4 所示。但是大量的比磨削能还消耗在成屑以外的其他机制上。其中一种是磨粒磨钝顶平面与工件表面间的滑擦作用，这种作用基本上不产生去除材料的效果。磨粒上的磨钝顶平面一般是在修整或磨削过程中产生的。

有关的试验表明，在其他磨削参数固定的条件下，法向力及切向力随砂轮磨钝顶面积的增加而增大。对于钢铁材料，磨削力随磨钝顶面积线性增长，达到某一临界点后，斜率增大（陡峭），工件发生烧伤。许多非铁金属材料的磨削力与砂轮磨钝顶平面积也呈现出这种线性变化，但没有斜率的突变。基于这类试验发现，S. Malkin 和库克（Cook）等人提出，磨削力由切削和滑擦两部分组成[19,24]。砂轮磨钝面积率 A 等于零时的磨削力对应切削过程，而后附加的磨削力则对应滑擦作用，即

$$F_t = F_{t,c} + F_{t,sl} \tag{1-4}$$

$$F_n = F_{n,c} + F_{n,sl} \tag{1-5}$$

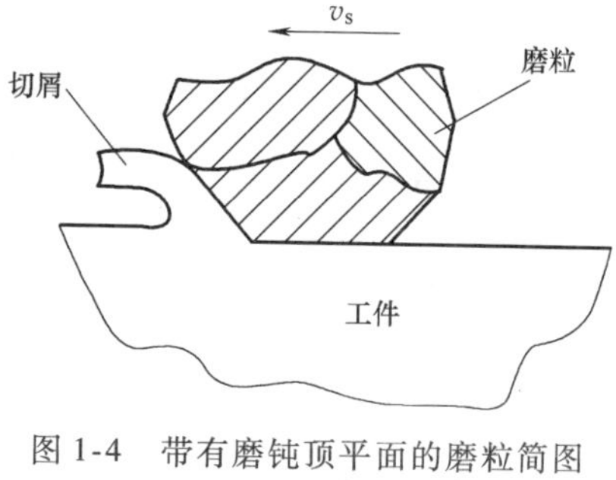

图 1-4　带有磨钝顶平面的磨粒简图

滑擦力与磨钝顶面积之间的线性关系（在不连续点以前），意味着在其他磨削条件不变的情况下，磨钝顶平面与工件间的压应力和摩擦因数为常数，故上述公式中的磨削力也可写成

$$F_t = F_{t,c} + \mu \bar{p} A_a \tag{1-6}$$

$$F_n = F_{n,c} + \bar{p} A_a \tag{1-7}$$

式中 A_a——磨钝顶面积与工件的实际接触面积。

1.3.4 耕犁（Plowing）与成屑（Chip formation）

磨粒切削作用的比能耗，即比磨削能中扣除滑擦因素剩余的部分，可用下式计算

$$u_c = \frac{F_{t,c} v_s}{b v_w a_p} \tag{1-8}$$

式中 $F_{t,c}$——切向磨削力，对应完全锋利的砂轮（砂轮磨钝面积率 $A=0$）；

v_s——砂轮线速度；

b——磨削宽度；

v_w——工件进给速度；

a_p——磨削深度。

对于钢铁材料（例如高碳钢）的磨削试验表明，比磨除率较低（磨屑厚度较小）时，比切削能 u_c 非常高。但比磨除率增加后，比切削能随之下降，趋向于最小值 13.8J/mm^3 并基本保持稳定，而且不同磨粒粒度砂轮（F30 ~ F120）的试验结果落在一条曲线上[24,25,28]。而在比磨除率固定的条件下（$v_w a_p = 1\text{mm}^2/\text{s}$），不同钢材（从低碳钢直至淬硬高速工具钢）的比切削能几乎完全相同（$u_c = 40\text{J/mm}^3$），这一结果有些出人意料，因为材料的硬度区别是相当大的。

从上述试验结果可见，即使扣除滑擦能耗，尺寸效应仍然存在，并且在磨屑厚度很小时，比切削能极大，远远超过普通切削的量级，很难用一般的塑性理论加以解释。

比切削能除用于成屑外，还应考虑耕犁能，即仅使材料发生塑性变形而未被去除所消耗的能量。通常耕犁指切削沟痕两侧的材料侧流隆起，但还可以包括材料通过切削刃下部的塑性变形。在磨刃通过磨削区时，其切深从零开始增至最大值 h_m。初始阶段磨粒与工件为弹性接触，其能耗与整个磨削能相比显示不出来，一般可以忽略，而后跟随的是塑性变形（耕犁）。平均来说，成屑作用仅发生在切削刃切深超过某一临界值以后。影响该临界切深的因素包括磨粒刃口锐利程度、取向、前角以及摩擦因数。即使在成屑以后，耕犁作用依然存在。对这类现象，人们以往做过大量研究，多数是采用三棱锥或四棱锥形的刀头来模拟切削刃。

在模拟切削刃的正切削试验中发现，对应某一固定的切深，存在一个临界前角，在该临界前角以下，产生侧向耕犁，而在该值以上，产生成屑作用，而且这种转变发生在较窄的前角范围内。在该范围内，成屑和耕犁作用同时存在，切削刃的斜角切削则有增大侧向耕犁的作用。

对于上述临界切深耕犁和临界前角耕犁机制，S. Malkin 认为前者可用于说明磨削中的尺寸效应[19,29]。增大工件进给速度 v_w 或磨削深度 a_p，都会增大未变形切屑厚度，从而在到达临界切深 h' 前，耕犁至两侧的材料体积相对于后续成屑体积减小如图 1-5 所示。相对来说，在较大比磨除率（$v_w a_p$）下，比耕犁能 u_{pl} 将减小，在极限情况下，比耕犁能趋于零，最小比切削能即对应于比成屑能 $u_{ch} = 13.8\text{J/mm}^3$，并认为该比成屑能为常数，而比耕犁能则与比磨除率大致成反比。综合起来说，总的比磨削能可以认为由成屑（Chip formation）、耕犁（Plowing）和滑擦（Sliding）项组成

$$u = u_{ch} + u_{pl} + u_{sl} \tag{1-9}$$

式中　u_{sl}——比滑擦能。

其中仅比成屑能 u_{ch} 用于实际去除材料，故而是所需的最低能量。对于钢铁材料，u_{ch} = 13.8 J/mm³，仍远远高于一般切削过程的比能耗，而且与其他金属加工过程的能量输入要求不同，最小比磨削能对合金成分及其后续热处理（是否淬硬）并不敏感。例如，热轧低碳钢的最低比磨削能实际与淬硬合金钢甚至淬硬高速工具钢相同。

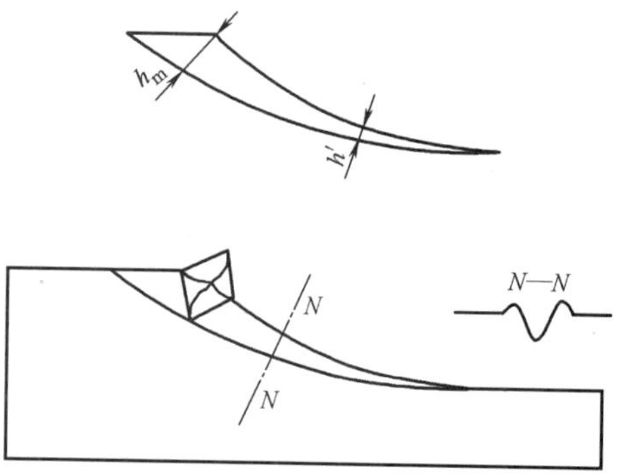

图 1-5　磨粒的临界耕犁深度

为解释磨削中的这种特殊现象，一些学者认为可以将最低比磨削能（Minimum specific energy）与同种材料的熔化能加以比较[25,26,30]。在典型情况下，75%的成屑能（Chip formation）与剪切过程（Shearing）有关，余下的25%则归于磨屑与切削刃间的摩擦，这相当于用于剪切的比能耗约为 10.4 J/mm³，该值恰好与钢铁材料单位体积的熔化能相当。这一相等关系可归因于磨削成屑过程的大变形和近于绝热的条件。大应变条件下的绝热变形，其塑性变形的能量应该不会超过材料的熔化能。比磨削能与熔化能之间的对应关系并不局限于钢材，对其他多种金属材料磨削试验也表现出这种对应关系。热处理和合金成分对最低比磨削能无影响，主要是因为熔化能对这些因素不敏感。

1.3.5　比磨削能随磨削参数和磨削条件的变化

在磨削过程中，随着材料磨除率的提高，未变形磨屑厚度增大，磨粒的切削作用增强，耕犁和滑擦能在总磨削能中所占的比率减小，因而比磨削能一般会随材料磨除率的提高而下降。在高效深切磨削模式下，由于磨削深度可达 1～10mm，比磨削能比传统浅磨显著降低，最低可达 6～7J/mm³。在工件、砂轮、磨削液以及磨削模式固定的条件下，比磨削能（e_c）与材料去除率［Q'_w，mm³/(mm · s)］大致呈指数关系变化

$$e_c = A \cdot Q'^{-t}_w \tag{1-10}$$

常数 A 和 t 可通过将理论曲线与实际测量数据拟合确定。图 1-6 所示为高效深磨条件下比磨

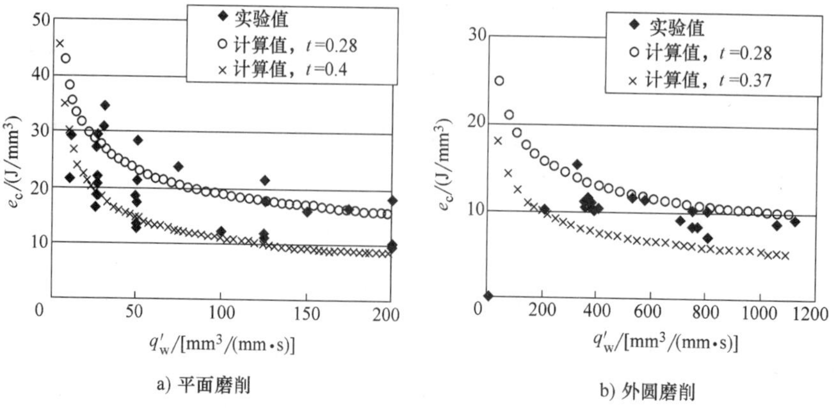

图 1-6　比磨削能随比磨除率的变化

削能随比磨除率的变化。表 1-1 给出了不同磨削条件下 A 、t 值的典型数据[12]。

表 1-1 特定磨削条件下公式（1-10）中 A、t 的取值范围

工件材料/砂轮磨粒种类	A	t	v_s/(m/s)
钢/CBN	70	0.25 ~ 0.4	0 ~ 150
钢/Al_2O_3	140	0.45	60
IN718/CBN	150	0.28	150
MAR M002/CBN	400	0.7	150
Ti-6-4/Al_2O_3(浅磨)	106	0.56	30
Ti-6-4/Diamond(浅磨)	53.1	0.0619	30

1.4 磨削热分配

在磨削过程中，磨削区总热量分别传入工件、砂轮、磨削液和磨屑。磨削热分配到不同传热体的比率随磨削参数和工艺条件会发生很大变化，是磨削传热设计和计算磨削温度时需考虑的重要因素。在典型传统浅磨条件下，传入工件的热比例一般在 50% ~60%[31,32]；而在缓进给磨削中，传入工件的热比率极低，一般低于 5%[33]，大部分的热量被磨削液带走。近年来的研究表明，在高效深切磨削条件下，磨削区的传热机制发生改变，被磨屑带走的热量可占总磨削热的 80% 以上[10]。磨削区的热分配与工件材料受砂轮的热特性、磨削液种类与供应条件、砂轮磨损状态以及磨削参数等众多因素的影响，分析起来比较复杂，将在后续章节系统介绍。

1.5 磨削热损伤

由于磨削过程中工件表面层温度和温度梯度的影响，易对工件的表面质量和使用性能造成影响，尤其是当温度在界面上超过某一临界值时，就会引起工件材料产生一系列的物理化学变化。在工件表层及亚表层所形成的磨削变质层称为热损伤层，如表面氧化、烧伤、金相转变、可能产生二次淬火、表层的软化（退火）、残留应力及裂纹疲劳强度的降低等[34,38]，其结果将会导致零件的抗磨损性能降低、应力锈蚀的灵敏性增加、抗疲劳性变差，从而降低零件的使用寿命和工作可靠性。化学变化的主要形式是，在高温下工件材料与空气、磨削液之间发生化学反应。物理变化包括因磨削力、磨削温度作用而引起的工件表层的塑性变形和冷作硬化等。此外，磨削周期中工件的累积温度，也常常导致工件产生尺寸精度和形状精度误差。另一方面，磨削区的磨削热不仅影响工件，也影响砂轮的使用寿命。因此，控制与降低磨削温度是保证磨削质量的重要环节。其有效途径包括：合理选择磨削用量（v_s、a_p、v_w）、正确选择砂轮及适时修整砂轮，改善磨削冷却条件等。下面将介绍热损伤的各种常见形式[4,5]。

1.5.1 工件烧伤

热损伤的一个重要形式就是工件烧伤。当砂轮—工件接触区某一区域温度达到某一临界温度值时，就会使工件表面组织发生变化，形成一层氧化膜。这层氧化膜因厚度不同，对光的反射状态也不相同，因而在工件表面上呈现出不同的颜色，即表面色斑，这是判断烧伤的

重要标志之一。磨削烧伤最初是淡黄色，随着加工条件的恶化，依次变为黄色、褐色、紫色和褐蓝色等不同颜色。根据已磨表面色斑的颜色深浅，通常可以将磨削过程分为正常磨削（无烧伤色斑）、非正常磨削（有明显烧伤色斑），以及介于两者之间的过渡磨削（略带淡黄色烧伤色斑）。钢件磨削烧伤一个典型的特征是工件表面出现带蓝回火色，这是表面形成氧化皮的结果，但这层氧化皮可通过磨削循环最后的无火花磨削工序去除，特别是外圆磨削可以完全去除。值得注意的是，磨削表面没有出现回火色并不意味着工件没有烧伤。在工件发生烧伤时，磨粒粘接金属的可能性加大，将直接导致磨削力上升，工件表面恶化，砂轮磨损率增加。这些现象表明磨削机理发生了突然变化，可能引起金属组织的变化。

材料不同，磨削烧伤的特点及烧伤后的组织结构是不一样的。就淬火钢而言，一般有三种主要的烧伤形式，即回火烧伤、二次淬火烧伤和退火烧伤[39]。当表层温度显著地超过马氏体转变温度（中碳钢约为 260 ~ 270℃）而又低于其相变临界温度 A_{c1}（中碳钢约为 727℃）时，工件表面原来的马氏体组织将产生回火现象，转化成硬度较低的索氏体和托氏体，表面变软，这种现象称为回火烧伤。如果工件磨削区中某些地方的表面温度超过相变临界温度，就会形成奥氏体组织，在磨削液的急冷作用下，表面的最外层会出现二次淬火马氏体组织，硬度比原来的回火马氏体高，在它的下层因冷却较慢而形成硬度较低的回火组织，这一现象称为二次淬火烧伤。若磨削温度超过工件的相交临界温度，又因工件冷却缓慢而使磨削后表面的硬度急剧下降，则产生了退火烧伤。

正常状态下或在材料性能所允许的临界温度以下生成的氧化膜很稳定、完整、致密，且与基体金属结合得很牢固，不易剥落，即使厚度很小，也能将金属与外界隔离开来，因此这种氧化膜可减弱或阻止氧化的进一步发展，起到防腐抗氧化的作用。磨削烧伤所形成的氧化膜是不稳定且不连续的，与基体结合也很不牢固，这种氧化膜本身很松散，存在空隙和裂纹，很容易脱落，不能整体、致密地覆盖在金属表面，外界介质容易进入基体，导致基体被腐蚀和氧化；同时，在磨削高温作用下，引起工件表面晶格出现畸形和晶界错位，化学成分偏析，造成电位差，引起电化腐蚀。因此，烧伤氧化膜不但不起保护作用，反而使材料的抗腐蚀能力和耐疲劳强度大大下降[40]。

1.5.2 回火

钢通常是在淬硬后进行磨削的，磨削热产生回火会引起已加工表面附近的某些软化。淬硬马氏体的回火软化是一个复杂过程，其软化程度主要取决于碳的析出、温度的高低及时间历程。回火硬度可用变时间温度下的单值函数表示[12]

$$H = H_i[\theta(C + \ln t)] \tag{1-11}$$

式中 H——回火硬度；

H_i——初始硬度；

θ——回火温度；

t——时间；

C——与工件材料相关的试验常数。

热损伤对工件次表面的影响较大。工件材料的次表面温度历程非常复杂，其达到的最高温度非常重要，对退火有重要影响。表面深度下 Z 的最大温升可表示为

$$\bar{\theta} = \frac{\pi \kappa V}{2\alpha q}\theta_m = 3.1L^{0.53}\exp(-0.69L^{-0.37}Z) \tag{1-12}$$

$$Z = \frac{Vz}{2\alpha} \tag{1-13}$$

$$L = \frac{Vl}{2\alpha} \tag{1-14}$$

式中　$\bar{\theta}$——无量纲最高温升；

θ_m——最大的准稳态温升；

q——进入工件的磨削热流量；

κ——工件导热系数；

α——热扩散系数；

V——热源移动速度；

Z——从实际切深 z 算起的无量纲深度；

L——无量纲参数；

V——$V = v_w$；

l——$l = l_c/2$；

l_c——接触弧长。

而时间效应由 l_c/v_w 体现，即经过工件表面每点花了多少时间。试验证明，高的温度和长的时间参数 l_c/v_w 引起工件产生较大的软化。此外，冷却对磨削表面最大磨削区无显著影响，但对次表面温度影响较大。

回火层深度可通过提高工件速度减少热影响深度和加热时间而减少，高效粗磨过程中产生的薄回火层可以通过精磨或最后的无火花磨削去除。

1.5.3　残留应力

残留应力是指没有外力作用下，在物体内部为了保持平衡而残留存在的应力。残留应力可以分为三种[39]：其一为宏观残留应力，它是整个工件内相互平衡的残留应力，产生的原因是力、温度、材料成分和性能不一致性，而使工件内各部分受力、热作用产生塑性变形不均匀而引起的；其二为晶粒范围内平衡的残留应力，又称为晶体残留应力，只存在于多晶体金属中，是由于各晶粒变形程度不同而产生的；第三种残留应力是在原始晶胞内平衡的残留应力，是因工件受到冷作硬化而产生的。残留应力是因为工件表面附近的非均匀塑性变形引起的。磨粒与工件的挤压干涉产生塑性流动应力。具体而言，工件表面残留应力的产生原因主要包括以下三个方面[41-43]。（1）冷态塑性变形。工件进行磨削加工时，表面层受到磨削力的作用，产生冷态塑性变形。（2）热态塑性变形。在磨削过程中，磨削温度很高，引起工件表面层材料出现热膨胀，而里层材料温度较低，因此表面层的热膨胀受到里层冷金属的阻碍而产生热压缩应力。如果表层材料的温度超过材料的弹性变形范围，则会产生热塑性变形。磨削结束后，由于冷却作用使得表层材料收缩，随着温度下降到弹性变形范围，将受到里层温度相对较高的“热”材料的阻碍而产生残留拉应力，里层材料则产生残留压应力。磨削温度越高，其热态塑性变形越大，则表面层产生的拉应力就越大。（3）金相组织变化。对于同一种金属材料，不同的金相组织的密度是不同的，其质量体积也不相同，一般来说密度小的金相组织质量体积大，而密度大的金相组织质量体积小。金属的金相组织发生变化后其密度也会改变，则其体积也会变化。工件在磨削时，当表层材料温度超过其相变温度 A_{c1} 时，如果体积增大出现膨胀现象，则会受里层材料的限制，因而表层材料产生残留压应力；如果其体积缩小而出现收缩现象，则表层材料会产生残留拉应力。加工淬火钢时，当表面温度超过 A_{c1}，如果迅速冷却，则表层材料转变为二次淬火马氏体，体积增大，并产生残留压应力；如果不是急速冷却，马氏体组织会转变为索氏体或托氏体，体积缩小，产生残留拉应力。实际上，磨削加工后表面层的残留应力是冷态塑性变形、热塑性变形和金相组织变化这三者综合作用的结果。

磨削加工会引起已加工表面附近的残留应力，这将严重影响材料的力学性能。一般来说，残留拉应力对零件的力学性能与使用性能是有害的，而残留压应力则是有利的。残留拉应力主要是由于热应力热应变以及热梯度引起的，磨削区内工件表层的热膨胀受到次表面冷金属的制约，从而在工件表层产生压缩性的热应力，如果该热应力值足够大，就可能引起压缩性塑性流动。当磨削热源消失后，冷却过程中塑性变形材料与更多的次表面材料接触，由于材料的连续统一性要求就迫使工件表层产生残留拉应力。为了保证力学平衡，残留压应力将在材料深层生成，但应力值要远远小于残留拉应力。在磨削的加热和冷却过程中，由于金相组织转变引起的残留应力形成过程非常复杂，而且还常常伴随体积的变化。在磨削生产过程中，残留应力一般为拉应力，说明拉应力的出现主要是因为热损伤引起的，对零件的机械强度有不利影响，而残留压应力普遍被认为有利于工件的力学性能。

1.5.4　磨削裂纹

磨削一些难加工材料（如淬硬钢、陶瓷等）时，如果参数选择不当，可能产生裂纹或显微裂纹。当磨削过程中磨削区温度超过某一临界值时，在磨削液的瞬间冷却下，工件表面的残留应力可能会超过材料的强度极限而产生磨削裂纹。若磨削后残留应力小于材料的强度极限，工件表面也许不会出现磨削裂纹。但是零件在以后的使用过程中受到的总应力为外加应力和残留拉应力之和，如果总应力超过材料的强度极限，则零件在工作过程中很可能出现裂纹，甚至出现断裂现象。

磨削裂纹与其他裂纹（如淬火裂纹，原材料裂纹）明显不同，较小的磨削裂纹只在已磨表面及亚表面出现，深度较浅且基本一致，在已磨表面上表现为微细裂纹，基本与磨削方向垂直，呈现出排列规则的条状裂纹。较严重的裂纹显示为龟甲状（不规则的网状），可以达到表面以下一定的深度，有时还会在表面以下较深的位置产生裂纹。

在严重的磨削裂纹产生之前，工件表面往往已形成了磨削裂纹成核，随着零件使用时间的延长，裂纹成核会沿一定的方向逐步扩大。例如，在二次淬火烧伤区与周围回火烧伤区的交界处就有可能存在磨削裂纹成核。在零件的使用过程中，这些裂纹成核很可能会沿着原始的奥氏体晶界传播扩散，出现裂纹，并会造成零件过早的疲劳破坏。此外，裂纹的产生与工件烧伤一样，只有当磨削温度达到一定的临界值时才会出现。

1.5.5　白层

高硬难加工材料磨削加工后，已加工表面有时会产生一些硬度很高的微细金相组织变质层，在铁基材料中，这种变质层通常呈白色（其颜色依材料基体不同而不同），故被称为

"白层"[44]。白层是一种形成条件极宽、表现形式各异的表面组织，对于不同的金属材料，在不同的磨损形式、摩擦条件和摩擦副中出现。研究表明，白层是由二次淬火马氏体、残留奥氏体和碳化物等组成的，往往比基体材料更硬更脆。在有白层存在的位置，加工表面层通常由表向里依次是白层、暗层和基体材料[45-48]。

白层具有硬度高、不易侵蚀、晶粒细、塑性变形严重、有时存在微观裂纹等特征。白层对零件使用过程中的磨损行为有两方面的影响：其一是白层的高硬度可以提高零件的抗磨能力，其二是由于其脆性很大，易形成裂纹，同时由于微裂纹的存在，在零件受载的情况下，白层及其周围的微裂纹可能迅速扩展，引起零件表层材料大块剥落；垂直于表面的微裂纹引起材料开裂；还会导致疲劳裂纹的成核，从而使得工件的疲劳强度降低。白层的出现给机械零件留下了安全隐患，产品的使用性能降低、寿命缩短。白层对产品的使用性能是极其有害的，应该在后续的精加工工序中将其去除。

从白层的形成机理及材料的特性来看，与其他材料相比，难加工材料更容易形成白层。虽然各种机械加工方法都有可能形成白层，但不同的加工方法产生白层的可能性、严重性是不同的，而去除白层的后续工序更不一样。研究发现：硬车削产生的白层比磨削加工产生的白层厚得多。从去除加工方法来看，与其他加工方法相比，磨削具有不可比拟的优越性。由于磨削可以进行无火花磨削，此时可以去除极薄的一层材料（特别是高速磨削），因此不可能在无火花磨削工序中形成白层，而只会去除已产生的白层，这是其他加工方法不可比拟的。由于这个原因，可以在粗加工阶段采用硬车削技术，再采用磨削进行精加工。

参 考 文 献

[1] TAWAKOLI T. Hochleistungsschleifen, technologie, Verfahrensplanung und wirtschaftlicher Einsatz [M]. Duesseldorf: VDI-Verlag, 1990.

[2] TAWAKOLI T. High efficiency deep grinding [M]. Duesseldorf: VDI-Verlag and Mechanical Engineering Publications Limited, 1993.

[3] TAWAKOLI T. Technologische voraussetzungen und theoretische grundlagen fuer das hochleistungsschleifen [J]. Industrial Diamond Review, 1990 (2): 15-17.

[4] TAWAKOLI T. Hochleistungsschleifen (HEDG) von Inconel und anderen Werkstoffen [J]. VDI-Z134, 1992, 134 (1): 48-57.

[5] KLOCKE F, BRINKSMEIER E, EVANS C, et al. High speed grinding-fundamentals and state-of-the-art in Europe, Japan and the USA [J]. Annals of the CIRP, 1997, 46 (2): 715-724.

[6] ROWE W B. Thermal analysis of high efficiency deep grinding [J]. International Journal Machine Tools and Manufacture, 2001, 41 (1): 1-19.

[7] BELL A, JIN T, STEPHENSON D J. Burn threshold prediction for high efficiency deep grinding [J]. International Journal of Machine Tools and Manufacture, 2011, 51 (6): 433-438.

[8] COMLEY P, WALTON I, JIN T, et al. A high material removal rate grinding process for the production of automotive crankshafts [J]. Annals of the CIRP, 2006, 55 (1): 347-380.

[9] JIN T, STEPHENSON D J. Heat flux distributions and convective heat transfer in deep grinding [J]. International Journal of Machine Tools and manufacture, 2006, 46: 1862-1868.

[10] JIN T, STEPHENSON D J. Analysis of grinding chip temperature and energy partitioning in high efficiency deep grinding [J]. Proceeding on Institution of Mechanical Engineers, Part B, Journal of Engineering Manufacture, 2006, 220 (5): 615-625.

[11] JIN T, STEPHENSON D J. Three dimensional finite elmemt simulation of transient heat transfer in high efficiency deep grinding [J]. Annals of the CIRP, 2004, 53 (1): 259-262.

[12] STEPHENSON D J, JIN T. Physical basics in grinding [C]. Aachen: VDI Reihe, 2003, 2 (643): 1301-1321.

[13] JIN T, STEPHENSON D J, Corbett J. Burn threshold of high carbon steel in high efficiency deep grinding [J]. Proceeding on Institution of Mechanical Engineers, Part B, Journal of Engineering Manufacture, 2002, 216: 357-364.

[14] JIN T, CAI G Q. Analytical thermal models of oblique moving heat source for deep-grinding and cutting [J]. ASME Journal of Manufacturing Science and Engineering, 2001, 123 (1): 185-190.

[15] JIN T, ROWE W B, MACORMACK D F. Temperatures in deep grinding of finite workpieces [J]. International Journal of Machine Tools and manufacture, 2002, 42 (1): 53-59.

[16] ROWE W B, JIN T. Temperatures in high efficiency deep grinding (HEDG) [J]. Annals of the CIRP, 2001, 50 (1): 205-208.

[17] STEPHENSON D J, JIN T, CORBETT J. High efficiency deep grinding of a low alloy steel with plated CBN wheels [J]. Annals of the CIRP, 2002, 51 (1): 241-244.

[18] JIN T, STEPHENSON D J. Investigation of the heat partitioning in high efficiency deep grinding [J]. International Journal of Machine Tools and Manufacture, 2003, 43: 1129-1134.

[19] MALKIN S. Grinding technology: theory and application of machining with abrasives [M]. Chichester: Ellis Horwood, 1989.

[20] 张幼祯. 金属切削理论 [M]. 北京: 航空工业出版社, 1988.

[21] KONIG W, STEFFENS K, LUDEWIG T. Single grit test to reveal the fundamental mechanism in grinding [C]. Florida: ASME, 1985: 141-154.

[22] STEFFENS K. Closed loop simulation of grinding [J]. Annals of the CIRP, 1983, 31 (1).

[23] LORTZ W. Model of the cutting mechanism in grinding [J]. *Wear*, 1979, 53 (1).

[24] MALKIN S, COOK N H. The wear of grinding wheels, part 1: attritious wear [J]. Journal of Engineering for Industry, Transaction ASME, 1971, 93 (4): 1120-1128.

[25] MALKIN S. Specific energy and mechanisms in abrasive processes [C]. Pittsburgh: Carnegie Mellon University Press, 1975: 453.

[26] MALKIN S, JOSEPH N. Minimum energy in abrasive process [J]. Wear, 1975, 32: 15-23.

[27] BACKER W R, MARSHALL E R, SHAW M C. The size effect in metal cutting [J]. Transactions of the ASME, 1952, 74 (1): 61-72.

[28] SEDRICKS A J, MULHEARN T O. The mechanism of cutting and rubbing in simulated abrasives processes [J]. Wear, 1963, 6: 457.

[29] MALKIN S. Negative rake cutting to simulate chip formation in grinding [J]. Annals of the CIRP, 1979, 28 (1): 209.

[30] MATSUO T, Toyoura S, Oshima E. Effect on cutting force in superabrasive single-grit tests [J]. Annals of the CIRP, 1989, 38 (1).

[31] MALKIN S, GUO C. Thermal analysis of grinding [J]. Annals of the CIRP, 2007, 56 (2): 760-782.

[32] KATO T, FUJII H. Energy partition in conventional surface grinding [J]. Journal of Manufacturing Science and Engineering, 1991, 121: 393-398.

[33] GUO C, WU Y, VARGHESE V, et al. Temperatures and energy partition for grinding with vitrified CBN wheels [J]. Annals of the CIRP, 1999, 48 (1): 247-250.

[34] ROWE W B, PETTIT J A, BOYLE A. Oidance of thermal damage in grinding and prediction of the damage

threshold [J]. Annals of the CIRP, 1988, 37 (1): 327-330.
[35] ROWE W B, MORGAN M N, BLACK S. Asimplified approach to thermal damage in grinding [J]. Annals of the CIRP, 1996, 45 (1): 299-302.
[36] YU X X, LAU W S. A finite elementanalysis of residual stress in stretch grinding [J]. Journal of Materials Processing Technology, 1999, 94: 13-22.
[37] MOULIK P N, YANG H T, CHANDRASEKAR S. Simulmion of thermal stresses due to grinding [J]. International Journal of Mechanical Sciences, 2001, 43: 831-851.
[38] YANG X P, LIU C R. A new stress based model of friction behavior inmachining and its sighficant impact on residual stresses computed by finite element method [J]. International Journal of Mechanical Sciences, 2002, 44: 703-723.
[39] 任敬心，华定安. 磨削原理 [M]. 西安: 西北工业大学出版社，1988.
[40] TANG J S, PU X F, XU H J. Theprediction and control of workpiece burn grinding process-application of graphite-penetrated wheels [J]. Annals of the CIRP, 1986, 35 (1): 227-230.
[41] CHEN X, ROWE W B, MCORMACK D F. Analysis of the transitional temperature for tensile residual stress in grinding [J]. Journal of Materials Processing Technology, 2000, 107: 216-221.
[42] BALART M J, BOUZINA A, EDWARDS L. The onset of tensile residual stresses in grinding of hardened steels [J]. Materials Science and Engineering, 2004, 367: 132-142.
[43] 张定铨，何家文. 材料中残余应力的 X 射线衍射分析和作用 [M]. 西安: 西安交通大学出版社，1999.
[44] TOMLINSON W J, BLUNT L A, SPRAGGETT S. The effect of workpiece speed and grinding wheel condition on the thickness of white layers formed on EN 24 ground surfaces [J]. Journal of Materials Processing Technology, 1991, 25: 105-110.
[45] BARBACKI A, KAWALEC M, HORMOL A. Turning and grinding as a source of microstructural changes in the surface layer of hardened steel [J]. Journal of Materials Processing Technology, 2003, 133: 21-25.
[46] GUO Y B, SAHNI J. A comparative study of hard turned and cylindrically ground white layers [J]. International Journal of Machine Tools & Manufacture, 2004, 44: 135 -145.
[47] OSTERLE W, ROOCH H, PYZALLA A. Investigation of white etching layers on rails by optical microscopy electron microscopy X-ray and sunchrotron X-ray diffraction [J]. Materials Science and Engineering, 2001, A303: 150-157.
[48] RAMESH A, MELKOTE S N, Allard L E. Analysis of white layers formed in hard tuming of AISI 52100 steel [J]. Materials Science and Engineering, 2005, 390: 88-97.

第2章　磨削传热基本模型

2.1　磨削区温度场理论分析简介

2.1.1　磨削区温度场定义

从一般的温度场问题出发，在任何一个物质空间中，如果某点瞬时发生热量 Q（J），其周围的任意点由于受到传来的热量影响而产生温度变化，并且其温度随着时间、地点的不同而不同，所以可用 $T(x, y, z, t)$ 来表示空间中某点的温度，其中（x, y, z）表示某点的坐标，t 是热源从开始作用的瞬间时刻到某一时刻为止的时间。磨削温度是指在磨削加工时由磨削热所引起的工件温升的一个总称。在工程研究中，可按不同的要求将磨削温度区分为工件总体的平均温度、接触面的温度、工件磨削表层的温度分布、磨削磨粒点的温度。而一般的磨削区温度场则是指接触面及工件表层各点的温度值以及工件内部不同深度处各点的温度值。

2.1.2　磨削区温度场研究方法

温度场求解方法有解析法（分离变量法、积分变换法、拉普拉斯变换法）、数值法（有限差分法、有限元法）、热源法等。

解析法根据能量守恒定律和传热学的基础方程式，满足于现实磨削中的各种条件来解方程组，可以得到各点的温度值。其优点是可以得到表示温度分布的函数关系，而且可以分析影响因素。缺点是需要设定一些条件，如几何条件、传热条件、密度、质量热容和导热系数等。由于这些条件的变化都很复杂，在求解考虑材料的加工硬化及几何非线性等复杂磨削模型时，复杂边界条件等问题或者处理耦合偏微分方程组都是可用的。

金属在磨削过程中，其导热问题的主要特点是热源有一定的形态和尺寸、有一定的动态状况、有一定的热量输出，但边界条件则多是未知值。因此，很多加工过程中的导热问题用传统的解析法或数值法求解具有一定的困难，而热源法却有其独到之处，特别是对导热范围无限大，热源又集中于极小的微元容积内，热源法可得出最简单形式的解答，计算结果和实际结果很接近。因此，本章用热源法对磨削区温度场进行理论计算。

热源法是利用导热微分方程的解，先求得简单热源（点热源），简单边界条件（无限大物体）的解析式，然后再经过迭加计算，推导出复杂场合的解析式。因此，首先要建立导热微分方程，经过傅里叶变换，求得瞬时点热源在无限大物体内发生一定热量后的任何时刻温度场的解，由此推导出瞬时无限长移动线热源在无限大物体内的温度场的解，再推导出运动持续线热源温度场的解。但由于在实际工作中常见到的并不是无限大导热体的问题，所以还要求出受绝热面限制的非无限大导热体的温度场。

2.2　不同热源条件下的温度场

2.2.1　瞬时点热源温度场

设在一个无限大的导热体内有一个点热源，位于坐标原点，如图 2-1 所示。初始条件

$t=0$ 时，导热体的温度 $\theta=0℃$。在 $t=0$ 的初始时刻，位于坐标原点的点热源突然发出一股热量 Q_d，随后立即停止发热。根据这些条件，利用三维导热微分方程，可求出任意时刻导热体内任意点的温度。

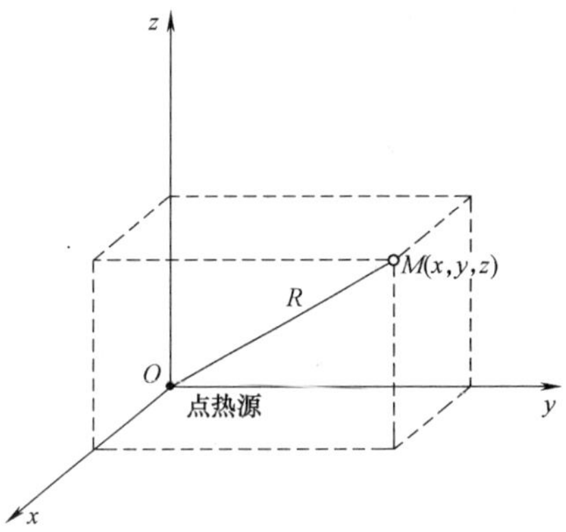

图 2-1　瞬时点热源示意图

$$\begin{cases} \dfrac{\partial\theta}{\partial\tau}=\alpha\left(\dfrac{\partial^2\theta}{\partial x^2}+\dfrac{\partial^2\theta}{\partial y^2}+\dfrac{\partial^2\theta}{\partial z^2}\right)\cdots\cdots\cdots\cdots① \\ \tau=0,\ \theta(x,y,z)=0\cdots\cdots\cdots\cdots\cdots\cdots② \\ Q_d\tau=c\rho\iiint\theta(x,y,z,\tau)\,dxdydz\cdots\cdots③ \end{cases} \tag{2-1}$$

式中　θ——温度分布；

α——热扩散率；

τ——发热时间；

c——比热容；

ρ——密度；

Q_d——点热源发热强度。

将 θ 对 τ 求导，有 $\theta_\tau=\dfrac{\partial\theta}{\partial\tau}$；再将式①和式③对 τ 求导得

$$\frac{\partial\theta_\tau}{\partial\tau}=\alpha\left(\frac{\partial^2\theta_\tau}{\partial x^2}+\frac{\partial^2\theta_\tau}{\partial y^2}+\frac{\partial^2\theta_\tau}{\partial z^2}\right) \quad ④$$

$$Q_d=c\rho\iiint\theta_\tau\,dxdydz \quad ⑤$$

应用傅里叶变换可求出方程的解为

$$\theta_\tau=\frac{Q_d}{c\rho(4\pi\alpha\tau)^{3/2}}\exp\frac{-(x^2+y^2+z^2)}{4\alpha\tau} \tag{2-2}$$

2.2.2　持续发热点热源的温度场

如果处于原点的点热源持续发热，其发热强度为 Q_d，求热源发热 t 秒后，任意点 $M(x,y,z)$ 处的温度。

可把 t 秒的整个时间过程看作是无数瞬间点热源的综合。如图 2-2 所示，整个时间过程分割成无数瞬间 $d\tau_0$，$d\tau_1$，$d\tau_2$，…，$d\tau_i$，$d\tau_{i+1}$，…而整个时间过程 t 就是瞬间点热源的总和 $t=\int_0^t d\tau_i$。

取 τ_i 时刻的一瞬间 $d\tau_i$ 进行考察。这一瞬间的点热源发热量为 $Q_d d\tau_i$。把这瞬间的发热近似地看作瞬时发热，这时刻到观察时刻 t 之间的时间间隔是 $\tau(\tau=t-\tau_i)$。按瞬时点热源计算式（2-2），$Q_d d\tau_i$ 这部分瞬间发出的热量对 M 点在观察时刻造成的温升为

$$d\theta=\frac{Q_d d\tau_i}{c\rho\,(4\pi\alpha\tau)^{3/2}}\exp\frac{-(x^2+y^2+z^2)}{4\alpha\tau} \tag{2-3}$$

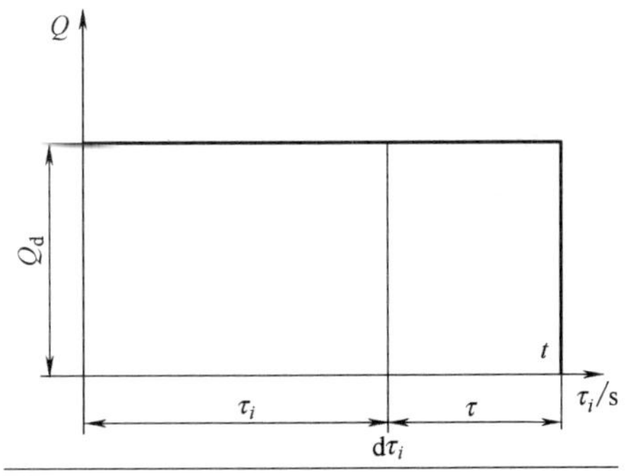

图 2-2　持续发热点热源

从 $\tau_i=0$ 到 $\tau_i=t$ 的整个过程中，所有瞬间的发热对 M 点作用所造成的总温升为

$$\theta=\frac{Q_{\mathrm{d}}}{c\rho\,(4\pi\alpha)^{3/2}}\int_{\tau_i=0}^{\tau_i=t}\tau^{-3/2}\exp\frac{-(x^2+y^2+z^2)}{4\alpha\tau}\mathrm{d}\tau_i \tag{2-4}$$

由于 $\tau=t-\tau_i$，所以 $\mathrm{d}\tau_i=-\mathrm{d}\tau$。当 $\tau_i=0$ 时，$\tau=t$；当 $\tau_i=t$ 时，$\tau=0$。而 $x^2+y^2+z^2=R^2$（R 为热源到 M 的距离），于是上式可写成

$$\theta=\frac{Q_{\mathrm{d}}}{c\rho(4\pi\alpha)^{3/2}}\int_t^0\tau^{-3/2}\exp\frac{-R^2}{4\alpha\tau}(-\mathrm{d}\tau)=\frac{Q_{\mathrm{d}}}{c\rho\,(4\pi\alpha)^{3/2}}\int_0^t\tau^{-3/2}\exp\frac{-R^2}{4\alpha\tau}\mathrm{d}\tau \tag{2-5}$$

令 $\dfrac{R}{\sqrt{4\alpha\tau}}=u$，则 $\mathrm{d}u=-2\alpha R\,(4\alpha\tau)^{-3/2}\mathrm{d}\tau$，故 $\mathrm{d}\tau=\dfrac{-(4\alpha\tau)^{3/2}}{2\alpha R}\mathrm{d}u$。当 $\tau=0$ 时 $u=\infty$；当 $\tau=t$ 时，$u=R/\sqrt{4\alpha t}$。于是上式中积分部分可写成

$$\begin{aligned}\int_0^t\tau^{-3/2}\exp\frac{-R^2}{4\alpha\tau}\mathrm{d}\tau&=\frac{-(4\alpha)^{3/2}}{2\alpha R}\int_\infty^{R/\sqrt{4\alpha t}}\mathrm{e}^{-u^2}\mathrm{d}u\\&=\frac{(4\alpha)^{3/2}}{2\alpha R}\cdot\frac{\sqrt{\pi}}{2}\left(\frac{2}{\sqrt{\pi}}\int_0^\infty\mathrm{e}^{-u^2}\mathrm{d}u-\frac{2}{\sqrt{\pi}}\int_0^{\frac{R}{\sqrt{4\alpha t}}}\mathrm{e}^{-u^2}\mathrm{d}u\right)\\&=\frac{(4\alpha)^{3/2}}{2\alpha R}\cdot\frac{\sqrt{\pi}}{2}\left[1-\mathrm{erf}\left(\frac{R}{\sqrt{4\alpha t}}\right)\right]\end{aligned} \tag{2-6}$$

将式（2-6）带入式（2－5）并整理得

$$\theta=\frac{Q_{\mathrm{d}}}{\kappa4\pi R}\left[1-\mathrm{erf}\left(\frac{R}{\sqrt{4\alpha t}}\right)\right] \tag{2-7}$$

式中　κ——导热系数，$\kappa=\alpha c\rho$。

2.2.3　瞬时无限长线热源的温度场

设在一个无限大的导热体内有一条无限长的线热源，在初始时刻 $t=0$ 的一瞬间，全线均匀地发出一股热量 Q_{s}，随后立即停止发热。求该导热体中任何时间 t 的温度分布。

若把线状热源看作是无限多个呈直线排列的点热源的总和，则该导热体中任何一点的温度将是无限多个点热源对该点的影响的总和。

为了计算方便，设坐标轴 z 与线热源重合，如图 2-3 所示，所要讨论温度的任意一点 M 的坐标为 $(x,\ y,\ z)$。

在线热源上任取微分线段 $\mathrm{d}z_i$，其坐标为 $(0,\ 0,\ z_i)$，于是 M 点受 $\mathrm{d}z_i$ 微分段热源影响而产生的温升 $\mathrm{d}\theta$ 可根据式（2-2）计算，得

$$\mathrm{d}\theta=\frac{Q_{\mathrm{s}}\mathrm{d}z_i}{c\rho\,(4\pi\alpha t)^{3/2}}\exp\left[-\frac{x^2+y^2+(z-z_i)^2}{4\alpha t}\right] \tag{2-8}$$

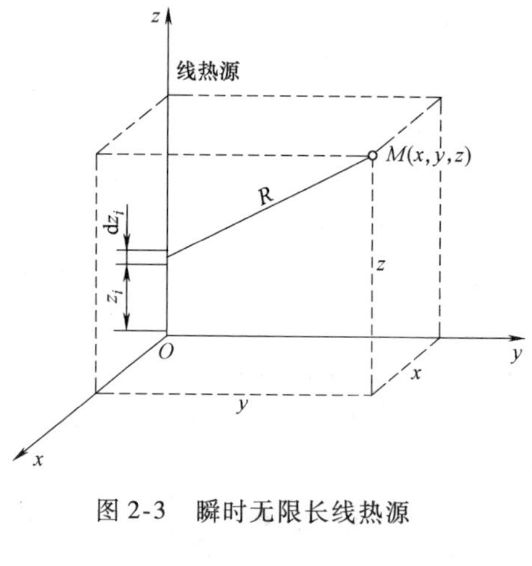

图 2-3　瞬时无限长线热源

M 点是受整个热源从 $z_i=-\infty$ 到 $z_i=+\infty$ 的影

响的，因而 M 点的温度应为

$$\theta=\int_{-\infty}^{+\infty}\frac{Q_s\mathrm{d}z_i}{c\rho\,(4\pi\alpha t)^{3/2}}\exp\left[-\frac{x^2+y^2+(z-z_i)^2}{4\alpha t}\right]=\frac{Q_s}{c\rho\,(4\pi\alpha t)^{3/2}}\mathrm{e}^{-\frac{x^2+y^2}{4\alpha t}}\int_{-\infty}^{+\infty}\mathrm{e}^{-\frac{(z-z_i)^2}{4\alpha t}}\mathrm{d}z_i \tag{2-9}$$

令 $\frac{(z-z_i)^2}{4\alpha t}=u$，则 $z-z_i=u\sqrt{4\alpha t}$；$-\mathrm{d}z_i=\sqrt{4\alpha t}\mathrm{d}u$。当 $z_i=-\infty$ 时，$u=+\infty$；当 $z_i=+\infty$ 时，$u=-\infty$。于是

$$\int_{-\infty}^{+\infty}\mathrm{e}^{-\frac{(z-z_i)^2}{4\alpha t}}\mathrm{d}z_i=\sqrt{4\alpha t}\int_{+\infty}^{-\infty}\mathrm{e}^{-u^2}(-\mathrm{d}u)=2\sqrt{4\alpha t}\int_0^{+\infty}\mathrm{e}^{-u^2}\mathrm{d}u \tag{2-10}$$

而 $\int_0^{+\infty}\mathrm{e}^{-u^2}\mathrm{d}u=\frac{\sqrt{\pi}}{2}$，所以

$$\theta=\frac{Q_s}{c\rho(4\pi\alpha t)}\mathrm{e}^{-\frac{x^2+y^2}{4\alpha t}} \tag{2-11}$$

2.2.4 运动持续线热源的温度场

如图 2-4 所示，线热源持续发热，发热功率为 Q_s，并在开始发热的同时，以速度 v 沿 x 轴平移。求热源发热并运动 t 秒后，任意点 $M(x,\ y,\ z)$ 处的温升。

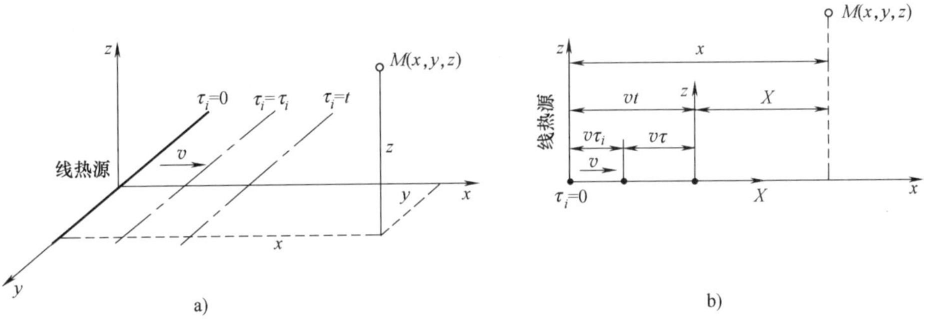

图 2-4　运动持续线热源示意图

与分析持续发热的点热源温度场一样，将 $\tau_i=0$ 到 $\tau_i=t$ 的整个过程分解为无数瞬间，并取其中在 τ_i 时刻的一瞬间 $\mathrm{d}\tau_i$ 进行分析。导热体内任意点 M 受线热源在某时刻的一个瞬间所发热量影响而引起的温升可按瞬时线热源计算。但由于热源在运动着，所以还应考虑热源在不同时刻发热时其所在位置是不同的。在 τ_i 时刻，热源的位置与初始时刻的位置相距 $v\tau_i$。

在 $\mathrm{d}\tau_i$ 瞬间，运动热源所发热量 $Q_s\mathrm{d}\tau_i$ 对 M 点所造成的温升按瞬时线热源温度场计算式（2-11）计算，得

$$\mathrm{d}\theta=\frac{Q_s\mathrm{d}\tau_i}{c\rho(4\pi\alpha\tau)}e^{-\frac{(x-v\tau_i)^2+z^2}{4\alpha\tau}} \tag{2-12}$$

热源在 $\mathrm{d}\tau_i$ 瞬间的发热看作瞬时发热，作用开始时刻为 τ_i，从这时刻到观察时刻 t 之间的时间为 τ，$\tau=t-\tau_i$。这瞬时被观察点 M 在 x 方向上离热源的距离为 $x-v\tau$，故式（2-11）中的 x 应以 $x-v\tau$ 代替。

在分析磨削温度场时，一般主要考虑的是磨削区域附近各处的温升，即热源运动方向的前后方，若干距离处的温度。为此，建立热源的相对坐标系或动坐标系，可以使运动热源温度场的求解较为方便切实。

图中坐标系的转换关系为：$x - v\tau_i = x - v(t-\tau) = x - vt + v\tau$。式中 $x - vt$ 为 M 点在观察时刻 $\tau_i = t$ 时的 x 方向的位置，即 x 方向的动坐标，以 X 表示。

图中动坐标系随热源一起运动，于是

$$x - v\tau_i = X + v\tau \tag{2-13}$$

带入式（2-12）得

$$\mathrm{d}\theta = \frac{Q_s \mathrm{d}\tau_i}{c\rho(4\pi\alpha\tau)} \mathrm{e}^{-\frac{(X+v\tau)^2+z^2}{4\alpha\tau}} \tag{2-14}$$

从 $\tau_i = 0$ 到 $\tau_i = t$ 的整个过程中，运动线热源的总影响造成 M 点的温升可对式（2-14）积分，得

$$\theta = \frac{Q_s}{4\pi\kappa}\int_0^t \frac{\mathrm{d}\tau_i}{\tau}\mathrm{e}^{-\frac{(X+v\tau)^2+z^2}{4\alpha\tau}} \tag{2-15}$$

式中 $\tau = t - \tau_i$，故 $\mathrm{d}\tau_i = -\mathrm{d}\tau$。当 $\tau_i = 0$ 时，$\tau = t$；当 $\tau_i = t$ 时，$\tau = 0$。因而式（2-15）可写成

$$\begin{aligned}\theta &= \frac{Q_s}{4\pi\kappa}\int_t^0 \frac{-\mathrm{d}\tau}{\tau}\mathrm{e}^{-\frac{(X+v\tau)^2+z^2}{4\alpha\tau}} \\ &= \frac{Q_s}{4\pi\kappa}\int_0^t \frac{\mathrm{d}\tau}{\tau}\mathrm{e}^{-\frac{X^2+z^2}{4\alpha\tau}} \cdot \mathrm{e}^{-\frac{Xv}{2\alpha}} \cdot \mathrm{e}^{-\frac{v^2\tau}{4\alpha}} \\ &= \frac{Q_s}{4\pi\kappa} \cdot \mathrm{e}^{-\frac{Xv}{2\alpha}}\int_0^t \frac{\mathrm{d}\tau}{\tau}\mathrm{e}^{-\frac{X^2+z^2}{4\alpha\tau}} \cdot \mathrm{e}^{-\frac{v^2\tau}{4\alpha}}\end{aligned} \tag{2-16}$$

令 $\frac{v^2\tau}{4\alpha} = \omega$，则 $\tau = \frac{4\alpha\omega}{v^2}$；$\mathrm{d}\tau = \frac{4\alpha}{v^2}\mathrm{d}\omega$。当 $\tau = 0$ 时，$\omega = 0$；当 $\tau = t$ 时，$\omega = \frac{v^2 t}{4\alpha}$。于是：
$\frac{X^2+z^2}{4\alpha\tau} = \frac{R^2}{4\alpha} \cdot \frac{v^2}{4\alpha\omega} = \frac{1}{4\omega}\left(\frac{Rv}{2\alpha}\right)^2 = \frac{u^2}{4\omega}\left(式中 R = \sqrt{X^2+z^2},\ u = \frac{Rv}{2\alpha}\right)$。

于是式（2-16）中的积分部分可写成

$$\int_0^t \frac{\mathrm{d}\tau}{\tau}\mathrm{e}^{-\frac{R^2}{4\alpha\tau}} \cdot \mathrm{e}^{-\frac{v^2\tau}{4\alpha}} = \int_0^{\frac{v^2 t}{4\alpha}} \frac{v^2}{4\alpha\omega} \cdot \frac{4\alpha}{v^2} \cdot \mathrm{d}\omega \cdot \mathrm{e}^{-\frac{u^2}{4\omega}} \cdot \mathrm{e}^{-\omega} = \int_0^{\frac{v^2 t}{4\alpha}} \frac{\mathrm{d}\omega}{\omega} \cdot \mathrm{e}^{-\frac{u^2}{4\omega}-\omega} \tag{2-17}$$

式（2-17）所表示的定积分是不可积的，只能用数值积分法求其值。当 $\omega \to 0$ 时，$f(\omega) \to 0$；当 $\omega = \frac{-1+\sqrt{1+u^2}}{2}$ 时，$f(\omega)$ 有极大值；当 $\omega > 1.5$ 时，$f(\omega) \to 0$。

在一般情况下，由于 ω 常大于 $1.5\left(\omega = \frac{v^2 t}{4\alpha}\right)$，故 $\int_0^{\frac{v^2 t}{4\alpha}} \frac{\mathrm{d}\omega}{\omega} \cdot \mathrm{e}^{-\frac{u^2}{4\omega}-\omega}$ 可认为等于 $\int_0^{\infty} \frac{\mathrm{d}\omega}{\omega} \cdot \mathrm{e}^{-\frac{u^2}{4\omega}-\omega}$。

$\int_0^{\infty} \frac{\mathrm{d}\omega}{\omega} \cdot \mathrm{e}^{-\frac{u^2}{4\omega}-\omega}$ 是一个特殊函数，定义为 $2K_0(u)$，$K_0(u)$ 称为零阶二类修正贝塞尔函数。显然，$K_0(u)$ 是一个对称函数，即 $K_0(u) = K_0(-u)$。计算 $K_0(u)$ 函数时，只用 u 的绝对值。

当 $u \to \infty$ 时，有

$$K_0(u) \approx \sqrt{\frac{\pi}{2|u|}} e^{-|u|} \tag{2-18}$$

当 $u \to 0$ 时，有

$$K_0(u) \approx \ln \frac{|u|}{2} - \gamma \tag{2-19}$$

式中　γ——欧拉常数，$\gamma = 0.577216\cdots$。

当 $|u| < 0.1$ 时，按式（2－19）计算，其误差不大于 0.4%。当 $|u|$ 较大而超过 7 时，由于数值运算中多位小数的多次四舍五入，$K_0(u)$ 表中的数值有很大误差，若将其代入温度场计算公式，结果会得到零值，故在此情况下，应运用式（2-18）计算。

把 $K_0(u)$ 代入式（2-16），得到运动线热源温升为

$$\theta = \frac{Q_s}{2\pi\kappa} e^{-\frac{Xv}{2\alpha}} K_0\left(\frac{v\sqrt{X^2 + z^2}}{2\alpha}\right) \tag{2-20}$$

当 $u = \frac{v\sqrt{X^2 + z^2}}{2\alpha}$ 的绝对值大于 7 时

$$\theta = \frac{Q_s}{2\pi\kappa} e^{-\frac{Xv}{2\alpha}} \sqrt{\frac{\pi}{2\left|v\sqrt{X^2 + z^2}/(2\alpha)\right|}} e^{-\left|v\sqrt{X^2 + z^2}/(2\alpha)\right|} \tag{2-21}$$

从式（2-21）可以看出，不论 z 是正或负，都得同样的值，这说明温度在热源运动路线两侧是对称分布的。而 X 为正或负时，虽 $K_0(u)$ 函数的值也相同，但 $e^{-\frac{Xv}{2\alpha}}$ 则不同，这说明热源前、后同样距离的温度是不一样的。

2.3　受绝热面限制的非无限大导热体的温度场

在实际工作中，常见的不是无限大导热体中的热传导问题。金属切削加工中，金属物体各个表面在不同条件下的导热情况可能相差甚远。如果是暴露在静止空气中的金属物体表面，往往近似地把它看作绝热面，即热量在金属内部传导到此不再向外传出，也就是说该面上的法向温度梯度 $\frac{\partial \theta}{\partial n} = 0$。

为了把非无限大物体中的热传导问题可以划为无限大物体中的热传导问题求解，可以假想在绝热面的另一边对称地存在着一个与实际存在的热源完全相同的镜像热源，如图 2-5 所示。此时，即使无此绝热面，则在此表面上各点的 $\frac{\partial \theta}{\partial n}$ 也将等于零。在物体内任意点 M 的温度为 $\theta = \theta_1 + \theta'_1$，$\theta_1$ 为受实际存在的热源 A 影响所造成的温度，θ'_1 为受镜像热源 A 影响所造成的温度。如果热源处于绝热面上，则 $\theta_1 = \theta'_1$，$\theta = 2\theta_1$。所以，在计算金属物体表面热源所引起的金属物体内部各点温度时，可以把问题当作在无限大物体中的热传导来求解，只要把结果乘以 2 即可。

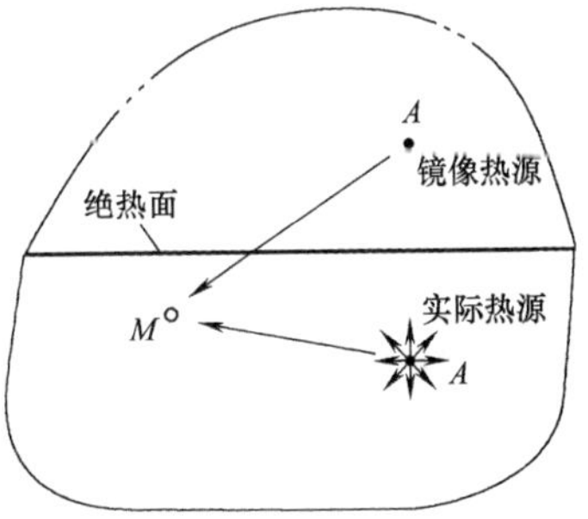

图 2-5　镜像热源示意图

2.4　Jaeger 移动热源模型

近几十年来，各国学者对于磨削区传热问题进行了多方面的研究[1-4]。对于普通磨削方式，磨削传热分析经常用到的是 J. C. 耶格（Jaeger）的移动热源基本传热模型（简称矩形热源模型）[5]。在 Jaeger 模型中，假设热源沿一个半无限大物体的表面以工件速度 ν 移动，即忽略磨削深度 a_p 的影响，认为已加工及未加工表面重合，热源所在表面与其运动方向平行。工件内某一点的温升可由以下公式求出

$$T = \int_0^{l_c} \frac{q}{\pi\kappa} e^{\frac{v(x-\xi)}{2\alpha}} K_0 \left\{ \frac{v\left[(x-\xi)^2 + z^2\right]^{1/2}}{2\alpha} \right\} d\xi \tag{2-22}$$

式中　$K_0[u]$——零阶二类修正贝塞尔函数；

x——磨削表面上任意点离线热源的距离；

z——磨削表面下的深度；

q——热源平均热流密度（W/mm^2）；

κ——工件材料的导热系数；

α——工件材料的热扩散系数；

v——热源移动速度；

l_c——热源与工件的接触长度。

在 Jaeger 的基本模型中假设热源为均匀分布（图 2-6a）

$$q(x) = \bar{q} \tag{2-23}$$

考虑到磨削区磨屑厚度从薄到厚的变化，造成磨削区磨粒上所受的力由切入处向切出处逐渐变大，故矩形热源模型将不再适用。贝季瑶和 R. 斯诺伊斯等人先后提出了三角形热源分布假设[6,7]（图 2-6b）

$$q(x) = 2\bar{q}\left(\frac{x}{l_c}\right) \tag{2-24}$$

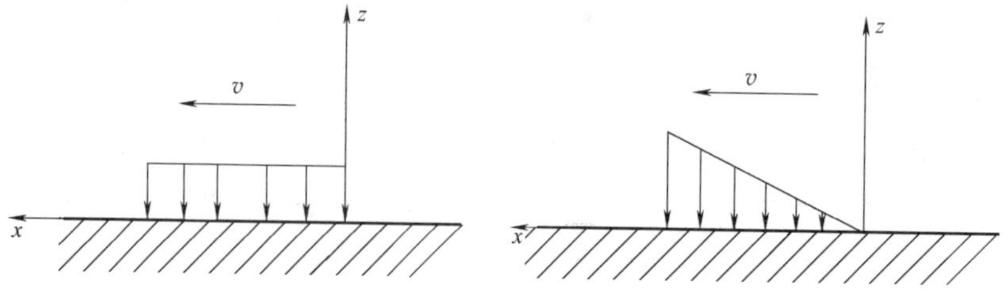

a) 均布热源　　b) 三角形热源

图 2-6　Jaeger 移动热源示意图

许多学者对磨削区的实际热流分布做了很多研究工作。结合对磨削区温度分布的实际测量并与理论分析结果相比较，发现在多数情况下，三角形热源分布假设更接近实际的磨削热流分布，理论预测的磨削区温度分布与实际测量结果比较吻合。一些学者也探讨了梯形分布和二次曲线分布对磨削区温度分布的影响，在理论上具有一定的价值。对于大多数磨削工况，目前一般公认采用三角形热流分布假设，比较符合磨削区的实际热流分布情况。热流分

布形式对最大磨削温度的数值影响不大，但影响磨削温度的具体分布。帕克莱数 $L=10$ 时，采用三角形热源，最大磨削温度大致在磨削区中部，而采用均布热源，最大磨削温度是在磨削接触区的尾部（$x=0$），如图 2-7 所示。

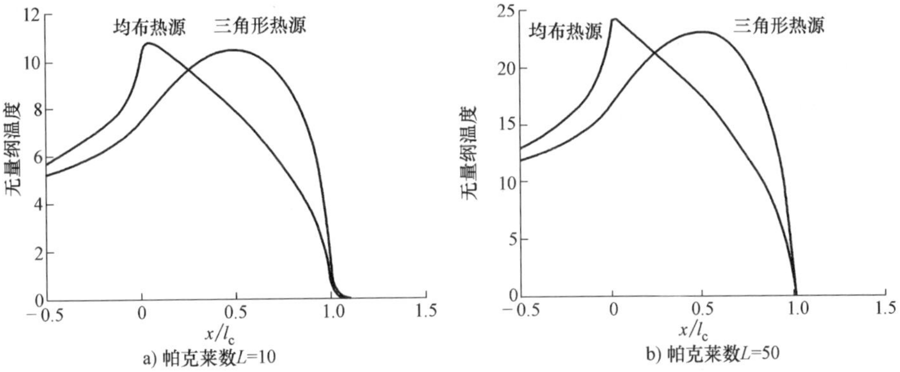

图 2-7　均布热源与三角形热源的无量纲温度分布

2.5　倾斜移动面热源传热模型

如上节所述，在 Jaeger 传热模型中，假设热源沿一个半无限大物体的表面以工件速度 v 移动，忽略磨削深度 a_p 的影响，认为已加工及未加工表面重合，热源所在表面与其运动方向平行（即图 2-8b 中 $\varphi=0$）。对于普通的磨削条件，a_p 通常为千分之几或百分之几毫米，因而这种假设与实际情况出入不大，但在深磨条件下，如在大切深的缓进给磨削和超高速高效深磨（HEDG）中，磨削深度可达几十毫米。如果将磨削弧简化为直线，则深磨时的传热情况即如图 2-8b 所示。热源所在表面与其运动方向之间有一个夹角 φ，倾斜的平面热源一面以速度 v 平移，同时热源前下方的材料不断进入磨削区被去除。显然此时不能再认为已加工表面和未加工表面是一个表面，而应根据实际情况考虑磨削深度 a_p 对热源运动和传热条件的影响。

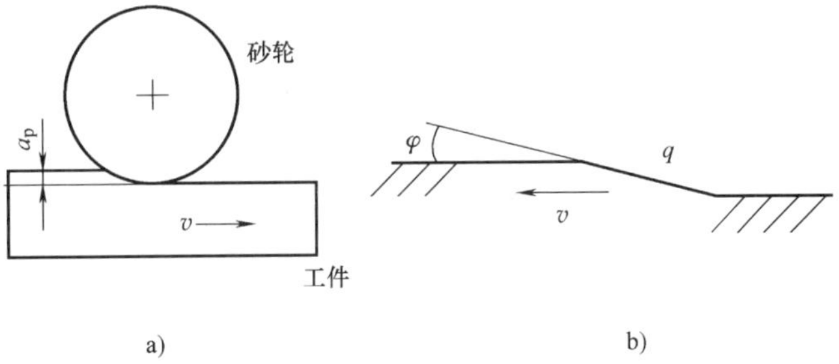

图 2-8　磨削区热源及运动简图

2.5.1　倾斜运动面热源一维传热模型[8,9]

1. 均布热源模型

在倾斜热作用表面上建立图 2-9 所示的坐标系。$A'B'$ 斜面上均布热源的热流强度为 $\bar{q}$。造成斜面 AB 温升的热量来自邻近运动斜面 $A'B'$ 上的均布热源，该热源随 $A'B'$ 以速度 v 向 AB 移动，并沿 z 轴一维传热，随着 $A'B'$ 与 AB 趋近，z 值减小，热量传递逐渐由 B 到 A，AB 斜面温度不断提高，直至 $A'B'$ 与 AB 重合。

取 $AB = A'B' = l$，l 为磨削弧长，则 $A'B'$ 上热源对 AB 的作用时间为 $t_0 = \dfrac{l}{v\cos\varphi}$，在 τ_i 时刻的一个瞬间 $\mathrm{d}\tau_i$，$A'B'$ 热源瞬间发热量为 $\bar{q}\mathrm{d}\tau_i$，从该瞬间到 t_0 的时间间隔为 τ （$\tau = t_0 - \tau_i$）。将 $A'B'$ 看成半无限大导热体表面，受瞬时发热影响，AB 上某点

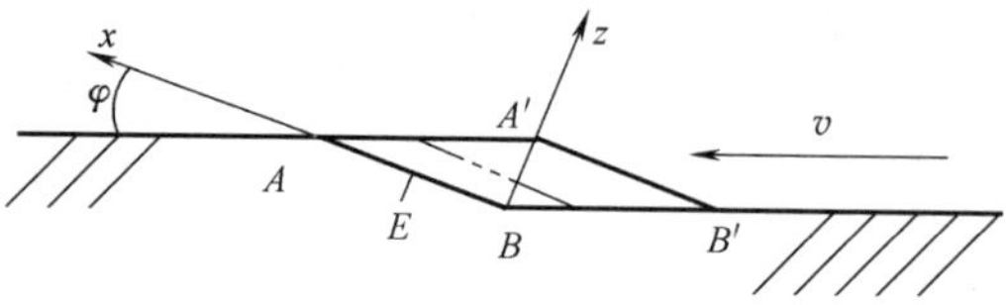

图 2-9　均布热源一维传热

$E(x，0)$ 的温升可按无限大导热体中瞬时无限大面热源温度场公式和镜像热源原理[12,13]计算

$$\mathrm{d}\theta = \frac{2\bar{q}\mathrm{d}\tau_i}{c\rho\ (4\pi\alpha\tau)^{\frac{1}{2}}}\mathrm{e}^{-\frac{z^2}{4\alpha\tau}} \tag{2-25}$$

式中　$z = z_0 - v_z\tau_i$；

$z_0 = A'B = v_z t_0$；

$v_z = v\sin\varphi$；

c、ρ、α——工件材料的比热、密度和导热系数；

$\alpha = \dfrac{\kappa}{\rho c}$；

κ——导热系数。

E 点开始受到 $A'B'$ 热源作用的时间为：$t_\mathrm{e} = \dfrac{x}{l}t_0 = \lambda t_0$，$0 \leqslant \lambda \leqslant 1$。则从 $\tau_i = t_\mathrm{e}$ 到 $\tau_i = t_0$，E 点温升为

$$\theta = \frac{2\bar{q}}{c\rho\ (4\pi\alpha)^{\frac{1}{2}}}\int_{t_\mathrm{e}}^{t_0}\frac{1}{\sqrt{\tau}}\mathrm{e}^{-\frac{(z_0 - v_z\tau_i)^2}{4\alpha\tau}}\mathrm{d}\tau_i \tag{2-26}$$

解得

$$\theta = \frac{2\bar{q}}{c\rho v\sin\varphi}\mathrm{erf}\left[v\sin\varphi\left(\frac{t_0 - t_\mathrm{e}}{4\alpha}\right)^{\frac{1}{2}}\right] \tag{2-27}$$

其中误差函数

$$\mathrm{erf}(p) = \frac{2}{\sqrt{\pi}}\int_0^p \mathrm{e}^{-u^2}\mathrm{d}u$$

式中　p——积分上限；

u——积分变量。

将式（2-27）写成无量纲形式

$$\bar{\theta} = \left(\frac{\pi\kappa v}{2\alpha q}\right)\theta = \frac{\pi}{\sin\varphi}\mathrm{erf}\left(\frac{\sin\varphi}{\sqrt{\cos\varphi}}(L - X)^{\frac{1}{2}}\right) \tag{2-28}$$

式中　$L = \dfrac{vl}{4\alpha}$；

$X = \dfrac{vx}{4\alpha}$。

2. 三角形分布热源模型

在磨削弧上，磨粒的磨削厚度是不均匀的，在接触弧前方最大，至尾部逐渐减小。取 $A'B'$ 上热流为三角形分布（图 2-10），则在 τ_i 时刻（$t_e \leqslant \tau_i \leqslant t_0$）的一个瞬间 $\mathrm{d}\tau_i$，$A'B'$ 热源在 E 点上方瞬间发热量为 $2\bar{q}\left(1 - \dfrac{\tau_i - t_e}{t_0}\right)\mathrm{d}\tau_i$，从该瞬间到 t_0 的时间间隔为 $\tau(\tau = t_0 - \tau_i)$。受瞬时发热影响，半无限大物体表面 $A'B'$ 附近一点 $E(x，0)$ 的温升按无限大导热体中瞬时无

限大面热源温度场公式和镜像原理[12,13]计算

$$\mathrm{d}\theta = \frac{4\bar{q}\left(1 - \dfrac{\tau_i - t_e}{t_0}\right)\mathrm{d}\tau_i}{c\rho\ (4\pi\alpha\tau)^{\frac{1}{2}}}\mathrm{e}^{-\frac{z^2}{4\alpha\tau}} \tag{2-29}$$

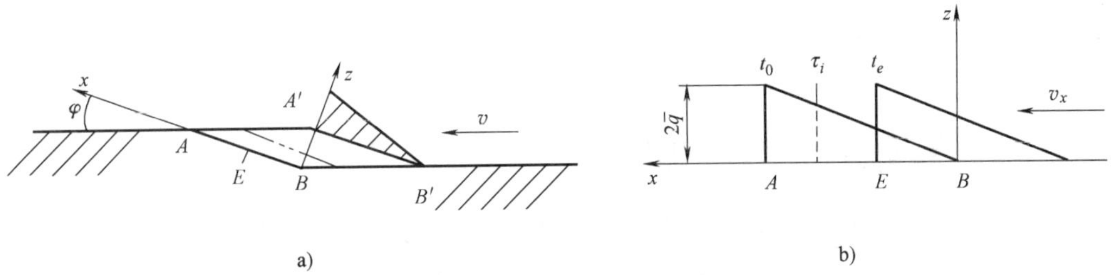

图 2-10 三角形分布热源模型

则从 $\tau_i = t_e \sim t_0$，E 点温升为

$$\theta = \frac{4\bar{q}}{c\rho\ (4\pi\alpha)^{1/2}}\int_{t_e}^{t_0}\frac{\left(1 - \dfrac{\tau_i}{t_0} - \dfrac{t_e}{t_0}\right)}{\sqrt{\tau}}\mathrm{e}^{-\frac{(z_0 - v_z\tau_i)^2}{4\alpha\tau}}\mathrm{d}\tau_i \tag{2-30}$$

经分步积分得

$$\theta = \frac{4\bar{q}}{c\rho t_0 v_z^3}(2\alpha + t_e v_z^2)\,\mathrm{erf}\left[\frac{v_z\sqrt{t_0 - t_e}}{\sqrt{4\alpha}}\right] - \frac{8\bar{q}\sqrt{\alpha}}{c\rho t_0 v_z{}^2\sqrt{\pi}}\sqrt{(t_0 - t_e)}\,\mathrm{e}^{-\frac{v_z{}^2(t_0 - t_e)}{4\alpha}} \tag{2-31}$$

写成无量纲形式

$$\bar{\theta} = \left(\frac{\pi\kappa v}{2\alpha\bar{q}}\right)\theta$$

$$= \frac{\pi}{L\sin\varphi}\left[\frac{\mathrm{ctan}\varphi}{\sin\varphi} + 2X\right]\mathrm{erf}\left[\frac{\sin\varphi}{\sqrt{\cos\varphi}}\sqrt{L - X}\right] - \frac{2\sqrt{\pi}}{\sin^2\varphi}\sqrt{\cos\varphi}\frac{\sqrt{L - X}}{L}\exp\left[-\frac{\sin^2\varphi}{\cos\varphi}(L - X)\right] \tag{2-32}$$

2.5.2 倾斜运动均布面热源二维传热模型[8,9]

按二维导热问题考虑，需分步求解。首先考虑在无限大导热体中，一个无限长线热源持续发热，发热功率为 q，该热源同时以速度 v_x 沿 x 轴平移，导热体中一点 $M(x,\ y,\ z)$ 则以速度 v_z 平行于 z 轴平移（见图 2-11），以下即求解线热源发热和运动 t 秒后 $M(x,\ z)$ 处的温升。

在 τ_i 时刻，运动热源所发热量 $q\mathrm{d}\tau_i$ 对 $M(x,\ z)$ 处造成的温升按无限大导热体中瞬时线热源温度场公式计算

$$\mathrm{d}\theta = \frac{q\mathrm{d}\tau_i}{c\rho(4\pi\alpha\tau)}\mathrm{e}^{-\frac{(x - v_x\tau_i)^2 + (z - v_z\tau_i)^2}{4\alpha\tau}} \tag{2-33}$$

式中各变量关系见图 2-11，$\tau = t - \tau_i$。取动坐标 $x' = x - v_x t$，$z' = z - v_z t$。从 $\tau_i = 0$ 到 $\tau_i = t$，运动线热源的总影响造成 M 处的温升

$$\theta = \frac{q}{4\pi\kappa}\int_0^t \frac{\mathrm{d}\tau_i}{\tau}\exp\left[-\frac{(x' + v_x\tau)^2 + (z' + v_z\tau)^2}{4\alpha\tau}\right] \tag{2-34}$$

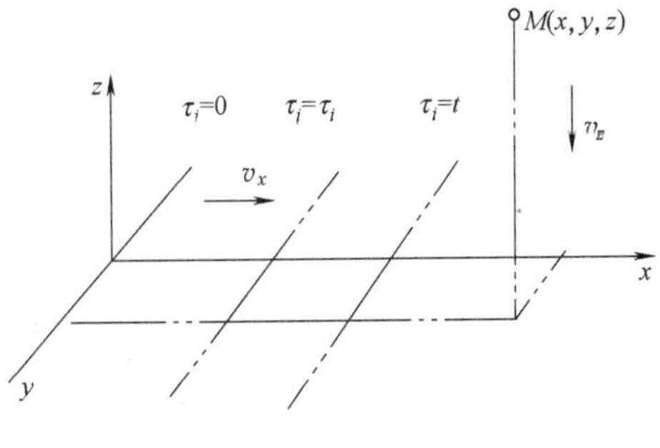

图 2-11 无限大导热体中运动线热源

式中 κ——热传导系数。

解得

$$\theta=\frac{q}{2\pi\kappa}\mathrm{e}^{-\frac{x'v_x+z'v_z}{2\alpha}}K_0\left(\frac{v\sqrt{x'^2+z'^2}}{2\alpha}\right) \tag{2-35}$$

式中 $K_0(u)=\int_0^{\infty}\frac{\mathrm{d}\omega}{\omega}\mathrm{e}^{-\omega-\frac{u^2}{4\omega}}$。

当积分上限 $p=\frac{v^2t}{4\alpha}\geqslant1.5$ 时，即可认为 $\int_0^{p}\frac{\mathrm{d}\omega}{\omega}\mathrm{e}^{-\omega-\frac{u^2}{4\omega}}=\int_0^{\infty}\frac{\mathrm{d}\omega}{\omega}\mathrm{e}^{-\omega-\frac{u^2}{4\omega}}$。

将斜面 AB 上的面热源 $\bar{q}$ 看成线热源（y 方向）的综合，并建立图 2-11 动坐标系 $x'z'$ 与热源一起以速度 v 运动。各个线热源沿 v 方向运动，即 $v_x=v\cos\varphi$，$v_z=v\sin\varphi$。半无限大导热体表面 AB 附近一点 $M(x',z')$ 受 $\mathrm{d}x_i'$ 线热源影响的温升由式（2-35）及镜像热源原理计算

$$\mathrm{d}\theta=\frac{\bar{q}\mathrm{d}x_i'}{\rho\kappa}\mathrm{e}^{-\frac{(x'-x_i')v_x+z'v_z}{2\alpha}}K_0\left(\frac{v\sqrt{(x'-x_i')^2+z'^2}}{2\alpha}\right) \tag{2-36}$$

则 $M(x',z')$ 受整个面热源影响的温升为

$$\theta=\frac{\bar{q}}{\rho\kappa}\mathrm{e}^{-\frac{z'v_z}{2\alpha}}\int_0^{l}\mathrm{e}^{-\frac{(x'-x_i')v_x}{2\alpha}}K_0\left(\frac{v\sqrt{(x'-x_i')^2+z'^2}}{2\alpha}\right)\mathrm{d}x_i' \tag{2-37}$$

在热源作用表面（$z'=0$）

$$\theta=\frac{\bar{q}}{\rho\kappa}\int_0^{l}\mathrm{e}^{-\frac{(x'-x_i')v_x}{2\alpha}}K_0\left(\frac{v\sqrt{(x'-x_i')^2}}{2\alpha}\right)\mathrm{d}x_i' \tag{2-38}$$

解得

$$\theta=\frac{2q}{\pi c\rho v}\left\{i\left[\frac{vx'}{2\alpha},\cos\varphi\right]-i\left[\frac{v(x'-l)}{2\alpha},\cos\varphi\right]\right\} \tag{2-39}$$

式中 $i(p,\xi)=\int_0^{p}\mathrm{e}^{-\xi u}K_0(u)\mathrm{d}u$。

表面无量纲温升为

$$\bar{\theta}=\left(\frac{\pi\kappa v}{2\alpha\,q}\right)\theta=i[2X,\cos\varphi]-i[2X-2L,\cos\varphi] \tag{2-40}$$

当 $\varphi=0$，$\cos\varphi=1$ 时

$$\bar{\theta}=\int_{2X-2L}^{2X}\mathrm{e}^{-u}K_0(u)\mathrm{d}u \tag{2-41}$$

与 Jaeger 的解完全相同，即 Jaeger 的解是倾斜运动传热问题的一个特例。由此也从一个角度验证了上述有关假设和推导的正确性。

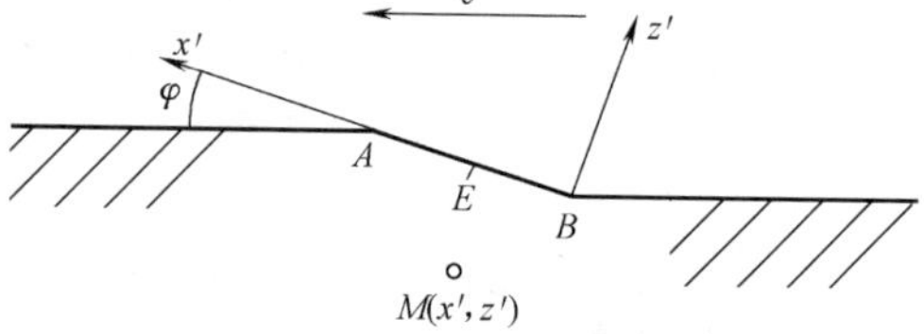

图 2-12 均布热源二维传热

2.5.3 一维和二维模型的无量纲温度分布

无论是一维或二维模型，热源分布形式对磨削区无量纲温度分布有明显影响。采用均布和三角形分布热源假设，最大无量纲温度的位置会发生明显改变，如图 2-13 所示。一维模

型适用于对磨削接触面温度的分析，而二维模型则可以用来计算在磨削接触面、加工面以及工件内部任一点的温度。一维或二维模型对接触面无量纲温度的分析结果也比较接近。接触角与帕克莱数的变化对接触面温度、加工面温度以及两个面上的温度比有比较显著的影响，如图 2-14、图 2-15 所示。

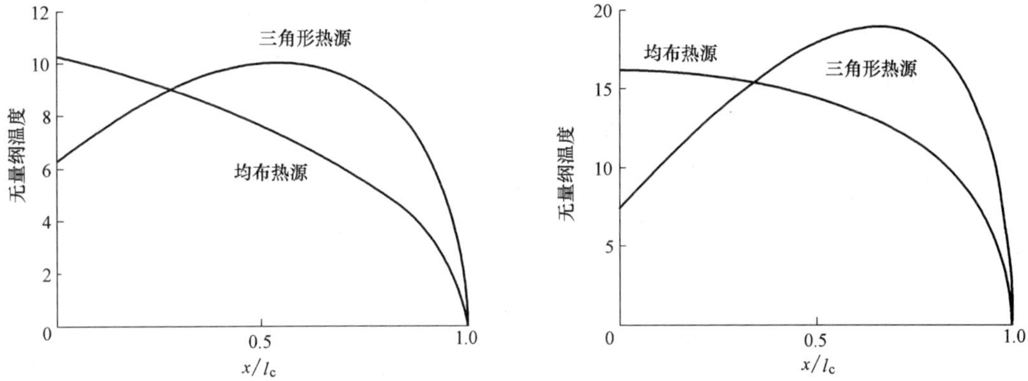

a) 帕克莱数 L=10，接触角 φ=10°　　b) 帕克莱数 L=50，接触角 φ=10°

图 2-13　热源分布形式对无量纲温度的影响（一维传热模型）

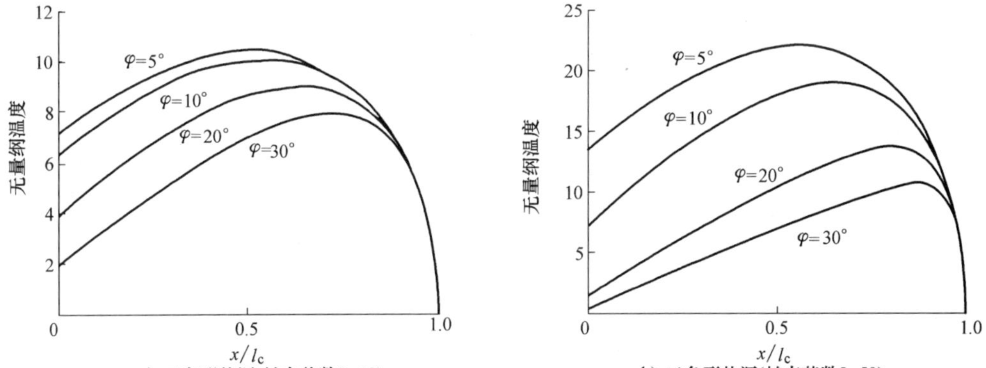

a) 三角形热源(帕克莱数 L=10)　　b) 三角形热源(帕克莱数 L=50)

图 2-14　接触角对无量纲温度的影响（一维传热模型）

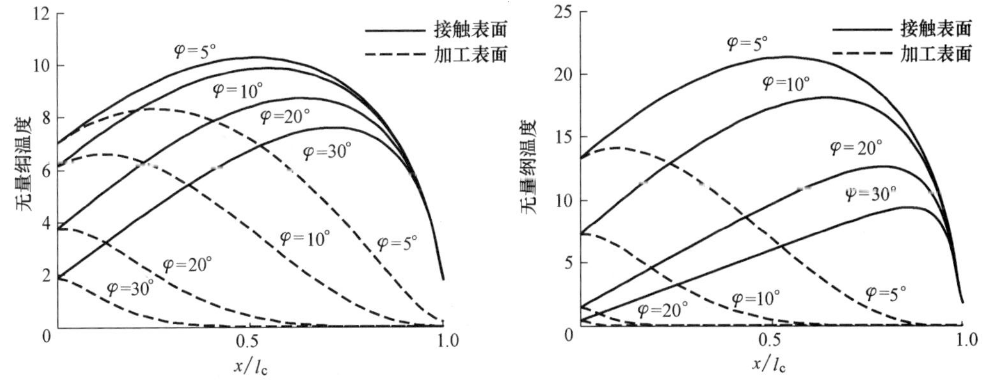

a) 三角形热源(帕克莱数 L=10)　　b) 三角形热源(帕克莱数 L=50)

图 2-15　接触角对无量纲温度的影响（二维传热模型）

2.6　圆弧接触移动热源模型

在倾斜移动面热源模型中，为了简化推导过程，砂轮与工件接触面被简化为一个倾斜移动平面，与实际接触情况有所出入。金滩在英国利物浦约翰·摩尔大学工作期间和布莱恩·罗教授对上述模型做了进一步改进[10]，将砂轮与工件接触面看作圆弧面，工件表面和内部温升通过对沿圆弧面上分布的线热源积分，模型的准确性进一步提高。

在倾斜移动热源模型中，接触角是一个常数，而在圆弧接触移动热源模型（图 2-16）中，砂轮与工件接触面是一个圆弧面，接触长度 l_c 等于弧长 AFB，接触角沿磨削弧方向连续变化，接触区热源由连续分布在接触弧上的众多无限长移动线热源组成。在 $F(x_i, z_i)$ 点的线热源以速度 v_f 在平行于 x 轴方向移动，接触角 φ_i 为 $\angle FBC$，最大接触角 φ 等于 $\angle AFB$。接触弧长 BF 为 $l_i = d_e\varphi_i$（d_e 为砂轮等效直径）。

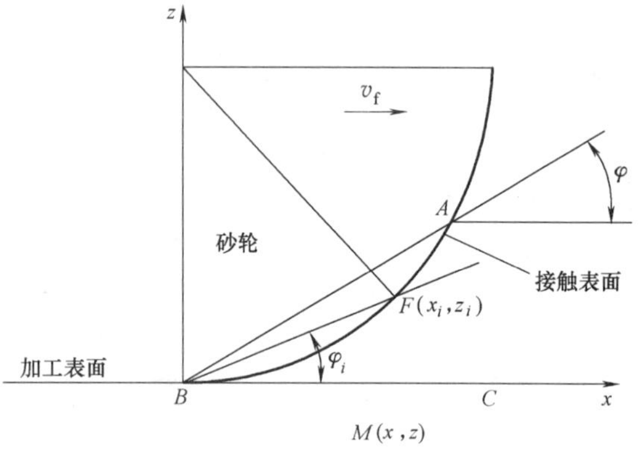

图 2-16　圆弧接触移动热源模型

移动线热源 dl_i，在点 $M(x, z)$ 造成的温升为

$$dT = \frac{q\mathrm{d}l_i}{\pi\kappa}\mathrm{e}^{-\frac{(x - l_i\cos\varphi_i)v_f}{2\alpha}}K_0\left[\frac{v_f r_i}{2\alpha}\right] \tag{2-42}$$

$$r_i = \sqrt{(x - l_i\cos\varphi_i)^2 + (z - l_i\sin\varphi_i)^2}$$

式中　K_0——零阶二类贝塞尔函数；

α——工件材料的热扩散系数；

κ——导热系数。圆弧面上总热源在点 $M(x, z)$ 造成的温升为

$$T = \frac{1}{\pi\kappa}\int_0^{l_c} q\mathrm{e}^{-\frac{v_f}{2\alpha}(x - l\cos\varphi_i)}K_0\left[\frac{v_f r_i}{2\alpha}\right]\mathrm{d}l_i \tag{2-43}$$

热流密度 q 可写成如下形式

$$q = \overline{q}(n+1)(l_i/l_c)^n \tag{2-44}$$

当 $n=0$ 时，热源为均匀分布，$n=1$ 时，热源为三角形分布。$\overline{q}$ 为弧长 AFB 面上的平均热流密度。式（2-43）可转换为无量纲形式

$X = \frac{v_f x}{4\alpha}$，$Z = \frac{v_f z}{4\alpha}$，帕克莱数 $L = \frac{v_f l_c}{4\alpha}$，无量纲温升为

$$\overline{T} = \frac{\pi\kappa v_f}{2\alpha q}T \tag{2-45}$$

由式（2-43）、式（2-44）可导出在接触面 AFB、加工面 BC 以及工件内部任意位置的温升。

在高效深切磨削中，由于切深和工作台速度、帕克莱数和接触角 φ 较大，在 AFB 面和

BC 面之间存在一个楔形材料区，因而在这两个面上的温度差别较大，具体取决于帕克莱数和接触角 φ 的数值，是高效深切磨削热设计中需要考虑的重要因素。

图 2-17 为圆弧接触移动热源模型导出的接触面 AFB 和加工面 BC 上的最大无量纲温度分布。当帕克莱数 $L=50$ 时，接触面和加工面上的无量纲温度均随接触角的增大而降低。加工面上的温度则低于接触面上的温度。一般来说，增大帕克莱数和接触角 φ 有助于降低在加工面上的温度，避免磨后热损伤。当然，实际磨削温度还与比磨削能的大小以及磨削区的热分配比率有关。

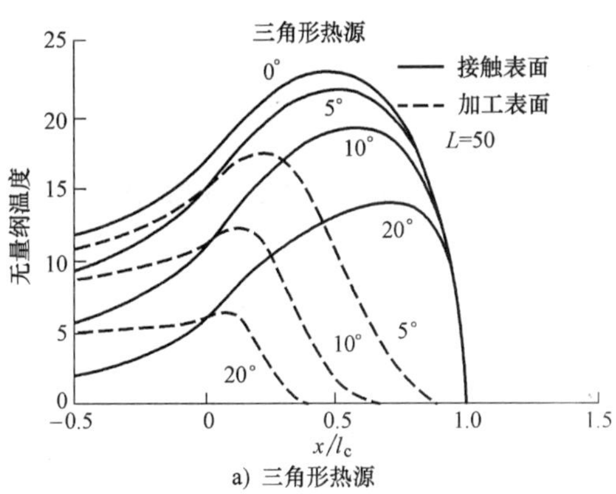

图 2-17　接触面与加工面最大无量纲温度分布

圆弧接触移动热源模型导出的接触面无量纲温度较倾斜移动热源模型有所提高，而两种模型导出的加工面无量纲温度差别较大，即使在接触角较小的情况下（$\varphi=5°$），两种模型导出的加工面温度也有较大差别，如图 2-18 所示。圆弧接触模型比较接近实际的砂轮与工件几何接触情况，计算结果应该更加准确。

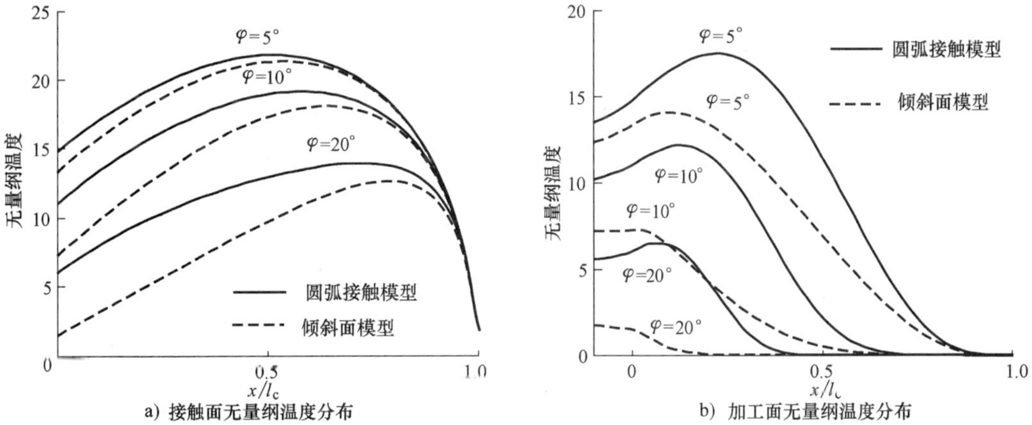

图 2-18　两种模型导出的最大无量纲温度分布对比（$L=50$）

2.7　瞬时传热问题[11]

前面讨论的几个传热基本模型考虑的是在磨削温度达到稳态时的磨削温度。对于平面磨削的情况，即假设工件具有足够的长度，磨削弧沿工件表面移动一定距离后，磨削区温度逐渐升高达到稳定值，而后热源继续在工件表面移动，温度不再升高。在实际的磨削加工过程中，如果工件长度相对较短，磨削区温度随时间不断变化，在最后阶段可能还未达到稳态，因而有必要对瞬时传热问题进行研究。

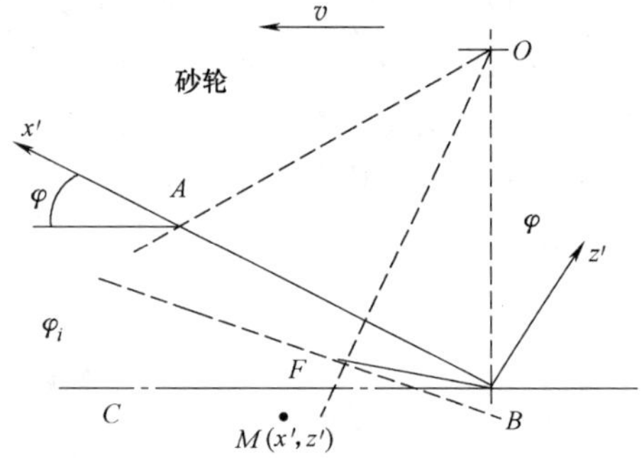

图 2-19　圆弧接触移动热源磨削瞬态温度

在圆弧接触移动热源模型中，接触区热源由连续分布在接触弧上的众多无限长移动线热源组成。在移动坐标系 $x'z'$ 中的线热源以速度 v 水平移动（图 2-19）。各线热源的局部接触角 φ_i 自 0 变化至 2φ，局部接触角 φ_i 的均值为 φ。在点 $F(x'_i, z'_i)$ 处的线热源 dl_i 以速度 v 移动。受 F 点移动线热源 dl_i 的影响，工件中一点 $M(x', z')$ 在时间 t 后产生的瞬时温升可由于下式导出

$$dT = \frac{q dl_i}{\pi\kappa} e^{-\frac{(x'-x'_i)v_x + (z'-z'_i)v_z}{2\alpha}} K_t\left(\frac{vr_i}{2\alpha}\right) \tag{2-46}$$

$$r_i = \sqrt{(x-x_i)^2 + (z-z_i)^2}$$

$$v_x = v\cos\varphi$$

$$v_z = v\sin\varphi$$

$$\varphi_i = \frac{l_i}{R}$$

式中　α——工件材料的热扩散系数；

κ——导热系数。

函数 K_t 具有如下形式

$$K_t[u] = \frac{1}{2}\int_0^\infty \exp\left(-\omega - \frac{u^2}{4\omega}\right)\frac{d\omega}{\omega} - \frac{1}{2}\int_p^\infty \exp\left(-\omega - \frac{u^2}{4\omega}\right)\frac{d\omega}{\omega} \tag{2-47}$$

$$\omega = \frac{v^2\tau}{4\alpha}$$

$$\tau = t - t_i \quad (0 \leqslant t_i \leqslant t)$$

而 $p = \frac{v^2 t}{4\alpha}$ 为变量 ω 的积分下限。对于瞬态问题，需保留式（2-47）中第二项，而对于稳态问题，公式中第二项可以忽略。

磨削弧全长上总热量对点 $M(x', z')$ 造成的温升可沿磨削弧全长对公式（2-46）积分

$$T = \frac{1}{\pi\kappa}\int_0^{l_c} q e^{-\frac{(x'-x'_i)v_x + (z'-z'_i)v_z}{2\alpha}} K_t\left[\frac{vr_i}{2\alpha}\right] dl_i \tag{2-48}$$

热流密度 q 可以表示为

$$q = \bar{q}(n+1)\left(\frac{l_i}{l_c}\right)^n \tag{2-49}$$

当 $n=0$ 时，为均布热流密度，当 $n=1$ 时，对应三角形热流密度。$\bar{q}$ 为加载于圆弧表面 AFB 的平均热流密度。式（2-48）用无量纲形式可表示为

$$\bar{T}=\frac{\pi\kappa v}{2\alpha\bar{q}} \tag{2-50}$$

式（2-48）导出的是工件内部一点温升的瞬态解，一般用来处理磨削热源作用时间相对较短的情况。当热源无量纲移动距离 l_p 显著大于一个或几个磨削弧长时，式（2-48）导出的温升逐渐达到稳态。达到稳态所需的热源移动距离 l_p 主要与帕克莱数 L 以及磨削弧长有关

$$L_p=\frac{vt}{l_c} \tag{2-51}$$

2.8　瞬态表现

图 2-20 所示为在无量纲移动距离 l_p 变化对瞬时磨削接触温度的影响。当帕克莱数较小时（$L=1$，类似缓进给磨削的情况），磨削热源需移动 3～5 个磨削弧长以上（$l_p>3\sim5$），才能达到或接近稳态磨削温度。在这种情况下，采用稳态磨削温度解预测的磨削温度往往会明显高于实际磨削表面温度。

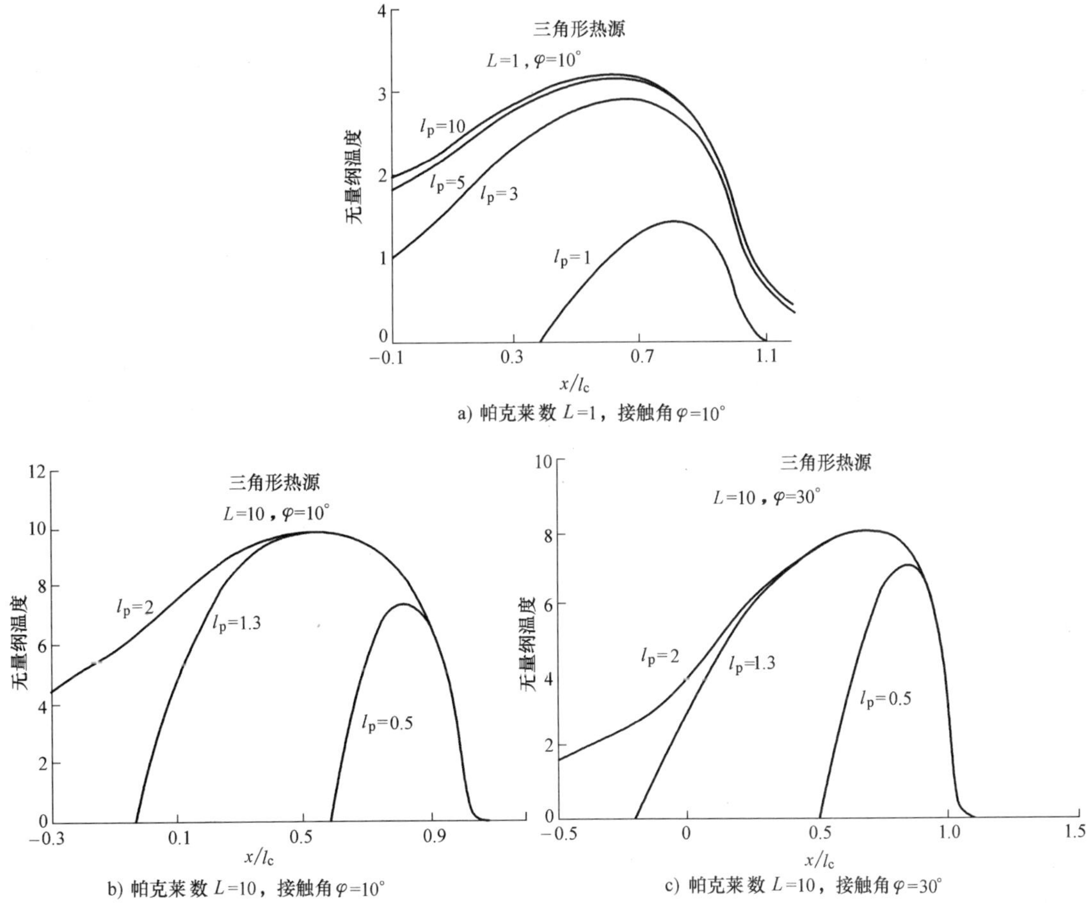

a) 帕克莱数 $L=1$，接触角 $\varphi=10°$

b) 帕克莱数 $L=10$，接触角 $\varphi=10°$

c) 帕克莱数 $L=10$，接触角 $\varphi=30°$

图 2-20　接触面瞬时磨削温度分布

对于帕克莱数较大的情况（$L=10$），在 $l_p=0.5$ 时就可以较快地达到稳态磨削温度。因此，对于高速或超高速高效深切磨削（HEDG）来说，稳态温度解适用于磨削热源覆盖的大部分长度，只是在砂轮切入初始阶段的较短距离，磨削温度逐渐积累升高并很快达到稳态温度。对于瞬态磨削温度的主要影响因素是帕克莱数，砂轮与工件之间平均接触角的影响较小。

依据上述分析，单纯从磨削传热的角度来看，有可能采用深切磨削方法在一个薄壁上切出一个深槽，由于热源移动距离极短，瞬时磨削温度很低，无论采用缓进给或高效深磨方式，都不会造成任何热损伤。

参考文献

[1] DES RUISSEAUX N R, ZERKLE R D. Thermal analysis of the grinding process [J]. ASME Journal of Engineering for Industry, 1970, 92: 428-434.

[2] LAVINE A S, JEN T C. Thermal aspects of grinding: Heat transfer to workpiece, wheel, and fluid [J]. Journal of Heat Transfer, 1991, 113: 296-303.

[3] MALKIN S, ANDERSON R B. Thermal Aspects of Grinding: Part 1: Energy partition [J]. ASME Journal of Engineering for Industry, 1974, 96: 1177-1183.

[4] MALKIN S, ANDERSON R B. Thermal Aspects of Grinding: Part 2: Surface temperature and workpiece burn [J]. ASME Journal of Engineering for Industry, 1974, 96: 1184-1191.

[5] JAEGER J C. Moving Sources of Heat and the Temperature at Sliding Contacts [J]. Proceedings of the Royal Society of New South Wales. 1942, 76: 203-224.

[6] SNOEYS R. Thermally induced damage in grinding [J]. Annals of the CIRP, 1978, 27 (1): 571-581.

[7] 贝季瑶. 磨削温度的分析与研究 [J]. 上海交通大学学报, 1964, 9 (3): 55-71.

[8] 金滩. 高效深切磨削技术的基础研究 [D]. 沈阳: 东北大学博士论文, 2000.

[9] JIN T, CAI G Q. Analytical thermal models of oblique moving heat source for deep-grinding and cutting [J]. ASME Journal of Manufacturing Science and Engineering, 2001, 123 (1): 185-190.

[10] ROWE W B, JIN T. Temperatures in high efficiency deep grinding (HEDG) [J]. Annals of CIRP, 2001, 50 (1): 205-208.

[11] JIN T, ROWE W B, MACORMACK D F. Temperatures in Deep Grinding of Finite Workpieces [J]. International Journal of Machine Tools and manufacture, 2002, 42 (1): 53-59.

[12] 侯镇冰. 固体热传导 [M]. 上海: 上海科学技术出版社, 1984.

[13] 任敬心, 华定安. 磨削原理 [M]. 西安: 西北工业大学出版社, 1988.

第3章 磨削区热分配子模型

3.1 概述

磨削区总热量分配到不同的传热体（工件、砂轮、磨削液和磨屑，见图3-1）的比率随工件和砂轮磨粒的导热特性、磨削参数以及磨削液供给条件发生很大变化，是设计磨削传热模型需考虑的重要因素，也是准确计算和预测磨削温度的一个重要前提。

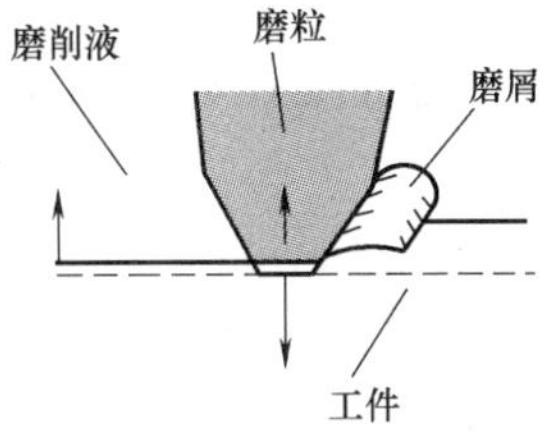

图3-1 磨削区热分配示意图

在传统浅磨条件下，材料去除率较低，被磨屑从磨削区带走的热量一般可认为忽略不计。近年来的研究表明，随着材料磨除率的提高，被磨屑带走的热量逐渐增大，在高效深切磨削条件下，被磨屑带走的热量可达总磨削热的80%以上[1,2]。对磨屑热分配比率的准确估计，是高效深切磨削温度分析问题中的重要课题，即使对于传统浅磨条件下磨除率较大的情况，也有比较显著的影响。在以往的研究中，为了估计传入磨屑的热比率，通常假设磨屑温度是接近工件材料熔点的常数值，对于钢铁材料，一般在1000~1500℃之间取值，然后根据比磨除率和工件材料的比热容对磨屑带走的热量进行估计[3-5]。这种方法的局限在于，磨屑温度的选取带有很大的主观性，在磨除率相对较小的情况下，其误差对工件磨削温度的计算影响较小，但对于高效深切磨削，比磨除率一般大于$100mm^3/(mm\cdot s)$，磨屑带走大部分磨削热，磨屑温度值以及传入磨屑的热比率对磨削工件温度有不容忽视的影响。

传入磨削液的热比率取决于磨削区内部磨削液的表面传热系数。在砂轮相对工件表面高速旋转的情况下，砂轮与工件接触区内的薄层磨削液受到强烈的剪切作用，从砂轮表面至工件表面的速度梯度极大，磨削区内流体表面传热系数比低速流动区（砂轮工件接触区外部）要高出几个数量级。磨削区内流体表面传热系数的数值及其分布与砂轮速度、砂轮与工件接触状态、磨削模式、流体渗入砂轮表层深度、磨削区内薄层流体的厚度、流体黏度与热特性、流体动压效应等多种因素有关[6-7]。

由于对传入磨屑和磨削液热比率的分析计算与测量较为复杂，为了评估磨削区传热工件的热比率R_w，在研究工作中经常采用的一个简单实用的方法是采用磨削试验，采用热电偶实际测量磨削区工件表面的温度分布，通过调整R_w值使理论预测温度曲线与实测温度信号较好吻合，从而得出传入工件的热比率[8-10]。

一些学者如拉维尼（Lavine）等人基于Jaeger模型，通过系统联系磨粒、工件与磨削液的传热关系，建立了磨削温度分析的综合模型，在理论上提供了一种磨削温度计算的完整方法[11,12]。Lavine等人同时提出了砂轮复合体的概念，该复合体的热特性按砂轮表面磨粒和磨削液所占的体积比例确定，即假设磨削液在砂轮表面类似于一种均匀固体完全以砂轮速度运动，忽略了砂轮与工件接触区内流体剪切作用形成的速度梯度，磨削液的传热作用被过度夸大。

从 20 世纪 90 年代末至 2011 年，在磨削传热理论尤其是高速高效磨削传热分析领域取得了一些重要进展，相关学者包括金滩、布莱恩 · 罗和斯蒂芬森等人。金滩对不同磨削参数和磨削条件下的磨屑温度和传入磨屑的热比率、磨削区内流体强迫对流换热系数的数值及其分布等进行了较为深入的理论分析和试验研究。基于砂轮磨削区磨粒对局部工件材料剪切变形成屑以及传热问题的分析，结合过去几十年国外学者对切削变形与传热、单颗粒磨削、不同类型磨粒形态和平均半顶角的理论分析与试验观测，建立了较为系统的分析计算磨屑温度和传入磨屑的热比率分析模型[1]；系统地考虑传入磨削液的热比率取决于磨削区内部磨削液的表面传热系数[6,7]，建立了不同模型模式下砂轮工件接触区内部磨削液强迫对流换热系数的理论分析模型。

3.2 磨削区传热比率

金滩和 David Stephenson 建立的高效磨削温度分析计算模型[1]，系统考虑和分析了传入不同传热体，包括工件、砂轮、磨削液和磨屑的热流及其热比率，工件表面最大温度可通过下式计算

$$T_{\max} = \frac{q_t}{h_w\left(\dfrac{1}{R_{ws}} + \dfrac{1}{R_{wch}} - 1\right) + h_f} \tag{3-1}$$

$$q_w = h_w T_{\max}$$

$$q_f = h_f\, T_{\max}\big|_{T_{\max} \leqslant T_b} \tag{3-2}$$

式中 $T_{\max}$——工件表面最大温升；

T_b——磨削液沸点温度；

q_t——磨削区总热流密度；

q_w——传入工件的热流密度变量；

q_f——传入磨削液的热流密度；

h_f——磨削液表面传热系数，可以通过磨削液表面传热系数分析子模型求解得出[13]，或者采用试验测量值；

h_w——传入工件的热量传导因素

$$h_w = \frac{\beta_w}{c}\sqrt{\frac{v_w}{l_c}}, \quad \beta_w = \sqrt{\kappa \rho c} \tag{3-3}$$

式中 v_w——工作台进给速度；

l_c——磨削区接触弧长；

β_w——工件材料热特性，与其导热系数 κ、密度 ρ 以及比热容 c 有关；

c——具体数值与帕克莱数和接触区平均接触角有关，可通过圆弧移动热源模型或倾斜移动热源模型导出。

R_{ws}——工件—砂轮子系统中传入工件的热比率，可以采用 Hahn 的工件表面滑动磨粒模型计算[14]。Hahn 的模型作为子模型，与传入磨屑和磨削液热量分析子模型相互独立。根据 Hahn 的模型，工件—砂轮磨粒之间的热分配比率 R_{ws}定义为

$$R_{ws}=\left(1+\frac{0.97\kappa_g}{\beta_w\sqrt{r_0 v_s}}\right)^{-1} \tag{3-4}$$

式中　r_0——平均化后的磨粒顶面有效接触半径，对于通常的磨削条件，r_0 的取值一般在 5～10μm，具体取值可根据对砂轮表面磨粒的显微观察进行评估；

κ_g——磨粒材料的导热系数；

v_s——砂轮工作表面线速度。

R_{wch} 为工件—磨屑子系统中传入工件的热比率，其推导过程比较复杂，主要是基于对砂轮磨削区磨粒平均半顶角、局部工件材料剪切变形成屑以及传热问题的分析，有兴趣的读者可以详细阅读本书后续章节以及相关参考文献。R_{wch} 可通过下式导出

$$R_{wch}=\frac{1}{1+0.753\sqrt{\dfrac{v_s t_a}{\alpha_w\gamma}}} \tag{3-5}$$

$$t_a=\left[\frac{2}{Cr_0}\left(\frac{v_w}{v_s}\right)\left(\frac{a_p}{d_e}\right)^{1/2}\right]^{1/2}$$

式中　α_w——工件材料（准确地说是磨屑）的热扩散系数；

γ——磨屑成屑区剪切应变；

t_a——变形磨屑厚度；

v_s——砂轮磨削速度；

C——单位面积有效切削刃数；

d_e——砂轮当量直径。

由式（3-1）和式（3-2），可导出传入工件的热比率为

$$R_w=\frac{q_w}{q_t}=\frac{R_{ws}R_{wch}}{R_{ws}+R_{wch}-R_{ws}R_{wch}\left(1-\dfrac{h_f}{h_w}\right)} \tag{3-6}$$

在磨削液沸点温度以上或干磨情况下，可认为 $h_f=0$，传入工件的热比率为

$$R_w=\frac{R_{ws}R_{wch}}{R_{ws}+R_{wch}-R_{ws}R_{wch}} \tag{3-7}$$

3.3　磨削区传热比率随磨削参数的变化

本节针对典型磨削工况，具体计算传入工件、磨屑以及磨削液的热比率随磨削参数的变化。计算中采用的材料热特性见表 3-1。

3.3.1　磨削液对磨削区有效冷却的情况

首先考虑磨削温度较低，工件表面平均温度低于磨削液沸点温度，磨削液对工件表面充分冷却的情况。图 3-2、图 3-3、图 3-4 中，砂轮速度为 $v_s=30\text{m/s}$，磨粒顶面接触半径取 $r_0=10\mu\text{m}$，砂轮直径 $D_s=300\text{mm}$，砂轮表面静态磨刃密度 $n_s=12.8$ 切削刃/mm^{-2}，油基磨

表 3-1　工件材料与砂轮磨粒热特性

材　料	导热系数 κ/[W/(m · K)]	密度 ρ /(kg/m³)	比热容 c /[J/(kg · K)]	$\beta=\sqrt{\kappa\rho c}$ /[J/(m² · s · K)]	α (×10⁻⁶)
51CrV4	42	7770	460	12300	11.8
	22 (600℃)	7770	850	12000	2.71
Al_2O_3磨料	35	3980	765	10300	
CBN 磨料	240 1300(纯 CBN)	3480	506	35100	

削液表面传热系数取 $h_f=23000W/(m^2 \cdot K)$。工作台移动速度在 0 ~ 300mm/s 之间变化，磨削深度分别为 0. 005 mm、0. 01mm、0. 025mm、0. 05mm 和 0. 15mm。

传入工件的热比率可由式（3-4）、式（3-5）、式（3-6）计算。采用式（3-5）计算 R_{wch}需要未变形磨屑平均厚度以及磨粒成屑区剪切应变值，具体计算细节详见第 3. 3. 2 节。

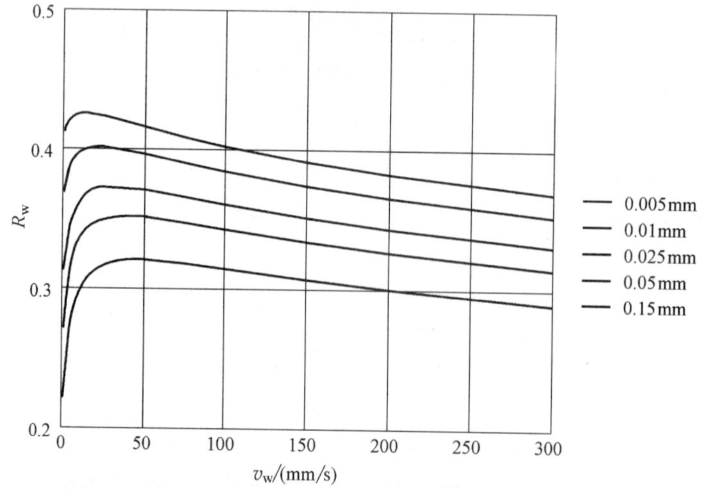

图 3-2　传入工件的热比率随磨削参数变化（Al_2O_3磨料，$h_f \gg 0$）

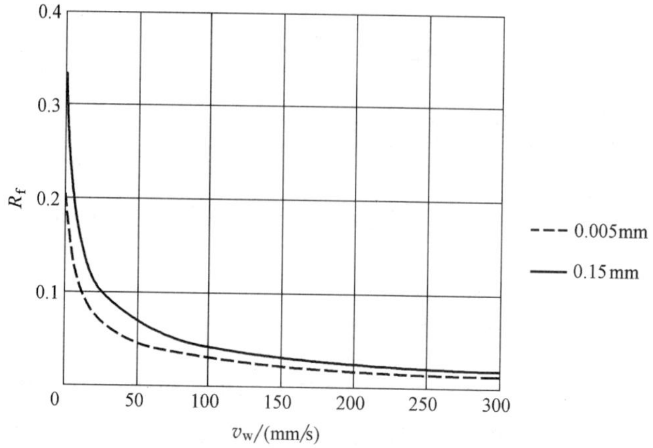

图 3-3　传入磨削液的热比率随磨削参数变化（Al_2O_3磨料，$h_f \gg 0$）

3.3.2　工件表面温度在磨削液沸点温度以上或干磨的情况（$h_f=0$）（图 3-5、图 3-6）

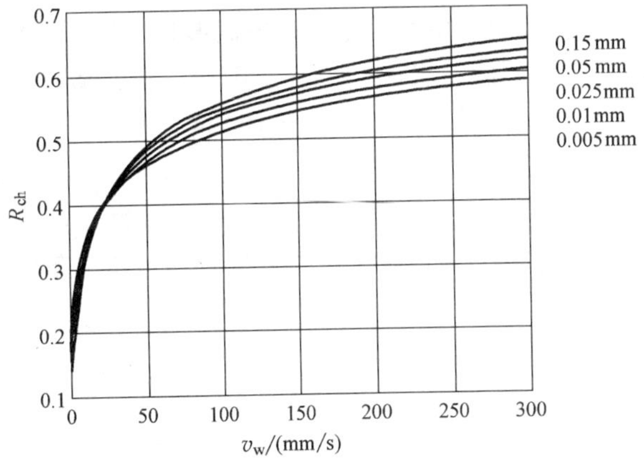

图 3-4　传入磨屑的热比率随磨削参数变化（Al_2O_3磨料，$h_f \gg 0$）

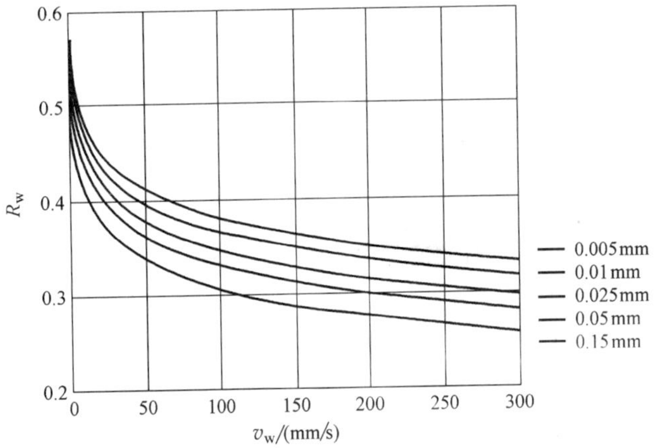

图 3-5　传入工件的热比率随磨削参数变化（$h_f=0$）

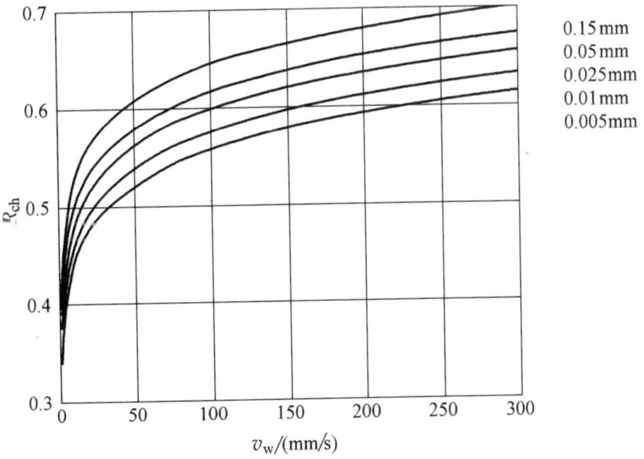

图 3-6　传入磨屑的热比率随磨削参数变化（$h_f=0$）

3.4 未变形磨屑厚度与磨粒成屑区切应变

典型的砂轮磨粒顶刃可简化为顶部截断的多棱锥形状。砂轮磨粒成屑过程一般认为接近于刀具以较大负前角进行正切削的情况[15,16]。实际上，在典型高效深切磨削（HEDG）条件下，比磨除率比缓进给磨削和传统浅磨要高出 100 倍，并形成较大的磨屑，砂轮上大粒度磨粒的作用类似于许多小铣刀切削刃。

假设磨粒上的一个倾斜棱面正对切削方向（图 3-7），磨粒负前角 θ 等于磨粒顶部半顶角。根据洛仑（Loewen）和 M. C. Shaw[17,18]的分析，在正切削条件下，成屑剪切区传入切屑的热比率 R_1 可表达为

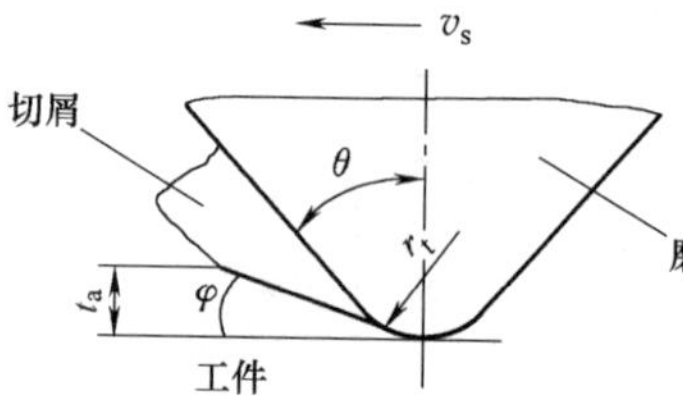

图 3-7 磨粒与工件接触区、磨屑示意图

$$R_1=\frac{1}{1+1.328\sqrt{\dfrac{\alpha_w\gamma}{v_st_a}}} \tag{3-8}$$

式中 α_w——工件材料在达到切屑温度时的热扩散系数；

γ——切屑剪切区切应变；

t_a——未变形切屑厚度；

v_s——切削速度。

切应变可通过下式导出

$$\gamma=\frac{\cos\theta}{\sin\varphi\cos(\varphi+\theta)} \tag{3-9}$$

式中 φ——剪切角，可由下式估算[10]

$$\varphi=\frac{\pi}{4}-\frac{1}{2}(\lambda+\theta) \tag{3-10}$$

λ 为切屑与前刀面之间的摩擦角，可由下式导出

$$\tan\lambda=\frac{F_n-F_c\tan\theta}{F_n\tan\theta+F_c} \tag{3-11}$$

式中 F_c——切向切削力；

F_n——法向切削力。

在采用负前角切削模拟磨削过程的试验研究中，将刀具负前角从 10° 变化到 85°，在切削普通碳钢时，切削力比 F_n/F_c 在 1 ~4 之间变化[16]，切削深度对切削力比的影响很小，而随着砂轮切削速度的提高，切削力比也仅有小幅降低。类似的，还有对 AISI 1045 钢的负前角切削试验研究，当刀具负前角从 20°变化至 70°时，剪切角从 18° 降低到小于 4°时，切削

力比从 1 增大到 2 [15]。

如图 3-8 所示，将切削力比 F_n/F_c 从 1 增大到 4，也就是将剪切角从 22.5° 降低到 7°，在材料去除率相同的条件下，传入切屑的热比率 R_1 变化较小，其对切削力比或剪切角的变化并不敏感。

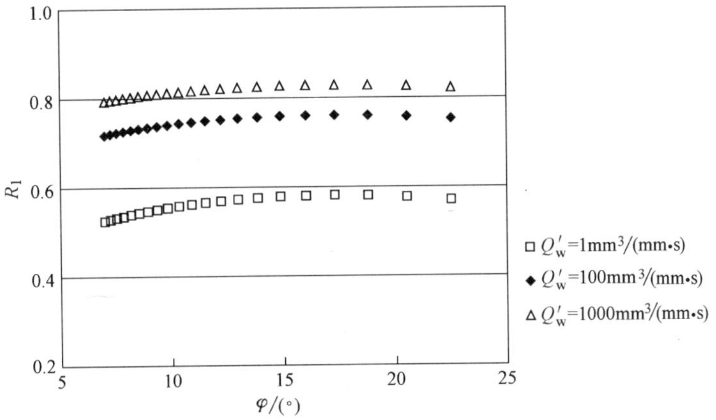

图 3-8　热比率 R_1 随剪切角的变化

(a_e = 3mm，v_s = 150m/s)

虽然磨粒的切削力比以及剪切角会随磨削参数变化，由于传入切屑的热比率 R_1 对切削力比或剪切角的变化并不敏感，同时在大负前角切削的条件下，剪切角的变化范围很小，可以采用近似方法估算磨粒剪切成屑的剪切角 φ。即近似取剪切角为磨粒前刀面与工件表面之间楔形夹角的一半（图 3-7），其用于评估传入切屑的热比率 R_1 已经足够准确

$$\varphi = (90 - \theta)/2 \tag{3-12}$$

磨粒顶部的半顶角大约为 55° ~ 60°，对于一般的分析，可直接用磨粒顶部的半顶角作为其负前角。如果进一步考虑磨粒顶部切削刃刃口钝圆半径 r_t 的影响（见图 3-7），则磨粒有效负前角会随磨粒切削深度（变形磨屑厚度）变化

$$\theta_e = \begin{cases} \theta \dfrac{t_a - t_c}{t_a} + \dfrac{t_c}{t_a}\arcsin\left(\dfrac{r_t - t_c}{r_t}\right), & \text{当 } t_a \geqslant t_c, t_c = r_t(1 - \sin\theta) \\ \arcsin\left(\dfrac{r_t - t_a}{r_t}\right), & \text{当 } t_a < t_c \end{cases} \tag{3-13}$$

式中　t_a——平均磨屑厚度；

r_t——磨粒刃口钝圆半径，一般估计其应在 $r_t = 5 \sim 10\mu m$ 范围。

实际上，磨粒有效负前角 θ_e 只是在比磨除率较小（磨屑厚度较小）的情况下才对磨削参数变化比较敏感。其会在一定程度上影响剪切角的变化，但总体来说，其对传入磨屑热比率的估算影响较小。

最大未变形磨屑厚度可采用下式估算[19]

$$t = \left(\frac{4v_w}{v_s}\sqrt{\frac{a_e}{d_s}}\frac{1}{N_d r}\right)^{\frac{1}{2}} \tag{3-14}$$

式中　v_w——工作台移动速度；

v_s——砂轮线速度；

a_e——磨削深度；

d_s——砂轮直径；

N_d——砂轮表面动态磨刃密度；

r——未变形磨屑宽度与厚度比；

θ——磨粒有效半顶角。

动态磨刃密度 N_d 可由下式估算

$$N_d = A_g c_1{}^{\beta} \left(\frac{v_w}{v_s} \sqrt{\frac{a_e}{d_s}} \right)^{\alpha} \tag{3-15}$$

$$\alpha = \frac{p - m}{p + 1} \quad \beta = \frac{p}{p + 1} \tag{3-16}$$

式中 A_g——比例系数，$A_g \approx 1.2$；

c_1——砂轮表面磨粒体积密度，可通过砂轮表面静态磨刃密度 N_s 导出；

α 与 β 取值范围在 $0 < \alpha < 2/3$，$1 < \beta < 2/3$ 之间，具体数值由参数 p 和 m 确定[13]。

$1 < p < 2$ 代表磨粒在砂轮径向的分布，而 $0 < m < 1$ 代表砂轮的锋利程度：$m = 1$ 时为非常锋利的磨粒，$m = 0$ 时为钝化的磨粒。对于处于良好工作状态的砂轮，大致可以取 $p = 1.5$ 和 $m = 0.8$，代表相对锋利的砂轮状态。

沿磨削区接触弧长方向，未变形磨屑厚度从 0 变化至最大值，未变形磨屑厚度的平均值可近似为

$$t_a = \frac{t}{2} \tag{3-17}$$

参考文献

[1] JIN T, STEPHENSON D J. Analysis of grinding chip temperature and energy partitioning in High Efficiency Deep Grinding [J]. Proceeding on Institution of Mechanical Engineers, Part B, Journal of Engineering Manufacture, 2006, 220 (5): 615-625.

[2] STEPHENSON D J, JIN T. Physical basics in grinding [C]. Aachen: VDI Reihe, 2003, 2 (643): 1301-1321.

[3] ROWE W B, JIN T. Temperatures in high efficiency deep grinding (HEDG) [J]. Annals of CIRP, 2001, 50 (1): 205-208.

[4] ROWE W B. Thermal damage in grinding and improvements in efficiency [C]. Cranfield: Cranfield University, 2000.

[5] ROWE W B. Thermal analysis of high efficiency deep grinding [J]. International Journal of Machine Tools and Manufacture, 2001, 41 (1): 1-19.

[6] JIN T, STEPHENSON D J. A study of the convection heat transfer coefficients of grinding fluids [J]. Annals of the CIRP, 2008, 57 (1): 367-370.

[7] JIN T, STEPHENSON D J. Heat flux distributions and convective heat transfer in deep grinding [J]. International Journal of Machine Tools and manufacture, 2006, 46: 1862-1868.

[8] JIN T, STEPHENSON D J, CORBETT J. Burn threshold of high carbon steel in high efficiency deep grinding [J]. Proceeding on Institution of Mechanical Engineers, Part B, Journal of Engineering Manufacture, 2002, 216: 357-364.

[9] STEPHENSON D J, JIN T, CORBETT J. High efficiency deep grinding of a low alloy steel with plated CBN wheels [J]. Annals of the CIRP, 2002, 51 (1): 241-244.

[10] ANDRE D L BATAKO, VALERY V Kuzin, Brian Rowe. New developments of high efficiency deep grinding [C]. Nantes: ASME, 2012.

[11] LAVINE A S, TIEN-CHIEN Jen. Coupled heat transfer to workpiece, wheel, and fluid in grinding, and the occurrence of workpiece burn [J]. International Journal of Heat and Mass Transfer, 1991, 34 (4-5): 983-992.

[12] LAVINE A S, MALIKIN S, JEN T C. Thermal aspects of grinding with CBN wheels [J]. CIRP Annals-Manufacturing Technology, 1989, 38 (1): 557-560.

[13] JIN T, ROWE W B, MCCORMACK D F. Temperatures in deep grinding of finite workpieces [J]. International Journal of Machine Tools and manufacture, 2001, 42: 53-59.

[14] JIN T, STEPHENSON D J, ROWE W B. Estimation of the convection heat transfer coefficient of coolant within the grinding zone [J]. Proceedings of the Institution of Mechanical Engineers Part B Journal of Engineering Manufacture. 2003, 3, 217 (3): 397-407.

[15] HAHN R S. On the nature of the grinding process [C]. Oxford: Pergamon Press, 1962, 129-154.

[16] KUMANDURI R. Some aspects of machining with negative rake tools simulating grinding [J]. International Journal of Machine Tool Design and Research, 1971, 11: 223-233.

[17] OUTWATER J Q, SHAW M C. Surface temperatures in grinding [J]. Transactions of the ASME, 1952, 74: 73-86.

[18] SHAW M C. Metal cutting principle [M]. Oxford : Oxford University Press, 1984.

[19] MALKIN S. Negative rake cutting to simulate chip formation in grinding [J]. Annals of the CIRP, 1979, 28 (1): 209-217.

[20] SNOEYS R, PETERS J, DECNEUT A. The significance of chip thickness in grinding [J]. Annals of the CIRP, 1974, 23 (2): 227-237.

第4章　磨削液的冷却效应与表面传热系数

4.1　概述

磨削液的一个重要作用是通过强迫对流换热作用带走磨削区大部分的热量，降低磨削区温度，避免工件表面和亚表面各类磨削热损伤的发生。对于各类磨削模式，如传统精密磨削（磨削深度较小）、缓进给磨削以及大磨除率高效深切磨削等，磨削液对磨削区传热机制的影响都不可忽视[1,2]。磨削液的冷却效果可以通过砂轮与工件接触区内磨削液的表面传热系数来定量地评估，该系数是确定传入磨削液的热流和热比率，直接影响工件表面磨削温度的重要参数。

计算和预测磨削温度的主要目的是在工程上提供有效的理论工具，通过调整磨削条件和磨削参数，降低磨削温度，保证磨后工件的表面完整性，而接触区内磨削液表面传热系数的定量化，对于计算磨削温度、评估磨削液冷却效果具有相当重要的理论和工程意义。接触区内磨削液表面传热系数的理论分析和实际测量均有一定难度，一些学者提出的简单估算方法，如 Lavine 等人提出的砂轮复合体的概念[3,4]，假设磨削液在砂轮表面类似于一种均匀固体完全以砂轮速度运动，忽略了砂轮工件接触区内流体剪切作用形成的速度梯度，磨削液的传热作用被过度夸大。

由于对磨削液表面传热系数的分析计算与测量较为复杂，以往大部分研究工作都避开了对这一问题的直接探讨，而大多采用磨削区总热量传入工件的比率来计算工件表面温度。为了评估磨削区传热工件的热比率 R_w，在研究工作中经常采用的一个简单实用的方法是磨削试验，利用热电偶实际测量磨削区工件表面的温度分布，通过调整 R_w 参数值使理论预测温度曲线与实测温度信号较好地吻合，从而得出传入工件的热比率[5-7]。这种方法获得的热比率 R_w 具有较大的局限性，只适用于一个较小的磨削参数范围，如果砂轮、工件材料、磨削液以及磨削参数等条件发生变化，则需重新开展相关试验测量和分析工作，难以对较大范围内传热比率、磨削温度的变化和磨削参数的优化设计提供指导。

本章将系统介绍近年来基于对磨削区内流体表面传热系数及其分布的理论分析和试验测量研究工作。首先将介绍磨削区内流体表面传热系数的分析模型。

该模型结合流体力学和传热分析，对磨削区内工件表面流体的热边界层厚度进行了分析；采用郭（Guo）和 S. Malkin 的类似方法，对磨削液渗入砂轮表面深度进行了分析[8]，建立了砂轮表面薄层流体厚度与磨削参数的联系；结合对磨削液进入砂轮与工件形成的楔形入口的动压效应的分析，分析研究了流体动压效应对磨削区流体厚度的影响，并与 F. 恩吉妮尔和綱沢洋二[9,10]对磨削区流体厚度的实际测量结果进行了比较。

基于上述理论分析，对相关磨削参数对砂轮接触区内流体表面传热系数的影响规律进行了分析。另外，根据其他研究者在不同磨削工况如传统浅磨削、缓进给磨削、高效深切磨削条件下对磨削区磨削温度的测量结果[11-13]，反推得出了不同磨削参数条件下磨削区内的表面传热系数，并与相关理论预测值进行了比较。

在接下来的研究工作中，采用专门设计的测量装置，对不同类型的磨削液在不同磨削参数条件下的表面传热系数进行了较为系统的测量评估，并与相关模型预测结果进行了比较。

4.2　磨削液的种类和组成

磨削液分为油基磨削液和水基磨削液两大类，其中水基磨削液又分为乳化液、化学合成液及无机盐磨削液。磨削液的分类见表4-1。一般说来，油基磨削液的润滑性好，冷却效果较差，而水基磨削液的润滑性较差，冷却效果好。在水基磨削液中，化学合成磨削液的润滑性与乳化液相近，冷却效果比乳化液好；无机盐磨削液也有较好的冷却效果，但润滑性最差。

表4-1　磨削液的分类

种类		成分
油基磨削液	矿物油	低黏度及中黏度轻质矿物油+油溶性缓蚀剂+极压添加剂
	极压油	低黏度及中黏度轻质矿物油+极压添加剂
水基磨削液	乳化液 极压乳化液	(1) 水+矿物油+乳化剂+防锈添加剂 (2) 乳化油+极压添加剂
	化学合成液	(1)水+表面活性剂(非离子型、阴离子型或皂类) (2)水+表面活性剂+防锈添加剂+极压添加剂
	无机盐磨削液	(1)水+无机盐类 (2)水+无机盐类+表面活性剂

1. 油基磨削液

(1) 矿物油　这种磨削液以轻质矿物油为主要成分，加入适量的油溶性缓蚀剂及极性添加剂等组成。轻质矿物油为7号高速油、10～20号全损耗系统用油以及轻质柴油、煤油或锭子油等。油溶性缓蚀剂为石油磺酸钡（钠）、十二烯基丁二酸或环烷酸锌等。由于矿物油是非极性物质，不能在金属表面形成坚固的润滑膜，所以还加入了极压添加剂，如脂肪酸。脂肪酸能与金属表面形成皂层，可减轻摩擦。

(2) 极压油。磨削时，为了在金属表面形成牢固的润滑膜，在矿物油中加入含硫、氯、磷等化学元素的极压添加剂，形成极压油。常用的极压添加剂有氯化石膜、氯化脂肪酸、硫化棉籽油、硫化鲸鱼油、硫酸酯、烷基硫化磷酸酯。由于氯化物的摩擦因数小于硫化物的摩擦因数，所以含氯的极压添加剂的润滑性较好。含氯的极压添加剂在200～300℃即与金属表面起化学反应，而含硫的极压添加剂则在700～800℃起化学反应，生成的硫化膜在高温下不易破坏。所以，前者用于温度不高的磨削场合，而后者可用于磨削温度较高的场合。如果在磨削油中同时加入含氯及含硫的极压添加剂，则该磨削液可在较宽的温度范围内取得良好的润滑效果。

油基磨削液可用于齿轮磨削、螺纹磨削、成形磨削、珩磨等精密磨削。极压油则可用于表面粗糙度要求较高的重要磨削工序及难加工材料的磨削，如钛合金等。

由于油基磨削液相对体积质量小、易雾化，因而污染环境，使用时需有相应的设备。

2. 水基磨削液

(1) 乳化液及极压乳化液　乳化液由水、矿物油、乳化剂和防锈添加剂等组成。一般是先制出乳化油，然后用水稀释成乳化液。乳化剂的作用是使油和水混溶成乳状的溶液，其用量在10%以上，当低于某一百分比时，就不会产生乳化现象，这一比例称作临界乳化率。常用的乳化剂有油酸钠皂、磺酸钠、聚氧乙烯脂肪醇醚、环烷酸钠等。为了使乳化液在长期放置时不至分离成水层与油层，必须在乳化液中掺入三乙醇胺，因为它是一种乳化稳定剂。

为了提高乳化液的润滑性能，可在乳化油中添加氯、硫、磷等极压添加剂，稀释后就成为极压乳化液。这种极压乳化液可用来磨削不锈钢、钛合金及纯铁等难磨材料。

（2）化学合成液。化学合成液是以表面活性物质为主要成分，加入水稀释成半透明或透明的水溶性磨削液。常用的表面活性物质有非离子型表面活性剂（聚氧乙烯基化合物、醇、醚及司苯、吐苯等）、阴离子型表面活性剂（石油磺酸钠、烷基苯磺酸钠、蓖麻油正丁酯磺酸钠及丁基萘磺酸钠等）和皂类（油酸皂、松香皂、硫酸化蓖麻油皂等）。

与乳化液相比，化学合成液的浸润性及冷却性均较好，并因其透明而易于磨削加工，所以是一种被广泛采用且发展较快的磨削液。在这种磨削液中可加入亚硝酸钠，以提高其防锈性能；也有加入极压添加剂的，以提高其润滑性能。化学合成液适用于高效磨削。

（3）无机盐磨削液。无机盐磨削液是以无机盐（无水碳酸钠、亚硝酸钠、磷酸三钠等）为主要成分，在水中稀释后成为透明水溶液，它是一种电解质水溶液。无机盐在水中电离成带正、负电荷的离子，在砂轮与工件表面形成吸附层，从而起防锈及一定的润滑作用。无机盐的添加量随电解质、加工材料及磨削条件不同而不同，一般约为0.25%～1%。

亚硝酸钠是一种低毒性物质，但亚硝酸钠与有机胺能产生亚硝胺，对人体有害，因此要避免同时使用含有亚硝酸钠和胺类化合物的磨削液。在使用亚硝酸钠无机盐磨削液时应使用低浓度的。

无机盐磨削液的冷却效果好，而且由于表面张力大，无机盐离子有吸附作用，因而不易使砂轮堵塞。无机盐磨削液也有一些缺点，如导电性能强，会降低接线盒电动机的绝缘性能；剥蚀磨床涂料；与润滑油混合后会妨碍润滑效果等。

4.3　表面传热系数模型

4.3.1　磨削区内流体热边界层厚度

首先对磨削区内流体热边界层厚度进行理论分析[14,15]。

图4-1所示为磨削区砂轮与工件之间形成的薄层流体通道和工件表面流体热边界层在垂

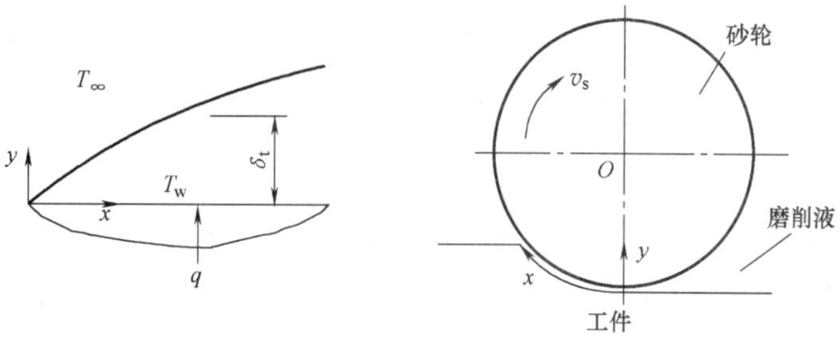

图4-1　磨削区工件表面流体热边界层

直工件表面分析的温度分布。工件表面温度为 T_w，简化考虑在 x 方向均匀分布；注入磨削区的磨削液（大部分在热边界层外，详见后续分析）平均温度为 T_∞；δ_t为流体热边界层在 x 处的厚度。假设砂轮表面处流体速度等于砂轮表面线速度 v_s。后续相关分析将进一步验证这一假设。在工件表面，传入流体的热流密度可用下式表达

$$q = -\kappa \left.\frac{\partial T}{\partial y}\right]_w = h_c(T_w - T_\infty) \tag{4-1}$$

式中　κ——导热系数；

$\left.\frac{\partial T}{\partial y}\right]_w$——工件表面处流体的温度梯度；

h_c——流体表面传热系数。

注意此处的表面传热系数 h_c对应的是工件表面平均温度。如果对应工件表面最大温度，表面传热系数为 h_f，两者在数值上有所不同。

由式（4-1）可见，要求表面传热系数 h_c，需要知道工件表面处流体的温度梯度值。该温度梯度可以通过分析流体在 y 方向的温度分布求解得出。流体温度分布必须满足的边界条件如下

$$T = T_w,$$

$$\frac{\partial T}{\partial y} = 0, T = T\infty, \text{当} \begin{matrix} y = 0 \\ y = \delta_t \end{matrix} \tag{4-2}$$

忽略黏性耗散作用，不可压缩流体的简化能量方程为

$$u\frac{\partial T}{\partial x} + v\frac{\partial T}{\partial y} = \alpha\frac{\partial^2 T}{\partial y^2} \tag{4-3}$$

在 $y=0$ 处，无黏性加热作用

$$\frac{\partial^2 T}{\partial y^2} = 0 \tag{4-4}$$

由式（4-2）、式（4-3）、式（4-4），可反推出如下方程[16]

$$\frac{T - T_w}{T_\infty - T_w} = \frac{3}{2}\frac{y}{\delta_t} - \frac{1}{2}\left(\frac{y}{\delta_t}\right)^3 \tag{4-5}$$

对于大多数磨削情况，磨削宽度一般远远大于磨削区薄层流体的厚度，在磨削区内的流体可按二维情况进行分析。在无限宽磨削区域内，流体稳态流动纳维叶-斯托克斯（Navier-Stokes）方程可表达为

$$\frac{\partial^2 u}{\partial y^2} = \frac{1}{\mu}\frac{\partial p}{\partial x} \tag{4-6}$$

式中　u——流体在 x 方向流动速度；

μ——流体动力黏度；

p——流体压力。

边界条件为

$$u = 0, \text{当 } y = 0;$$

$$u = v_s, \text{当 } y = \delta。$$

式中　δ——磨削区薄层流体的厚度；

v_s——砂轮表面线速度。

根据上述边界条件求解式（4-6），在 y 方向流体速度的变化可表达为

$$u = \frac{1}{\mu}\frac{\partial p}{\partial x}\frac{y^2}{2} + \left(\frac{v_s}{\delta} - \frac{1}{2\mu}\frac{\partial p}{\partial x}\delta\right)y \tag{4-7}$$

流过砂轮与工件之间间隙的流体质量可由下式计算

$$m = b\rho\int_0^{\delta} u\mathrm{d}y \tag{4-8}$$

式中　b——磨削宽度；

ρ——流体密度。

将式（4-7）带入上式，可导出如下表达式

$$m = \frac{1}{2}v_s b\rho\delta - \frac{\partial p}{\partial x}\frac{b\rho\delta^3}{12\mu} \tag{4-9}$$

沿 x 方向的流体压力梯度可表达为

$$\frac{\partial p}{\partial x} = -\frac{12\mu(m - v_s b\rho\delta^3/2)}{b\rho\delta^3} = k_1 \tag{4-10}$$

流体速度 u 沿 y 方向近似为抛物线分布，则流体质量可近似地表达为

$$m = \frac{2}{3}v_s b\rho\delta \tag{4-11}$$

则式（4-10）可简化为

$$\frac{\partial p}{\partial x} = -\frac{2\mu v_s}{\delta^2} = k_1 \tag{4-12}$$

考虑磨削区内工件表面流体的控制体积单元（图 4-2），其由面 1，2，A-A 和工件表面四个面决定。假设流体热边界层厚度 δ_t 小于流体动压层厚度 δ_h，此假设将在后续论述中进一步证明。根据控制体积单元内的能量平衡关系，单元内流体对流黏性功 $\mathrm{d}E_v$ 与在工件表面传导的热量 $\mathrm{d}E_h$ 之和应等于对流传出的能量 $\mathrm{d}E_c$[16]

$$\mathrm{d}E_v + \mathrm{d}E_h = \mathrm{d}E_c \tag{4-13}$$

据此可建立如下方程

$$\frac{\mathrm{d}}{\mathrm{d}x}\left[\int_0^H (T_\infty - T)u\mathrm{d}y\right] + \frac{\mu}{\rho c}\left[\int_0^H \left(\frac{\mathrm{d}u}{\mathrm{d}y}\right)^2 \mathrm{d}y\right] = \alpha\left.\frac{\partial T}{\partial y}\right|_w \tag{4-14}$$

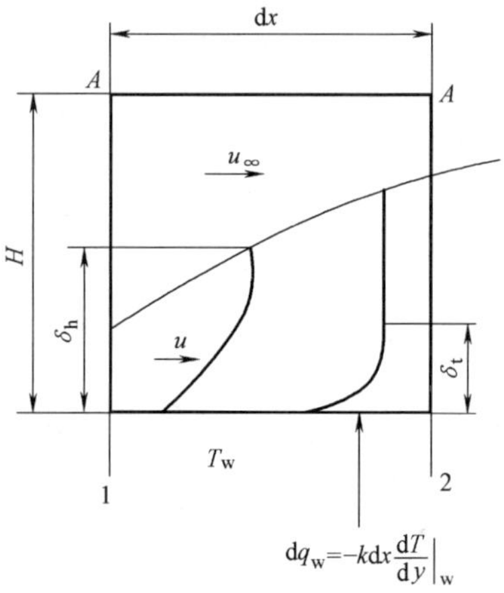

图 4-2　磨削区内工件表面流体的控制体积单元

对上式积分至 $y = \delta_t$ 即可，在 $y > \delta_t$ 以上的积分结果为零。将式（4-5）和式（4-7）带入上式，得到如下关于 δ_t 的关系式

$$A_4\delta_t^4 + A_3\delta_t^3 + A_2\delta_t^2 + A_1\delta_t + A_0 = 0 \tag{4-15}$$

上述高次方程的各项系数为

$$A_4 = \frac{k_1^2}{24\mu\rho c}$$

$$A_3=\frac{k_1}{\rho c}\left(\frac{v_s}{4\delta}-\frac{k_1\delta}{8\mu}\right)+\frac{k_1}{2\mu}\left[T_w+(T_\infty-T_w)\frac{7}{8}\right](T_\infty-T_w)$$

$$A_2=\frac{\mu}{\rho c}\left[\frac{1}{2}\left(\frac{v_s}{\delta}\right)^2-\frac{v_s k_1}{2\mu}+\frac{k_1^2}{8\mu^2}\right]+\left[T_w+\frac{4}{5}(T_\infty-T_w)\right]\left(\frac{v_s}{\delta}-\frac{k_1\delta}{2\mu}\right)(T_\infty-T_w)$$

$$A_1=0$$

$$A_0=-\frac{3}{2}\alpha(T_\infty-T_w)$$

求解多项式方程（4-15），可得到 4 个根，其中只有一个根的数值处于热边界层厚度 δ_t 的合理范围，取其为有效解。采用求解获得的边界层厚度 δ_t 值，由式（4-1）和式（4-5）可求出磨削区内部流体的表面传热系数。

4.3.2　磨削区内流体层的厚度

在上述分析中，假设已知磨削区内薄层流体的厚度 δ。在工程实际中，该厚度值与具体磨削条件和磨削参数密切相关。以往的相关研究表明，磨削区内的流体热边界厚度可以通过试验方法和理论分析进行评估[8,9,17]，如图 4-3 所示。

Guo 和 S. Malkin 对磨削区的流体流动开展了理论分析工作，对磨削区内砂轮表面的流体速度、流体渗入砂轮的深度以及磨削区内流体的有效流量进行了计算[8]，如图 4-4 所示。他们的研究基于几个基本假设：（1）忽略流体重力的影响；（2）考虑二维流体流动的情况，即不考虑流体沿砂轮轴向方向流动影响。设立假设（2）是因为考虑磨削宽度一般远远大于磨削区薄层流体厚度以及砂轮表面孔隙间距。

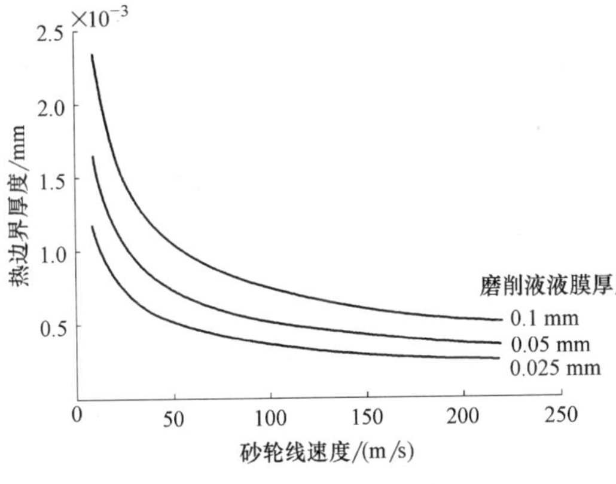

图 4-3　磨削区内流体热边界厚度
（水基磨削液，室温）

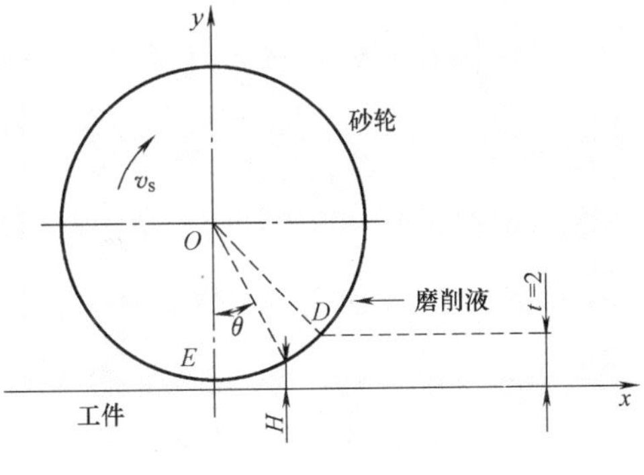

图 4-4　磨削区流体注入情况示意图

他们通过理论分析，建立了如下关于磨削液的切向速度 u_θ 以及渗入砂轮表面深度 h 的微分方程

$$u_\theta\frac{\mathrm{d}u_\theta}{\mathrm{d}\theta}-\frac{\mu R}{K_p\rho}(v_s-u_\theta)=0 \tag{4-16}$$

$$\frac{u_\theta^2 h}{R}\frac{\mathrm{d}^2h}{\mathrm{d}\theta^2}-\frac{h^2}{R}\left(\frac{\mathrm{d}u_\theta}{\mathrm{d}\theta}\right)^2+\frac{2u_\theta h}{R}\frac{\mathrm{d}h}{\mathrm{d}\theta}\frac{\mathrm{d}u_\theta}{\mathrm{d}\theta}+\frac{\mu h u_\theta}{K_p\rho}\frac{\mathrm{d}h}{\mathrm{d}\theta}+u_\theta^2 h-\frac{pR}{\phi\rho}=0 \tag{4-17}$$

$$\frac{1}{K_p}=\frac{\alpha_1\ (1-\phi)^2}{d^2\phi^3}+\frac{\beta_1(1-\phi)\rho(v_s-u_\theta)}{\phi^3\qquad\mu d} \tag{4-18}$$

式中　θ——砂轮表面从 OD 处开始的角位置，其最大值为 $\angle DOE$；

R——砂轮半径；

p——流体压力；

v_s——砂轮速度；

ϕ——砂轮表面的供流体流动的有效气孔率，对于中等组织号的普通精密磨削砂轮，其取值在为 0.4，对于较大气孔率的缓进给砂轮，其取值在为 0.9 [11]；

K_p——砂轮表面层的渗透性；

α_1 和 β_1——常数，其取值分别为 150 和 1.75；

d——砂轮直径，对于 F60 ~F70 的砂轮，砂轮磨粒直径约为 $d=0.2$mm。

Guo 和 S. Malkin 采用数值方法对上述式（4-16）、式（4-17）进行了计算，计算中假设，由于喷嘴中流出的磨削液喷射压力作用，磨削液填充注入砂轮表面气孔。

4.3.3　砂轮和工件表面之间流体动压效应对流体层厚度的影响

进一步考虑在砂轮和工件表面之间薄层流体的动压效应对流体切向速度 u_θ 以及渗入砂轮表面的深度 h 的影响，对上述分析进行修正[14]。

如果忽略砂轮表面孔隙的影响，对于层流情况，描述图 4-4 中 $\angle DOE$ 范围内砂轮与工件表面间产生的流体动压力的雷诺方程可表达为[18]

$$\frac{\partial}{\partial x}\left(\frac{H^3}{\mu}\frac{\partial p}{\partial x}\right)=-6\left(v_s\cos\frac{x}{R}-v_w\right)\frac{\partial H}{\partial x}+H\frac{\partial\left(v_s\cos\frac{x}{R}+v_w\right)}{\partial x}-12v_s\sin\left(\frac{x}{R}\right) \tag{4-19}$$

此处将磨削液看作是在工件表面流向楔形区的具有一定厚度 t 的流体，$\angle DOE$ 由砂轮半径 R 和流体厚度 t 决定。Guo 和 S. Malkin 针对他们的试验条件，采用比较简单的方法，用标尺具体测量了这层流体的厚度，发现厚度 t 在 1 ~ 3mm 之间。在这一范围内，流体厚度 t 的取值对磨削液渗入砂轮表面的深度和流体在砂轮表面的切向速度影响很小。

图 4-4 中，砂轮与工件间形成的楔形区内流体厚度变化可由下式表达

$$H(x)=\frac{x^2}{2R}+H_0 \tag{4-20}$$

式中　H_0——图 4-4 中交点 E 处的砂轮与工件之间的平均间隙值，该平均间隙取决于砂轮表面磨粒层的有效气孔率。

联立式（4-16）、式（4-17）以及式（4-19），可求得考虑磨削区内部流体动压效应的磨削液切向速度 u_θ 以及渗入砂轮表面深度 h。

计算中采用的初始值以及边界条件如下

在流体入口处（图 4-4 中 OD 处）

$$\theta=\theta_0$$

$$u_\theta=(v_0+v_w)\cos\theta_0$$

$$h=0$$

$$\frac{dh}{d\theta}=R\tan\theta_0$$

$$p = p_0 = \rho\,(v_0 + v_w)^2/2$$

在交点处（图 4-4 中 OE 处）

$$\theta = \theta_c$$

$$\frac{\partial p}{\partial x} = -k_1$$

注意图 4-4 中 x 方向与图 4-1 不同。

假设磨削液在非常接近砂轮与工件交点处以平行于 x 轴方向注入磨削区（图 4-4）。喷嘴出口处的流体速度 v_0 可以根据磨削液流量或喷嘴出口处喷射压力 p_0 计算。与流体动能相比，由于喷嘴高度造成的流体势能在此处可忽略。根据 Engineer 等人的研究结果[9]，对于一个截面面积为 113mm^2 的喷嘴，在一般磨削液供应条件下，从喷嘴流出的流体速度一般在 0.3～0.6m/s。

式（4-16）和式（4-17）可采用四阶荣格库特方法用数值方法求解，式（4-19）是边界值问题，也可以采用有限差分方法用数值方法求解。

4.3.4　磨削区流体模型计算结果

图 4-5、图 4-6 和图 4-7 所示为典型的计算结果，包括磨削区内流体压力、流体在砂轮表面渗入深度以及流体切向速度。假设砂轮与工件之间的间隙 H_0 为与砂轮表面磨粒突出高度具有相同量级，具体取值为砂轮磨粒直径的 1/2。计算中采用的磨削液热特性与运动特性见表 4-2。

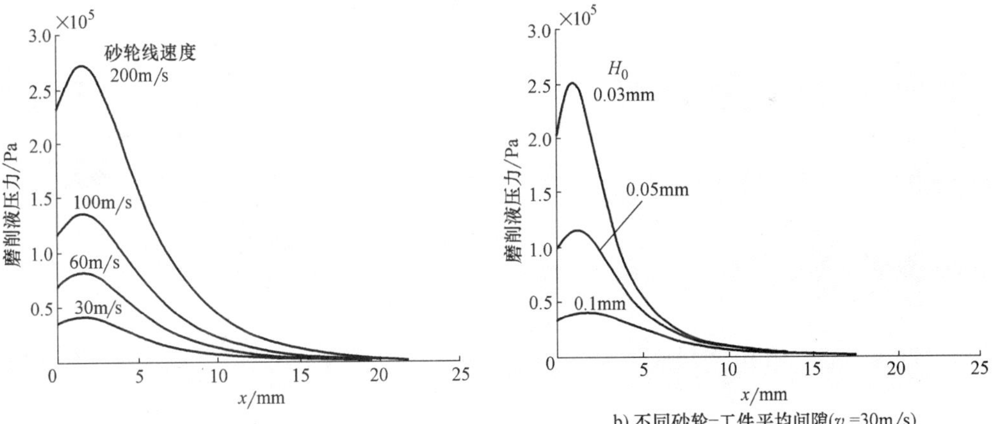

a) 不同砂轮线速度(H_0=0.1mm)　　b) 不同砂轮-工件平均间隙(v_s=30m/s)

图 4-5　磨削液入口处压力分布（水基磨削液，室温，v_0 = 0.6m/s，R = 125mm）

表 4-2　磨削液热特性与运动特性

磨削液类型	导热系数 κ /[W/(m·K)]	密度 ρ/ (kg/m^3)	比热容 c/ [J/(kg·K)]	热扩散系数 α/(×10^{-6})	运动黏度 μ / (×10^{-3}m^2/s)
水基磨削液	0.56	1000	4200	0.13	0.98
矿物油	0.14	870	2100	0.077	17.0

图 4-7a 的计算结果表明，在交点 E 处（见图 4-4）的流体渗入砂轮深度与磨削速度密

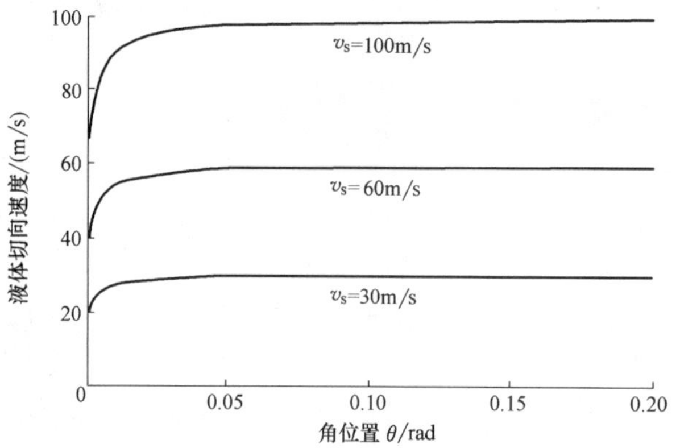

图 4-6　砂轮表面流体切向速度（水基磨削液，室温，$v_0=0.6\text{m/s}$，$\varphi=0.4$，$\beta_1=1.75$，$\alpha_1=150$，$d=0.2\text{mm}$）

切相关，该数值直接影响磨削区内的流体厚度。由于流体动压效应的影响，流体渗入砂轮表面的深度显著提高，如图 4-7b 所示。如果考虑流体侧向泄漏的影响，磨削液入口处的实际压力可能会比图 4-5 的计算结果要低。图 4-7 中流体渗入砂轮深度的上限，是砂轮与工件之间的磨削间隙 H_0，其包含了砂轮表面气孔率的影响。对于平均磨粒直径为 $d=0.2\text{mm}$ 的情况，该间隙大约为 $H_0\approx d/2\approx 0.1\text{mm}$（对于表面气孔率较大的砂轮，该间隙值也会有所提高）。因此，对于砂轮速度在 100m/s 以下的情况，磨削区内流体厚度可以达到 0.1mm。

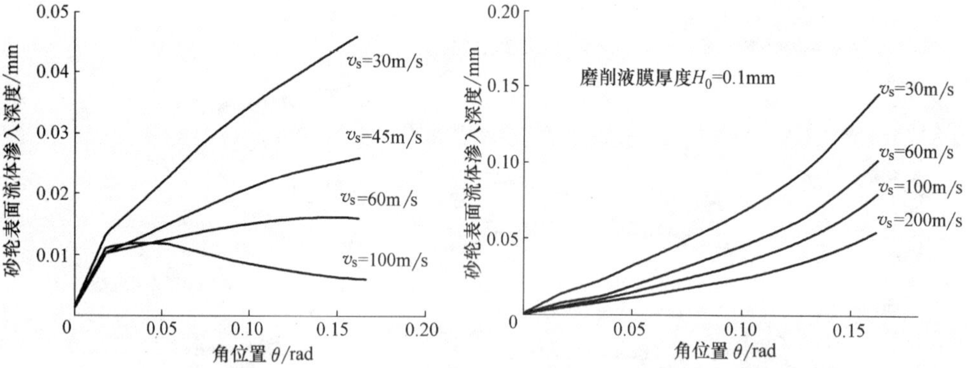

a) 未包括动压效应　　b) 包括动压效应

图 4-7　砂轮表面流体渗入深度（水基磨削液，室温，$v_0=0.6\text{m/s}$，$\varphi=0.4$，$\beta_1=1.75$，$\alpha_1=150$，$d=0.2\text{mm}$，$H_0=0.1\text{mm}$）

采用 Engineer 等人对磨削液有效流量的测量数据[9]，可根据式（4-11）对磨削区内砂轮表面的薄层流体厚度进行估算。对于磨削液入口速度为 0.61m/s（磨削液供给流量为 70mL/s，喷嘴截面面积为 113mm^2）、砂轮速度为 30m/s 的情况，在砂轮表面有效气孔率 $\varphi=0.4\sim0.9$ 时，流体厚度在 0.01～0.03mm 之间变化。由于砂轮表面有效气孔率的不同，实际测量获得的磨削液利用率在 0.05～0.17 之间变化。按此方法估算得到的磨削区内水基磨削液的厚度，在不包括流体动压效应时，与图 4-7 中模型预测的结果在数量级上比较接近。在其他试验条件不变的情况下，将喷嘴移近磨削区，所用砂轮为普通刚玉砂轮

(38A60K5VBE，φ = 0.4)，测得的磨削液利用率达到 0.33，估算得到的磨削液的厚度达到 0.062mm（喷嘴流量仍为 70mL/s）。上述估算结果显示，在流体供给速度相对较低时，流体动压效应的影响不是很显著；对于缓进给磨削和高速高效深切磨削（HEDG）的情况，由于磨削液供给速度和压力较大，流体动压效应的影响应该会变得显著。Tsunasawa 等人通过监控薄层流体的电阻值，实际测量了磨削接触区的流体厚度。他们的测量结果显示，采用传统磨削液供给方法和普通刚玉砂轮（WA60JV），在较低供给流量 17 ~100mL/s 条件下，水基磨削液在磨削区内的厚度达到 0.05 ~0.15mm [10]。他们采用的具体喷嘴截面尺寸没有说明，因而他们的数据还不能直接与 Engineer 等人的数据相比较，但他们的试验结果表明，对于 F60 ~ F70 的砂轮，即使在很低的磨削液供给流量下，也可以达到流体厚度的上限值 $H_0 \approx$ 0.1mm。对于缓进给磨削和高速高效深切磨削的情况，磨削液流量要高得多，一般在 300mL/s，对于一个截面积为 20mm^2 的典型喷嘴，磨削液供给速度可达 15m/s，磨削区内的流体厚度可以很容易达到 0.1mm，如图 4-8、图 4-9 所示。

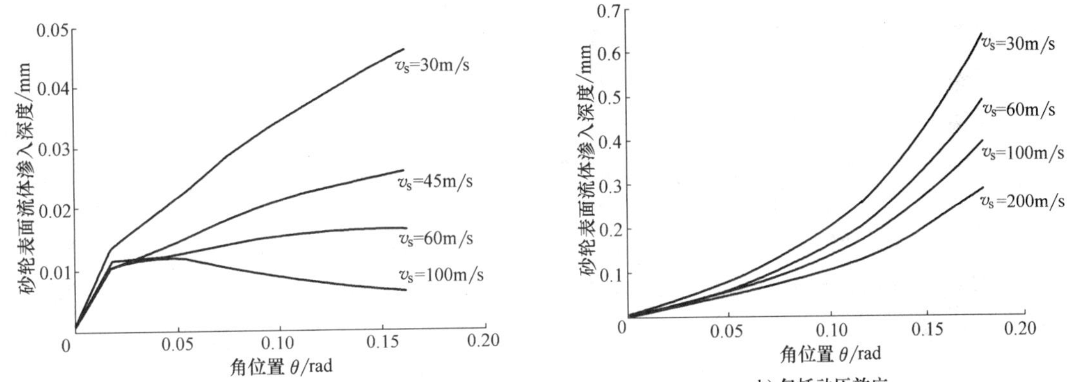

a) 未包括动压效应　b) 包括动压效应

图 4-8　砂轮表面流体渗入深度（矿物油，室温，v_0 = 0.6m/s，φ = 0.4，β_1 = 1.75，α_1 = 150，d = 0.2mm，H_0 = 0.1mm）

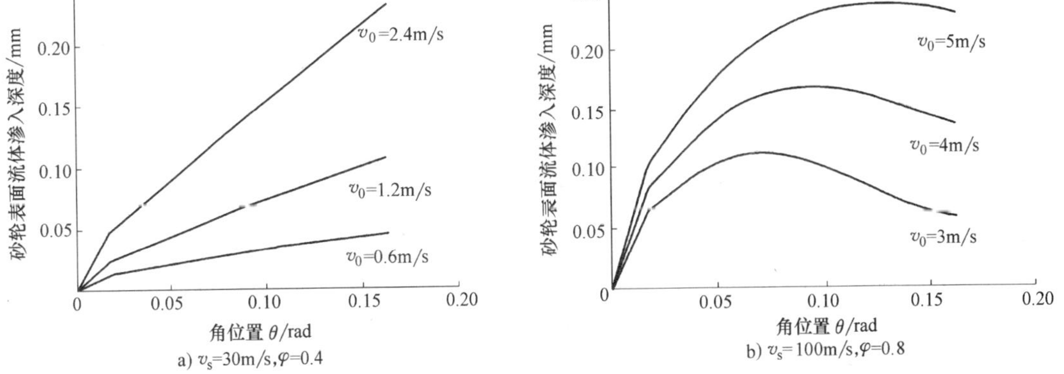

a) v_s=30m/s,φ=0.4　b) v_s=100m/s,φ=0.8

图 4-9　砂轮表面流体渗入深度（矿物油，室温，不包括流体动压效应，β_1 = 1.75，α_1 = 150，d = 0.2mm）

由于油基磨削液的黏度较大，动压效应对流体厚度的影响要比水基磨削液显著得多（见图4-8b）。在砂轮线速度为30 ~200m/s 时，流体厚度最大值可达到0.3 ~0.7mm，但由于砂轮与工件表面最大间隙 H_0的限制，流体厚度最大也不会超过 0.1mm 水平。如果忽略流体动压效应的影响，油基磨削液进入磨削区的流体厚度与水基磨削液相当（图4-8a）。图4-9的计算结果显示，即使不考虑流体动压效应，提高磨削液的供给速度可进一步加大渗入砂轮表面的流体厚度，对于水基磨削液，也存在类似的趋势。

式（4-19）在计算砂轮与工件之间的动压力时，忽略了砂轮表面孔隙的影响，对于树脂结合剂、金属结合剂以及电镀砂轮，这一假设基本合理。对于表面具有较大孔隙的砂轮来说，特别是在使用较低黏度的磨削液（水基磨削液）时，流体动压效应可以忽略，对于表面相对平滑的砂轮，流体动压效应可能由于磨削液侧向泄漏的影响而有所减弱。

为了进一步计算和预测磨削区内流体的表面传热系数 h_c，对于磨粒粒度号为 F60 ~F70 的砂轮，在磨削液供给压力和流量较大的情况下（包括缓进给磨削和高效深切磨削的情况），取磨削区内流体厚度为0.15mm；而对于磨削液供给压力和流量较小的情况，即传统浅磨的情况，取磨削区内流体厚度在 0.05 ~0.1mm。图 4-10 所示为根据式（4-1）、式（4-5）以及式（4-15）求得的磨削液表面传热系数的变化。需要指出的一点是，文献［14，15］中表面传热系数计算数值与本书图4-10不同（原数值偏高），经过详细检查，是文献中对流体动压效应数值计算有误，本书对此进行了改正。工件表面温度 T_w在从室温升高到磨削液沸腾温度时，对计算结果影响较小。改变式（4-12）计算得出的磨削区内压力梯度 dp/dx 值，使其从计算得出的原值的10% 变化至100% 时，对于图4-10所示的磨削速度范围，所得表面传热系数预测值的变化小于20%。影响磨削区表面传热系数的主要因素包括砂轮速度、流体厚度以及磨削液种类。在下一节，将进一步将理论预测值与相关试验数据进行比较。

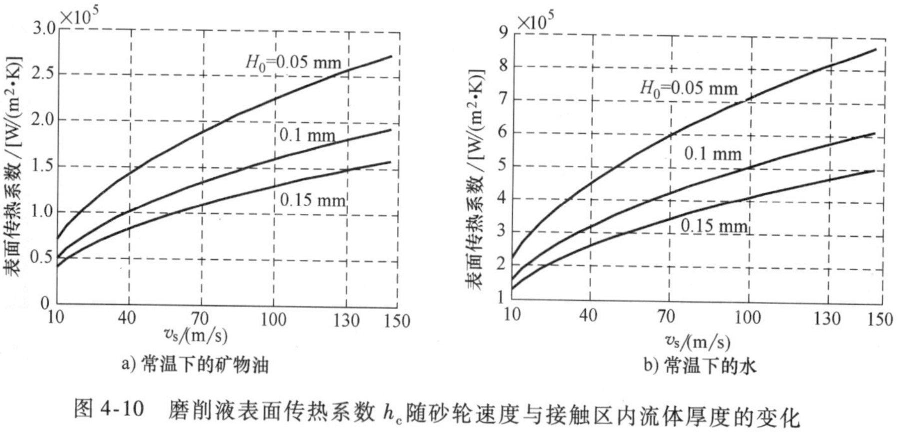

图4-10 磨削液表面传热系数 h_c随砂轮速度与接触区内流体厚度的变化

4.4 磨削区表面传热系数的实际测量与评估

为了实际测量磨削区表面传热系数，专门设计制作了一套测量装置，如图4-11[15]所示。测量装置采用3组K型热电偶，夹持在试样表面下方。测量装置安装在12°倾斜面上，3组K型热电偶分别测量工件磨削表面下不同深度的磨削温度。根据3组K型热电偶的温度

测量数据，可以进一步计算得到传入工件的热流密度（q_w）为

$$q_w = -\kappa_w \frac{\partial T}{\partial y}\bigg]_w = -\kappa_w \frac{\Delta T}{\Delta y} \tag{4-21}$$

式中　κ_w——工件材料的导热系数。

磨削液的表面传热系数（CHTC），h_c可以由下式求得

$$q_f = q_t - q_w - q_s - q_{ch} = h_c(T_w - T_\infty) \tag{4-22}$$

式中　q_t——磨削区总热流，可以根据试验获得的比磨削能或者磨削功率以及磨削参数计算[16]。

相关测量试验条件选取在缓进给磨削参数范围内，见表 4-3，根据以往研究分析结果，在工作台速度极低的情况下，磨削液带走的热量可达磨削总热量 90% 以上[19,20]，其余主要部分传入工件，传入砂轮和磨屑的热量只占 5% ~6% 或者更小的比例。因而式（4-22）可以改写为

$$q_f = q_t - q_w = h_c(T_w - T_\infty) \tag{4-23}$$

表 4-3　磨削试验条件和参数

砂轮	B252 CBN 电镀砂轮，直径 200mm
砂轮线速度/(m/s)	50，146
工作台进给速度/(mm/s)	1
磨削深度/mm	0.4
工件材料	51CrV4 合金钢

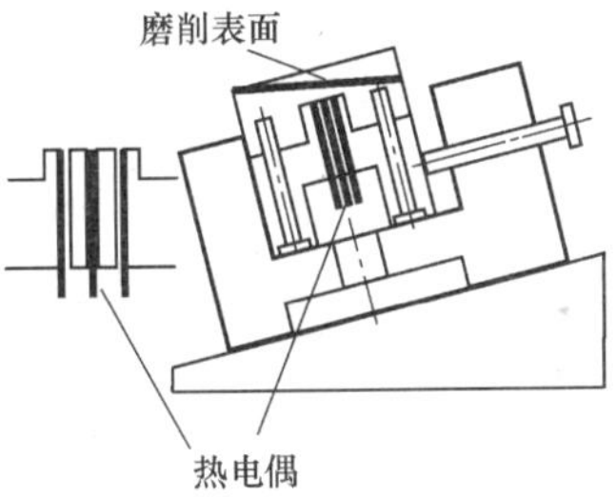

图 4-11　磨削区表面传热系数测量装置

本文计算依然采用式（4-22），传入砂轮磨粒的热流 q_s根据 Hahn 的模型计算[12]，传入磨屑的热流 q_{ch}以假设磨屑温度在 1000℃ 估算，试验参数和条件见表 4-3。磨削参数选在缓进给磨削参数范围是为了避免磨削温度过高，使磨削液完全蒸发气化，造成干磨情况，使磨削液失去对流换热作用。无论采用式（4-22）或者式（4-23），对于磨削液表面传热系数的计算结果不会产生很大影响。

试验对三种水基磨削液和一种油基磨削液的表面传热系数进行了测量计算。表 4-4 列出了根据试验测量数据计算得出的平均比磨削能和表面传热系数。磨削区流体膜厚度按0.13 ~0.15m 估算。试验中采用水基磨削液时实际测量的磨削温度低于 30℃，采用油基磨削液时实际测量的磨削温在 40° ~45℃之间，因而在计算中采用水基磨削液和油基磨削液在室温下的热特性参数。

水基磨削液的表面传热系数测量计算结果与理论预测结果较为接近（表 4-4）。提高磨

削速度，油基磨削液的表面传热系数显著增大，与理论预测趋势一致，因为磨削区流体运动速度提高会促进强制表面传热作用。本书中水基磨削液和油基磨削液表面传热系数的测量计算结果与理论预测结果均较为接近，说明采用前述理论和相关假设可以对磨削区表面传热系数进行较为可靠的预测。

表 4-4　表面传热系数测量计算与理论预测结果

磨削液	v_s/(m/s)	SGE /(J/mm^3)	h_c(测量值) /[10^3W/(m^2·K)]	h_c(预测值) /[10^3W/(m^2·K)]
水基磨削液 1	50	75.8% ±4%	283% ±5%	292
水基磨削液 2	50	104.6% ±4%	393% ±5%	292
水基磨削液 3	50	60.4% ±2%	229% ±3%	292
矿物油	50	36.9% ±17%	71.4% ±20%	100
矿物油	146	73.9% ±9%	213% ±15%	160

实际上，对于磨削区流体表面传热系数的分析计算相当复杂。本书对此进行了一些初步的探讨，系统考虑了磨削区流体运动、流体在砂轮表面的渗入深度、流体对流传热、流体对流热边界层厚度、流体动压效应等，建立了流体表面传热系数与磨削参数之间的联系。理论分析和实际测量都表明，磨削区流体表面传热系数具有相当高的数值，显著高于流体在低速和自然表面传热条件下的数值。以往的研究工作对于磨削区流体运动速度与强制表面传热作用之间的关系缺乏深入分析和具体试验测量，往往低估了磨削区流体表面传热系数的值。

磨削区流体表面传热系数与磨削参数尤其是磨削速度密切相关，同时取决于磨削区流体的有效流体膜厚度。这层流体膜厚度取决于砂轮速度、表面孔隙、磨粒粒度和密度、流体黏度以及流体供给速度。对于深切磨削条件来说（缓进给磨削、高效深切磨削），由于流体供液压力很高、流量大，动压效应明显，一般可以达到流体膜厚度的最大值。

4.5　根据磨削温度对磨削区流体表面传热系数的估算方法

在典型高效深切磨削中，磨削区总热量传入工件、砂轮、磨削液以及磨屑为

$$q_t = q_w + q_s + q_{ch} + q_f \tag{4-24}$$

式中　q_w——传入工件的热流；

q_s——传入砂轮磨粒的热流；

q_f——传入磨削液的热流；

q_{ch}——传入磨屑的热流。将这几部分热流与磨削区工件接触面上最大温度 T_{max}、磨削液沸腾温度 T_b 以及磨屑温度 T_{mp} 相联系[11,12]

$$q_w = h_w(T_{max} - T_0), q_s = h_s(T_{max} - T_0),$$
$$q_f = h_f(T_{max} - T_0)_{T_{max} \leqslant T_b}, \ q_{ch} = h_{ch}T_{mp} - T_0 \tag{4-25}$$

式中　h_w，h_s，h_f，h_{ch}——工件、砂轮、磨削液和磨屑的传热因子或者对流换热因子。磨削接触区工件表面最大温度可以表达为[11,12]

$$T_{max} = T_0 + \left.\frac{q_t - q_{ch}}{\dfrac{h_w}{R_{ws}} + h_f}\right|_{T_{max} \leqslant T_b} \quad 或 \quad T_{max} = T_0 + \left.\frac{q_t - q_{ch}}{\dfrac{h_w}{R_{ws}}}\right|_{T_{max} \geqslant T_b} \tag{4-26}$$

传入磨屑的热流 q_{ch} 可以根据磨屑能的上限，即将磨屑从室温升至接近熔化温度所需的能量 e_{ch} 估算[11,12]。注意上式计算的是磨削区在室温基础上的温升，此处按一般环境温度取室温为 20℃。

传热因子 h_w 与传入工件的热流有关，可以根据下式计算

$$h_w = \frac{\beta_w}{C}\sqrt{\frac{v_w}{l_c}} \tag{4-27}$$

式中　C——可根据帕克莱数和平均接触角，由倾斜移动热源模型或圆弧接触移动热源模型求出；

R_{ws}——工件—砂轮子系统中传入工件的热比率，可以按照 Hahn 模型计算

$$R_{ws} = \frac{q_w}{q_w + q_s} = \frac{h_w}{h_w + h_s} = \left[1 + \frac{0.97\kappa_g}{\beta_w\sqrt{r_0 v_s}}\right]^{-1} \tag{4-28}$$

式中　κ_g——砂轮磨粒的导热系数；

β_w——工件材料的导热特性，可以根据其密度、导热系数以及比热容计算（见表 4-5）；

r_0——砂轮磨粒顶端有效接触小面积的半径，对于一般磨削条件，r_0 在 10μm 左右代表相对较好的砂轮状态。热比率对于 r_0 的取值不是十分敏感，除非取非常小的数值。对于给定砂轮磨粒材料和工件材料，热比率 R_{ws} 的变动范围不大，但对于传入工件的热比率 R_w，由于其与传入磨屑和磨削液热流以及材料去除率密切相关，变化范围较大。

根据式（4-26），可以通过拟合理论预测和测量温度，估算出表面传热系数 h_f。根据有关研究论文发表的磨削功率或比磨削能、磨削温度测量数据，采用估算的表面传热系数，对于不同磨削条件下磨削温度进行系统计算，见表 4-5、4-6。一般来说，流体表面传热系数是相对于接触区平均温度 T_{mean}，而表 4-5、4-6 中的表面传热系数则是相对于最大接触温度 T_{max}。磨削区温度大致按照抛物线型分布，接触区平均温度和最大温度数值的比率约为 $T_{mean} = 0.67T_{max}$，因而理论预测的流体表面传热系数 h_c（图 4-10）与本节估算的表面传热系数 h_f 之间的比例关系约为 $h_f = 0.67h_c$。表 4-7 列出了计算中使用的相关砂轮与工件的热特性。

从表 4-5、4-6 中可以看到一个很有趣的现象，在 30 ~60m/s 磨削速度范围内，对于水基磨削液，采用固定的表面传热系数 $h_f = 290000\text{W}/(\text{m}^2 \cdot \text{K})$（是指在磨削温度未超过磨削液沸腾温度，磨削区有效冷却的情况，即在 $T_{max} \leq 130℃$ 以下的情况），无论是浅磨削条件下（磨削深度为 0.005mm，0.01mm，0.03mm）还是深磨条件（磨削深度为 0.5 ~1mm），理论计算出的磨削温度与不同作者发表的测量磨削温度均能很好地吻合，该数值与前面章节的理论预测表面传热系数（当流体厚度为 0.15mm 时）基本比较接近。

对于油基磨削液，在 30 ~60m/s 磨削速度范围内，根据试验测量磨削温度（深磨条件下）估算的表面传热系数要低于理论预测水平（当流体厚度为 0.15mm，图 4-10）。相对于水基磨削液，油基磨削液由于动压效应更加显著，在类似磨削条件下，磨削液的流体厚度明显高一些（图 4-7、4-8），因而降低了磨削液的表面传热系数。

表 4-6 中，对于浅磨条件估算的油基磨削液表面传热系数与理论预测结果较为接近，这应该与磨削区流体在浅磨条件下的流体厚度较小有关。

表 4-5　深磨条件下理论计算与测量磨削温度（采用估算表面传热系数 h_f）

磨削模式	缓进给磨削						缓进给磨削	高效深切磨削
数据来源	Ohishi						Kim	Rowe
磨削深度/mm	1						0.5	0.96
砂轮直径/mm	305						350	170
磨削速度/(m/s)	18						30	60
进给速度/(m/s)	0.0006						0.005	0.3
接触长度/mm	17.5						13.2	12.8
帕克莱数	0.15						1.1	103
比磨削能/(J/mm^3)	190	58.3	277.1	189.6	58.3	277.1	67	11.0
q_t/(W/mm^2)	6.53	2.00	9.50	6.50	2.00	9.50	12.7	248
接触角/(°)	3.28	3.28	3.28	3.28	3.28	3.28	2.17	4.31
热传导因子 C	0.81	0.81	0.81	0.81	0.81	0.81	1.03	0.75
磨粒种类	刚玉						刚玉	刚玉
R_{WS}	0.85						0.88	0.89
h_w/[$W/(m^2 \cdot K)$]	3282						8422	75274
磨削液	矿物油			水基磨消液			水基磨消液	水基磨消液
h_f/[$W/(m^2 \cdot K)$]	23000			290000			290000	290000
q_{ch}/(W/mm^2)	0.18	0.17	0.17	0.17	0.17	0.17	1.1	184
T_{max}(按干磨计算 $h_f=0$)/℃	1661	494	2442	1663	493	2435	1231	783
T_{max}(按湿磨计算 $h_f>0$)/℃	256	88	367	42	26	52	58	190
T_{max}(测量数据)/℃	260	80	烧伤	50	15	75	50～60	180

表 4-6　浅磨条件下理论计算与测量磨削温度（采用估算表面传热系数 h_f）

数据来源	Black	Yasui					
砂轮直径/mm	200	205					
磨削速度/(m/s)	30	20					
进给速度/(m/s)	0.3	0.033					
磨削深度/mm	0.012	0.005	0.01	0.03	0.005	0.01	0.03
接触长度/mm	3.10	1	1.4	2.5	1	1.4	2.5
帕克莱数	27	0.46	0.64	1.15	0.46	0.64	1.15
q_t/(W/mm^2)	69.7	12	14	18	12	14	18
接触角/(°)	0.22	0.3	0.41	0.7	0.3	0.41	0.7
热传导因子 C	1.1	0.965	0.996	1.03	0.965	0.996	1.03
磨粒种类	CBN	刚玉					
R_{WS}	0.46	0.85					
h_W/[$W/(m^2 \cdot K)$]	104200	85480	70000	50650	85480	70000	50650
磨削液	水基	水基			矿物油		
h_f/[$W/(m^2 \cdot K)$]	0	290000			150000	100000	55000
q_{ch}/(W/mm^2)	6.9	0.84	1.20	2.02	0.84	1.20	2.02
T_{max}($h_f=0$)/℃	295	130	175	288	130	175	288
T_{max}($h_f>0$)/℃	295	49	54	66	64	90	160
T_{max}(测量数据)/℃	320	30	60	70	60	90	160

表 4-7　钢材与磨粒材料的热特性

材料	导热系数 κ /[W/(m·K)]	密度 ρ /(kg/m³)	比热容 c /[J/(kg·K)]	热参数 $\beta=\sqrt{\kappa\rho c}$ /[J/(m²·s)·K]	热扩散系数 α/(×10⁻⁶)	相关作者
AISI 1095	41	7870	560	13440	9.3	Rowe and Jin
AISI 1010	60.5	854	434	14360	18	Ohishi, Yasui
AISI 1020	56	7830	472	14390	15.1	Kim, Malkin
AISI 52100	34.3	7815	506	11650	8.67	Black
Al_2O_3	35	3980	765	10300	11.5	Rowe

表 4-5、表 4-6 中估算的磨削液表面传热系数与磨削温度之间没有直接联系，仅是在磨削温度过高，即磨削液沸腾无有效冷却作用时，$h_f=0$。

按照前面的计算结果，磨削区流体热边界层厚度一般仅在 2 ~3μm（图 4-3），也就是说，在此薄层厚度之外的大部分流体的温度等于环境温度（室温），因而取磨削液在室温下的运动参数（黏度）进行计算是比较合理的。

在最大磨削温度低于磨削液沸腾温度（水基磨削液约为 130℃，油基磨削液约为 320℃），磨削液对于磨削区进行有效冷却的情况下，磨削区流体热边界层内温度梯度很大。对于更为精确的计算，磨削液的热特性参数应该考虑温度的影响，可以采用磨削液在热边界层平均温度下的热参数值进行计算，这方面的影响估计不会很大。

磨削区流体膜的厚度（包括热边界层和恒温流体层）的取值对于流体表面传热系数理论计算的准确性则有很大影响。由于这方面的研究工作还比较粗浅，对于不同磨削条件下磨削参数以及流体动压效应的影响，还需要开展系统长期的理论和试验研究。

对于从楔形入口进入磨削区的流体压力分析，还存在一些局限。如何考虑磨削液从砂轮边沿的泄漏、磨削区工件与砂轮之间的间隙的确定等，还需要深入分析，明确主要影响因素，针对不同磨削条件，开展进一步的理论和试验研究。

表 4-5、表 4-6 中不同作者在不同磨削条件下测量的磨削温度值涵盖了从接近室温到接近磨削液沸腾温度的较大范围，而根据这些磨削温度估算的表面传热系数与理论预测结果基本相符，即使在磨削温度很低的情况下，磨削区的表面传热系数也相当高。

以往的研究结果表明，磨削液在临界温度发生膜沸腾时，磨削状态与干磨削类似，磨削液的冷却效果基本可以忽略；而只有在核沸腾发生的特定条件下，磨削液的对流冷却作用可能会显著增强[2]。表 4-6 中 h_f 为零、磨削损伤发生的情况，即为典型干磨削条件下，磨削液发生膜沸腾，冷却效果基本可以忽略不计。

参考文献

[1] TAWAKOLI T. High efficiency deep grinding [M]. Duesseldorf: VDI-Verlag and Mechanical Engineering Publications, UK, 1993.

[2] ANDREWS C, HOWES T, PEARCE T. Creep-feed grinding [M]. New York: Holt, Rinehart and Winston, 1985.

[3] JEN T C, LAVINE A S. A variable heat flux model of heat transfer in grinding: model development [J]. Journal of Heat transfer, 1995, 177: 473-478.

[4] DEMETRIOU M D, LAVINE A S. Thermal aspects of grinding: the case of up-grinding [J]. ASME Journal

of Manufacturing Science and Engineering, 2000, 122: 605-611.

[5] MALKIN S. Thermal aspects of grinding, Part 1-Energy partition [J]. Journal of Engineering for Industry, 1974, 96: 1177-1183.

[6] MALKIN S. Thermal aspects of grinding, Part 2-Surface temperatures and workpiece burn [J]. Journal of Engineering for Industry, 1974, 96: 1184-1191.

[7] GUO C, WU Y, VARGHESE V, et al. Temperatures and energy partition for grinding with vitrified CBN wheels [J]. Annals of CIRP, 1999, 48 (1): 247-250.

[8] GUO C, MALKIN S. Analysis of fluid flow through the grinding zone [J]. Journal of Engineering for Industry, 1992, 114: 427-434.

[9] ENGINEER F, GUO C, MALKIN S. Experimental measurement of fluid flow through the grinding zone [J]. Journal of Engineering for Industry, 1992, 114: 61-66.

[10] TSUNASAWA Y, AOYAMA T, INASAKI I, et al. Improvement of grinding fluid application in creep feed grinding, state of grinding fluid in the arc of contact [J]. Journal of the Japan Society of Precision Engineering, 1982, 48 (11): 1526-1531.

[11] ROWE W B, JIN T. Temperatures in high efficiency deep grinding (HEDG) [J]. Annals of CIRP, 2001, 50 (1): 205-208.

[12] JIN T, ROWE W B, MCCORMACK D F. Temperatures in deep grinding of finite workpieces [J]. International Journal of Machine Tools and manufacture, 2002, 42 (1): 53-59.

[13] JIN T, ROWE W B. Heat transfer and partitioning in High Efficiency Deep Grinding (HEDG) [J]. Abrasives magazine, 2001, April issue.

[14] JIN T, STEPHENSON D J , ROWE W B. Estimation of the convection heat transfer coefficient of coolant within the grinding zone [J]. Proceeding on Institution of Mechanical Engineers, Part B, Journal of Engineering Manufacture, 2003, 217: 397-407.

[15] JIN T, STEPHENSON D J. A study of the convection heat transfer coefficients of grinding fluids [J]. Annals of the CIRP, 2008, 57 (1): 367-370.

[16] HOLMAN J P. Heat transfer [M]. 10th. New York: McGraw-Hill Education, 2009.

[17] CHANG C C, WANG S H, SZERI A Z. On the mechanism of fluid transport across the grinding zone [J]. Journal of Manufacturing Science and Engineering, 1996, 118: 332-338.

[18] SCHUMACK M R, JIN-BOK CHUNG, SCHULZ W W, et al, Analysis of fluid flow under a grinding wheel [J]. Journal of Engineering for Industry, 1991, 113: 190-197.

[19] JIN T, STEPHENSON D J. Analysis of grinding chip temperature and energy partitioning in high efficiency deep grinding [J]. Proceeding on Institution of Mechanical Engineers, Part B, Journal of Engineering Manufacture, 2006, 220 (5): 615 -625.

[20] STEPHENSON D J, JIN T. Physical basics in grinding [C]. Aachen: VDI Reihe, 2003.

第5章　渐开线齿轮成形磨削温度

齿轮成形磨削是将砂轮修整成为齿轮的齿廓形状，通过砂轮的往复运动，由砂轮的两侧面完成齿轮轮廓面的加工。由于齿轮轮廓线为非直线，通常为渐开线，砂轮与工件为非直线接触，因此在磨削加工过程中，砂轮与工件的几何接触状态与传统平面磨削相比会有很大的差异，具体表现为以下几个方面：齿轮轮廓线上各处的法向磨削深度不同；成形砂轮工作面各处的半径及当量半径各不相同，因而造成加工位置砂轮线速度、砂轮—工件接触弧长、最大未变形磨屑厚度各不相同。上述几个方面的差异，将影响齿轮成形磨削过程中接触区热流的分布、齿轮轮廓线上各处传入工件的热分配比，最终影响磨削温度的分布。

5.1　齿轮成形磨削几何学和动力学

5.1.1　渐开线的形成及特性

如图5-1所示，当一条直线 BK 沿一个圆周做纯滚动时，直线上任意点 K 的轨迹 AK 就是该圆的渐开线，该圆为渐开线的基圆，它的半径用 r_b 表示，直线 BK 为渐开线的发生线，θ_k 为渐开线上 K 点的展角，α_k 为渐开线上 K 位置的压力角，r_k 为渐开线在点 K 的向径，并存在如下关系

$$r_k = \frac{r_b}{\cos\alpha_k} \tag{5-1}$$

$$\theta_k = \tan\alpha_k - \alpha_k \tag{5-2}$$

$$\varphi_k = \tan\alpha_k = \alpha_k + \theta_k \tag{5-3}$$

φ_k 为渐开线在 K 点的滚动角。因而得到圆的渐开线参数方程为

$$\begin{cases} x = r_b(\sin\varphi_k - \varphi_k\cos\varphi_k) \\ y = r_b(\cos\varphi_k + \varphi_k\sin\varphi_k) \end{cases} \tag{5-4}$$

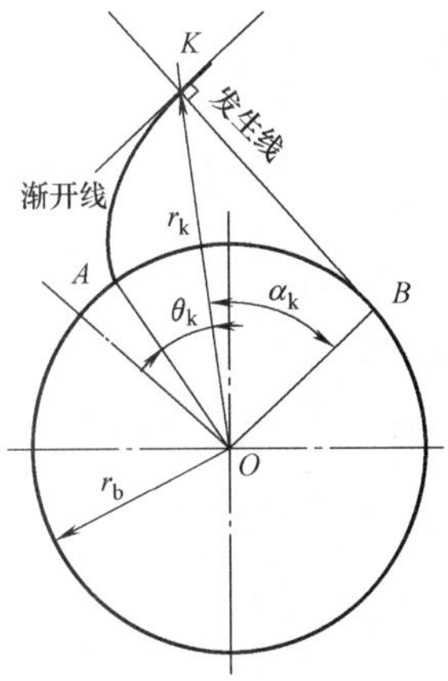

图5-1　渐开线的形成

5.1.2　局部法向磨削深度

在齿轮成形磨削时，砂轮被修整成齿轮齿槽的形状，磨削的加工参数包括砂轮转速 n_s、工作台速度 v_w 和径向进给深度 a_r。径向进给深度是在齿轮成形磨削时，砂轮沿砂轮中心和齿轮中心连线方向进给的深度，由于齿轮轮廓表面是曲面，因此表面上不同位置的法向磨削深度（沿轮廓面曲线曲率半径方向的进给深度）各不相同，如图5-2所示。

局部法向磨削深度与径向进给深度的关系如图5-3所示。

图5-3中 a_r 为成形砂轮径向进给深度；$a_n(\varphi_i)$ 为齿轮渐开线轮廓上任意位置的局部法向磨削深度；θ_i 为展角；α_i 为压力角；φ_i 为滚动角；β 为基圆齿距对应的圆心角的一半，β 与齿轮的齿数有关；$\gamma(\varphi_i)$ 为齿轮轮廓上任意点的曲率半径与砂轮中心和齿轮中心连线的夹角。

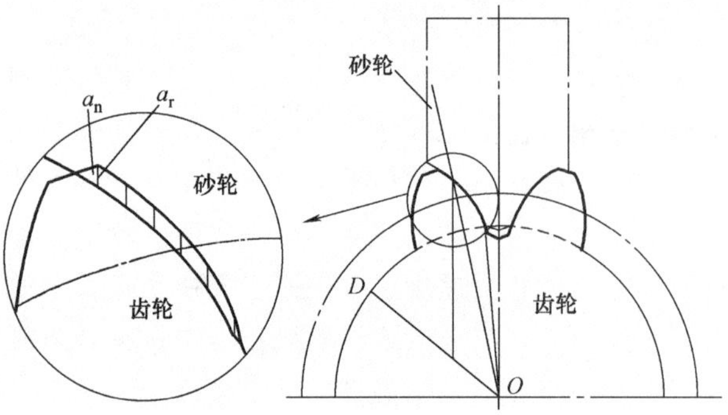

图 5-2　法向磨削深度

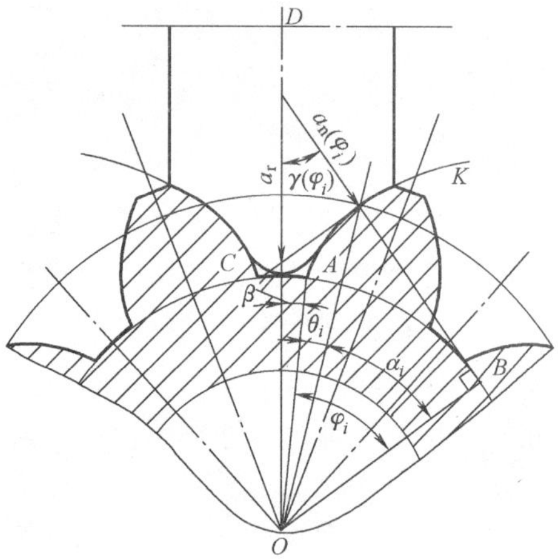

图 5-3　局部法向磨削深度与径向进给深度的关系

因此有如下关系[1]

$$a_n(\varphi_i) = a_r\cos(\gamma(\varphi_i)) \tag{5-5}$$

$$\gamma(\varphi_i) = \frac{\pi}{2} - (\varphi_i + \beta) \tag{5-6}$$

$$\beta = \frac{e_b}{2r_b} \tag{5-7}$$

式中　e_b——基圆齿距。

通过式（5-5）计算得到不同径向进给深度 a_r 条件下，局部法向磨削深度 a_n 沿齿轮轮廓渐开线随渐开线滚动角 φ_i 的变化，如图 5-4 所示；在相同 a_r 条件下，齿轮齿数 z_g 对局部法向磨削深度 a_n 变化的影响，如图 5-5 所示。

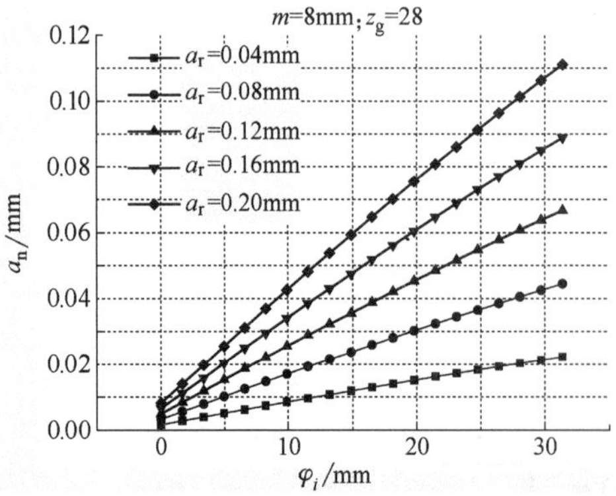

图 5-4　不同 a_r 情况下 a_n 随 φ_i 的变化

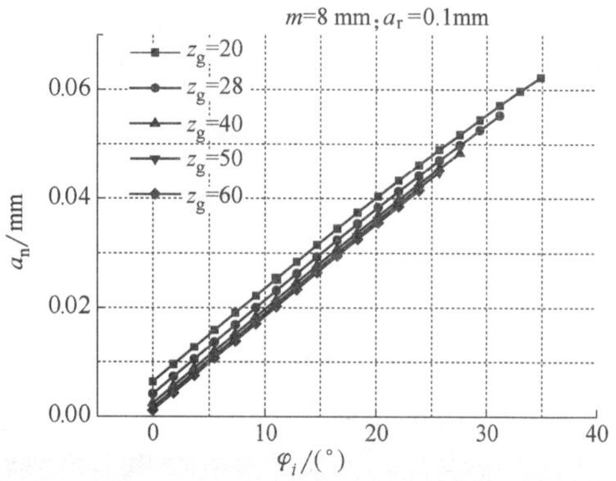

图 5-5　相同 a_r 情况下 z_g 对 a_n 的影响

从图 5-4 和图 5-5 看出，均布法向磨削深度 a_n 随齿轮轮廓渐开线滚动角的增大而增大，且基本呈线性关系，即齿根处的磨削深度较小，齿顶处的磨削深度最大；齿轮的几何形状也影响局部磨削深度的分布，对于模数相同的齿轮，齿数越少，则局部磨削深度越大；齿轮模数几乎不改变局部磨削深度的分布。

5.1.3　成形砂轮直径及砂轮当量直径

砂轮直径和主轴转速决定了砂轮的线速度，齿轮成形磨削砂轮的工作面是砂轮成形侧面，因此成形面上各处的砂轮直径也不同；齿轮成形面沿齿轮轮廓方向，每一点砂轮—工件接触情况都不相同，因此砂轮成形面上各处的砂轮当量直径也不同。图 5-6 为齿轮成形磨削时砂轮的直径和当量直径的关系。

砂轮直径与当量直径的计算关系如图 5-7 所示。

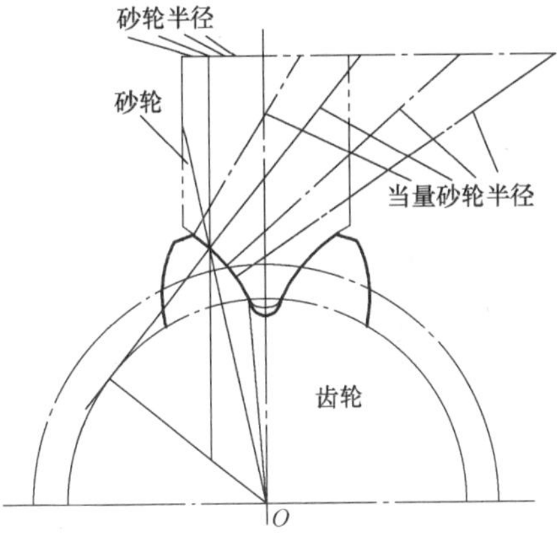

图 5-6　砂轮直径和砂轮当量直径的关系

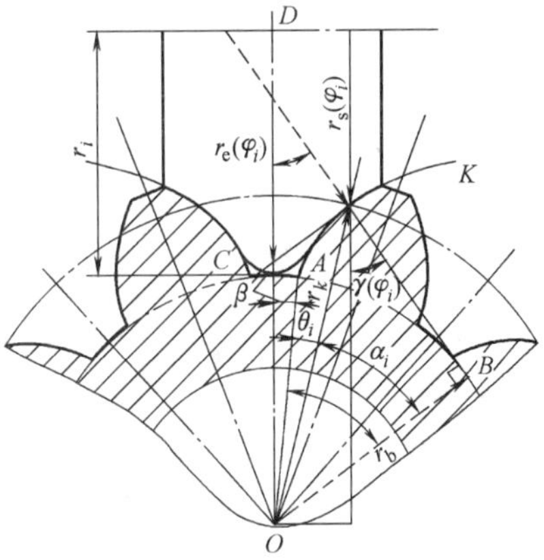

图 5-7　砂轮直径与当量直径的关系

图 5-7 中 $r_s(\varphi_i)$ 为砂轮任意位置的半径；r_k为 K 位置齿轮的向径；$r_e(\varphi_i)$ 为砂轮任意位置的当量半径；r_i为砂轮整形前的初始半径；θ_i、β、$\gamma(\varphi_i)$ 分别为展角、基圆齿距对应的圆心角的一半、齿轮轮廓上任意点的曲率半径与砂轮中心和齿轮中心连线的夹角。OD 为齿轮中心与砂轮中心的中心距。

由图 5-7 所示关系可得出

$$r_s(\varphi_i) = OD - r_k\sin(\beta + \theta_i) \tag{5-8}$$

即

$$r_s(\varphi_i) = (r_b + r_i) - r_k\sin(\beta + \theta_i) \tag{5-9}$$

$$d_s(\varphi_i) = 2[(r_b + r_i) - r_k\sin(\beta + \theta_i)] \tag{5-10}$$

$$d_e(\varphi_i) = \frac{d_s(\varphi_i)}{\cos(\gamma(\varphi_i))} \tag{5-11}$$

对于同一个规格的齿轮，选用不同初始直径 d_i的砂轮磨削时，通过式（5-10）计算，砂轮直径 d_s 沿齿轮齿廓随渐开线滚动角 φ_i 的变化，如图 5-8 所示；当砂轮初始直径不变，磨削齿轮齿数相同，模数 m 不同的齿轮，砂轮直径 d_s 沿齿轮齿廓随渐开线滚动角 φ_i 的变化，如图 5-9 所示；当砂轮初始直径不变，磨削齿轮模数相同，齿数 z_g 不同的齿轮，砂轮直径 d_s 沿齿轮齿廓随渐开线滚动角 φ_i 的变化，如图 5-10 所示。

通过式（5-11）计算得到上述三种情况下砂轮当量直径 d_e 随渐开线滚动角 φ_i 的变化，如图 5-11、图 5-12、图 5-13 所示。

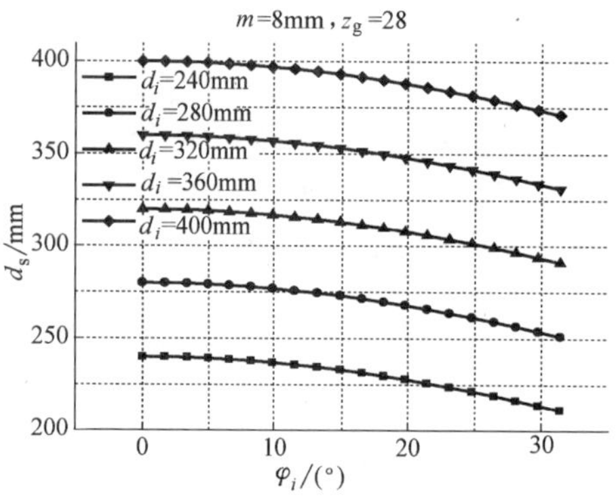

图 5-8　不同 d_i 情况下 d_s 随 φ_i 的变化

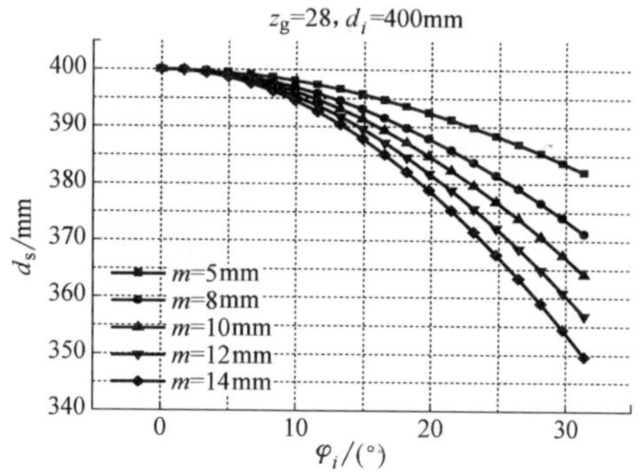

图 5-9　不同 m 情况下 d_s 随 φ_i 的变化

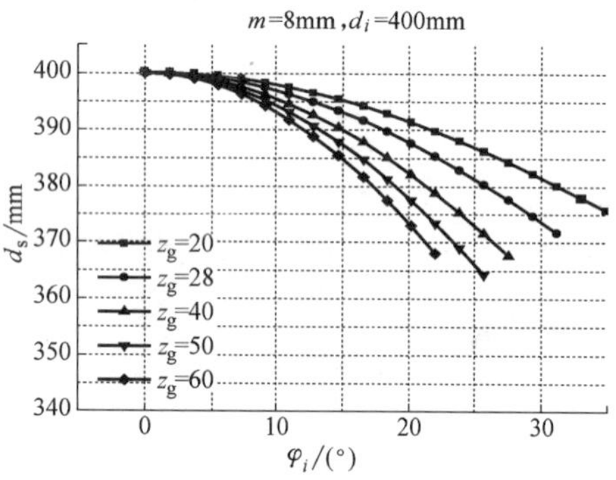

图 5-10　不同 z_g 情况下 d_s 随 φ_i 的变化

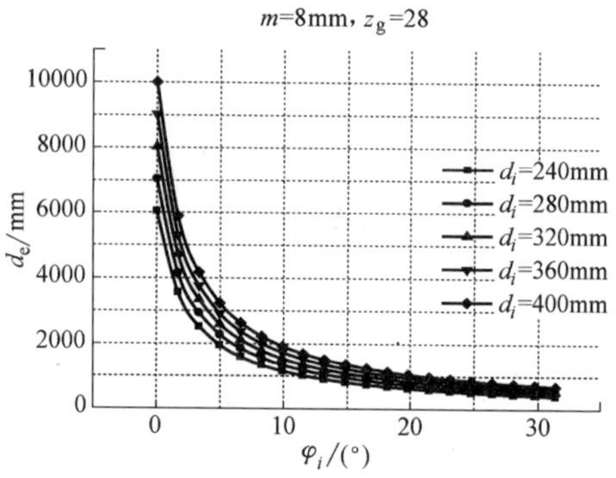

图 5-11　不同 d_i 情况下 d_e 随 φ_i 的变化

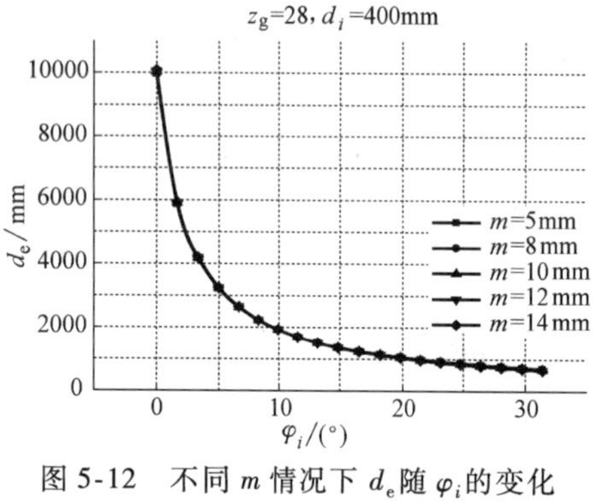

图 5-12　不同 m 情况下 d_e 随 φ_i 的变化

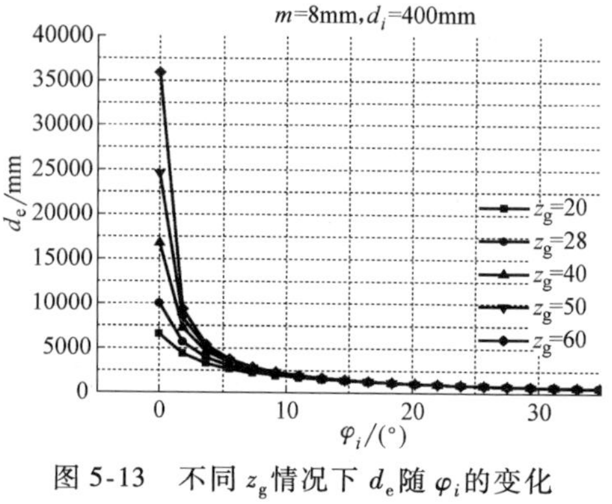

图 5-13　不同 z_g 情况下 d_e 随 φ_i 的变化

从上述计算结果看出，齿轮成形磨削时，砂轮当量直径在齿轮轮廓上变化非常大。

5.1.4　局部砂轮线速度

砂轮线速度是主轴转速和砂轮直径的函数，可由下式计算

$$v_s(\varphi_i) = \frac{n_s \pi d_s(\varphi_i)}{60 \times 1000} \tag{5-12}$$

式中　v_s——砂轮线速度；

n_s——主轴转速；

d_s——砂轮直径。

在成形砂轮成型面上，局部砂轮线速度与砂轮直径具有相同的变化规律。

图 5-14 所示为成形磨削齿轮（模数为 8，齿数为 28），当选用不同初始直径的砂轮时，齿根处砂轮线速度 $v_s(f)$ 与齿顶处砂轮线速度 $v_s(a)$ 的比值。

从图 5-14 结果看出，当受到机床结构和齿轮几何尺寸限制，使用小直径砂轮成形磨削齿轮时，尤其在磨内齿轮时，齿根处砂轮线速度 $v_s(f)$ 比齿顶处砂轮线速度 $v_s(a)$ 大得多。

5.1.5　砂轮—工件几何接触弧长

砂轮切入工件会产生一个接触作用区域，如图 5-15 所示，这一区域的弧长为接触弧长，用 l_c 表示，其计算公式如下

$$l_c = \sqrt{a_n d_e} \tag{5-13}$$

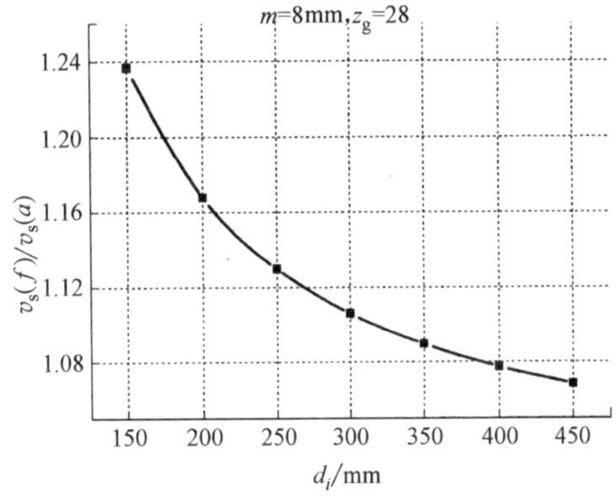

图 5-14　$v_s(f)/v_s(a)$ 与 d_i 的关系

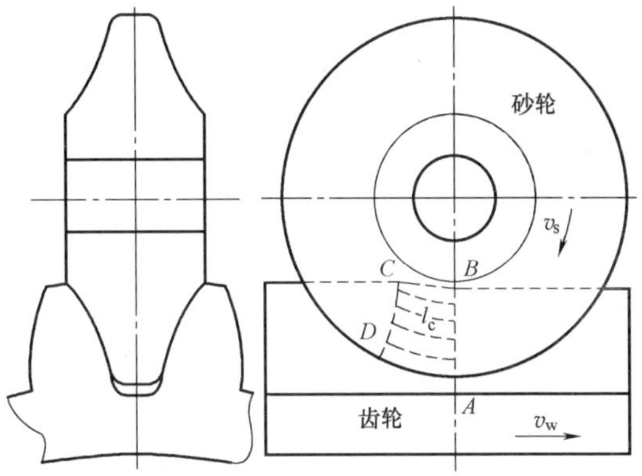

图 5-15　齿轮成形磨削接触作用区

对于齿轮成形磨削，通过以上的分析，a_n 和 d_e 都沿齿轮轮廓变化，因此对于齿轮成形磨削，接触弧长为[2]

$$l_c(\varphi_i) = \sqrt{a_n(\varphi_i)d_e(\varphi_i)} \tag{5-14}$$

图 5-16、图 5-17、图 5-18 分别为不同径向进给深度 a_r 的砂轮磨削相同规格齿轮、用同一初始直径砂轮磨削不同模数 m 的齿轮、用同一初始直径砂轮磨削不同齿数 z_g 齿轮时，砂轮—工件几何接触弧长沿齿轮轮廓线的变化。

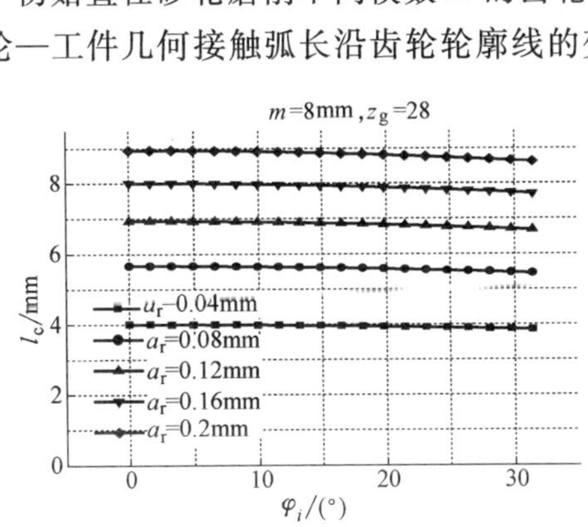

图 5-16　不同 a_r 情况下 l_c 随 φ_i 的变化

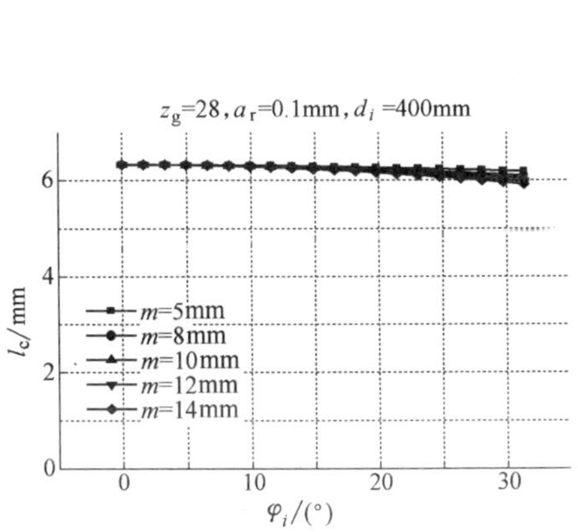

图 5-17　不同 m 情况下 l_c 随 φ_i 的变化

从上述结果看出，不同滚动角位置的接触弧长各不相同，但是总的变化幅度并不大，在后续的齿轮成形磨削温度分布理论模型中，为了简化计算，可取其平均值代替。

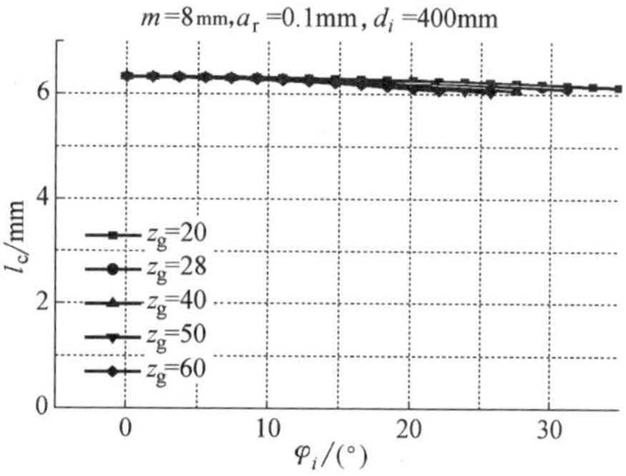

图 5-18　不同 z_g 情况下 l_c 随 φ_i 的变化

5.1.6　最大未变形切屑厚度

依据马尔金的分析结果，磨粒的最大未变形磨屑厚度 t_a 可由下式计算

$$t_a = \left[\frac{4}{Cr}\left(\frac{v_w}{v_s}\right)\left(\frac{a_p}{d_e}\right)^{1/2}\right]^{1/2} \tag{5-15}$$

式中　C——单位砂轮面积上的切削刃数；

r——切削路径任意点处磨屑宽度和厚度的比值；

v_w——工作台进给速度；

a_p——磨削深度；

v_s——砂轮线速度；

d_e——砂轮当量直径。

上文已经讨论过齿轮轮廓上任意点的 a_p、v_s 和 d_e 均不相同，因此，最大未变形磨屑厚度在齿轮轮廓上也各不相同

$$t_a(\varphi_i) = \left[\frac{4}{Cr}\left(\frac{v_w}{v_s(\varphi_i)}\right)\left(\frac{a_n(\varphi_i)}{d_e(\varphi_i)}\right)^{1/2}\right]^{1/2} \tag{5-16}$$

5.1.7　齿轮轮廓线长度计算

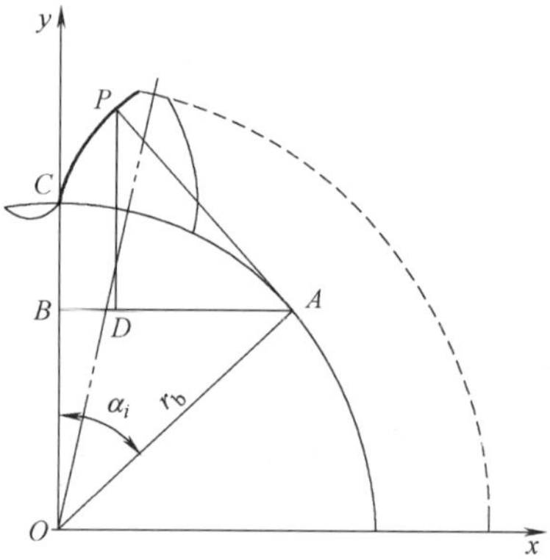

图 5-19　齿轮轮廓线长度

齿轮轮廓线长度，即成形砂轮有效工作宽度，它和砂轮—工件接触弧长决定了砂轮和工件接触面积，因而决定了热流密度大小。

对于模数、齿数确定的齿轮，其齿轮轮廓线长度是唯一确定的，如图 5-19 所示。建立直角坐标系 xOy，r_b 为基圆半径，P (x，y) 是渐开线上的任意点。

根据渐开线参数方程（5-4）可知

$$\begin{cases} dx = [r_b\cos\varphi_i - (r_b\cos\varphi_i - r_b\varphi_i\sin\varphi_i)]d\varphi_i = r_b\varphi_i\sin\varphi_i d\varphi_i \\ dy = [-r_b\sin\varphi_i + (r_b\sin\varphi_i + r_b\varphi_i\cos\varphi_i)]d\varphi_i = r_b\varphi_i\cos\varphi_i d\varphi_i \end{cases} \tag{5-17}$$

进行弧微分得

$$ds = \sqrt{(dx)^2 + (dy)^2} = \sqrt{(r_b\varphi_i\cos\varphi_i)^2 + (r_b\varphi_i\sin\varphi_i)^2}d\varphi_i = r_b\varphi_i d\varphi_i \tag{5-18}$$

则齿轮轮廓线的长度为

$$L_g = \int_{\varphi_f}^{\varphi_a} ds = \int_{\varphi_f}^{\varphi_a}(r_b\varphi_i)d\varphi_i = \left[\frac{r_b\varphi_i{}^2}{2}\right]_{\varphi_f}^{\varphi_a} \tag{5-19}$$

式中　r_b——渐开线基圆半径；

φ_i——渐开线滚动角；

φ_f——齿根圆压力角；

φ_a——齿顶圆压力角。

5.2　齿轮成形磨削温度理论模型

5.2.1　瞬时有限长均匀线热源温度场和非均匀线热源的温度场

在无限大的导热体内有一条有限长的线热源，如图 5-20 所示。在初始时刻 $t=0$ 的一瞬间，全线均匀地发出一股热量 Q_s，随后立即停止发热，该导热体中任意位置的温度分布可由下式计算[3]。

$$\theta = \frac{Q_s}{4\kappa t\pi^{3/2}} e^{-\frac{x^2+y^2}{4\alpha t}} \int_{\frac{z-L_g}{\sqrt{4\alpha t}}}^{\frac{z}{\sqrt{4\alpha t}}} e^{-u^2} du \tag{5-20}$$

$$\alpha = \frac{k}{c\rho}$$

式中　κ——导热系数；

α——热扩散系数；

c——比热容；

ρ——密度；

L_g——热源长度；

x、y、z——空间坐标。

若无限大的导热体内，有限长的线热源为非均匀分布，线热源的平均热流密度为 $\bar{Q}_s$，如图 5-21 所示。在初始时刻 $t=0$ 的一瞬间，随后立即停止发热，则该导热体中任意位置的温度分布可由下式计算

$$\theta = \frac{\bar{Q}_s}{2\kappa t L_g \pi^{3/2}} e^{-\frac{x^2+y^2}{4\alpha t}} \int_{\frac{z}{\sqrt{4\alpha t}}}^{\frac{z-L_g}{\sqrt{4\alpha t}}} (u\sqrt{4\alpha t} - z) e^{-u^2} du \tag{5-21}$$

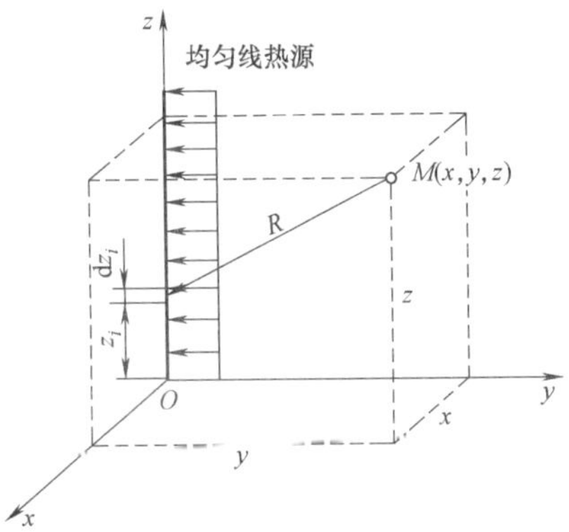

图 5-20　瞬时有限长均匀线热源示意图

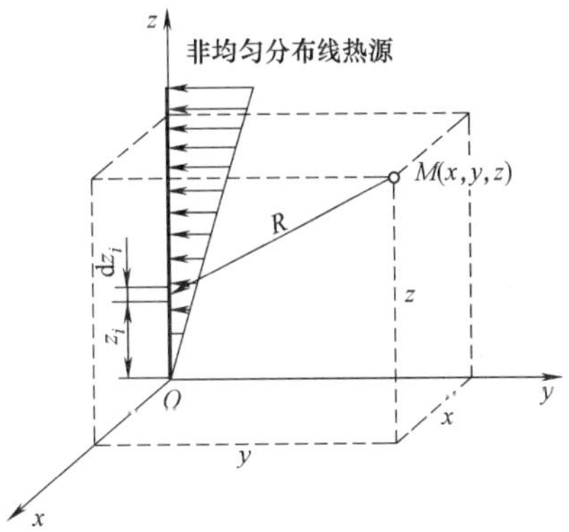

图 5-21　瞬时有限长非均匀线热源示意图

为对比两个热源的温度场，设 $t=0.05\text{s}$，$L_g=15\text{mm}$，且忽略两式中的常数项，根据式（5-20）和式（5-21）计算得到瞬时有限长均匀线热源的等效温度场和瞬时有限长非均匀线

热源的等效温度场，如图 5-22 和图 5-23 所示。

两个温度场区别非常明显。瞬时有限长均匀线热源的温度场在长度方向分布均匀，与瞬时无限长均匀线热源的温度场分布极其相似。通常用瞬时无限长均匀线热源的温度场代替，这也是在平面磨削温度场理论计算中，通常将磨削接触面假设成由平行于砂轮宽度的无数条无限长线热源的依据。而瞬时有限长非均匀线热源的温度场在长度方向分布不均匀，在长度方向沿热流密度增大的方向温度也随之增高。因此，若磨削过程中，沿砂轮宽度方向的热流密度分布不均，则现有的磨削温度理论模型将不再适用。

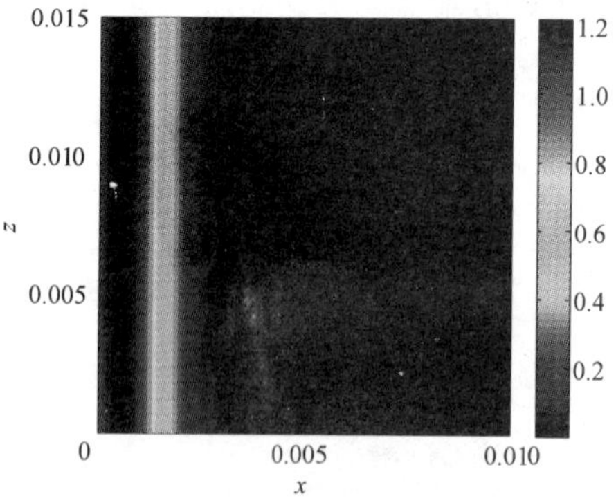

图 5-22　瞬时有限长均匀线热源温度场

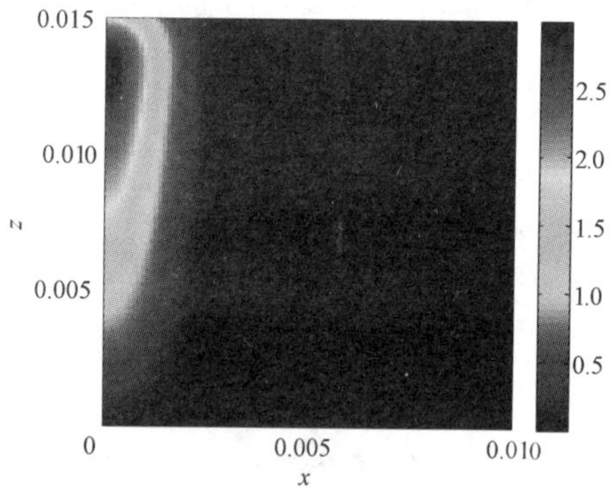

图 5-23　瞬时有限长非均匀线热源温度场

5.2.2　瞬时有限长均匀渐开线热源的温度场和非均匀渐开线热源的温度场

成形磨削与平面磨削最大的区别在于工件—砂轮接触线不同，在运用平面磨削温度理论计算时，可以通过对点热源沿直线从负无穷大到正无穷大积分，得到线热源温度场；而成形磨削时，则需要对点热源沿成形轮廓曲线从起始点到终点积分，得到曲线热源温度场。

若在无限大导热体内有图 5-24 所示均匀分布的渐开线热源瞬时发热，已知渐开线的参数方程为

$$\begin{cases} y = r_b(\sin\varphi_i - \varphi_i\cos\varphi_i) \\ z = r_b(\cos\varphi_i + \varphi_i\sin\varphi_i) \\ x = 0 \end{cases} \tag{5-22}$$

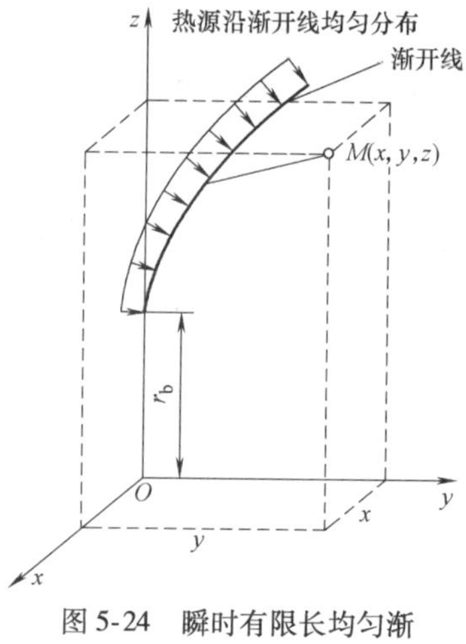

图 5-24　瞬时有限长均匀渐开线热源示意图

式中　r_b——渐开线基圆半径；

φ_i——渐开线任意位置滚动角。

则该导热体内任一点的温度分布可通过以下过程计算。

将渐开线分成若干微分段，任意微分段瞬时的发热强度为 $Q_s\mathrm{d}s$。由式（5-18）可知，$\mathrm{d}_s = r_b\varphi_i\mathrm{d}\varphi_i$，因此渐开线内任意点 $M(x,y,z)$ 受该微分段热源影响而产生的温升。根据瞬时点热源发热温度计算，有

$$\mathrm{d}\theta = \frac{Q_s r_b \varphi_i \mathrm{d}\varphi_i}{c\rho(4\pi\alpha t)^{3/2}}\exp -\frac{x^2 + [r_b(\sin\varphi_i - \varphi_i\cos\varphi_i) - y]^2 + [r_b(\cos\varphi_i + \varphi_i\sin\varphi_i) - z]^2}{4\alpha t} \tag{5-23}$$

对式（5-23）沿 φ_i 积分得

$$\theta = \frac{r_b Q_s}{c\rho\,(4\pi\alpha t)^{3/2}}\int_0^{\varphi_a}\varphi_i \exp -\frac{x^2 + [r_b(\sin\varphi_i - \varphi_i\cos\varphi_i) - y]^2 + [r_b(\cos\varphi_i + \varphi_i\sin\varphi_i) - z]^2}{4\alpha t}\mathrm{d}\varphi_i \tag{5-24}$$

式中　φ_a——渐开线顶端的滚动角。

若无限大导热体内渐开线上热源如图 5-25 所示，呈非均匀分布，且平均热流密度为 $\overline{Q}_s$，通过第 5.1.2 节的分析可知，在齿轮成形磨削时，齿轮轮廓上局部法向磨削深度与轮廓渐开线滚动角之间存在线性关系。因此，假设渐开线上的非均匀热流是渐开线滚动角的正比例函数，且存在如下关系[4,5]

$$Q_s(\varphi_i) = \frac{1.5\overline{Q}_s\varphi_i}{\varphi_a} \tag{5-25}$$

将渐开线分成若干微分段，任意微分段瞬时的发热强度为 $Q_s(\varphi_i)\mathrm{d}s$，则该导热体内任意点的温度分布可通过以下过程计算

$$\theta = \frac{1.5\overline{Q}_s r_b}{c\rho\,(4\pi\alpha t)^{3/2}\varphi_a}\int_0^{\varphi_a}\varphi_i{}^2 \exp -\frac{x^2 + \begin{bmatrix} r_b(\sin\varphi_i - \varphi_i\cos\varphi_i) - y \\ r_b(\cos\varphi_i + \varphi_i\sin\varphi_i) - z \end{bmatrix}^2 +}{4\alpha t}\mathrm{d}\varphi_i \tag{5-26}$$

为对比两个热源的温度场，设 $t=0.05\mathrm{s}$，$r_b=200\mathrm{mm}$，$\varphi_a=35°$，且忽略式（5-25）和式（5-26）中的常数项，对两式进行数值积分，可得到 $x=0$ 位置渐开线内部等效温度场的分布分别如图 5-26 和图 5-27 所示。

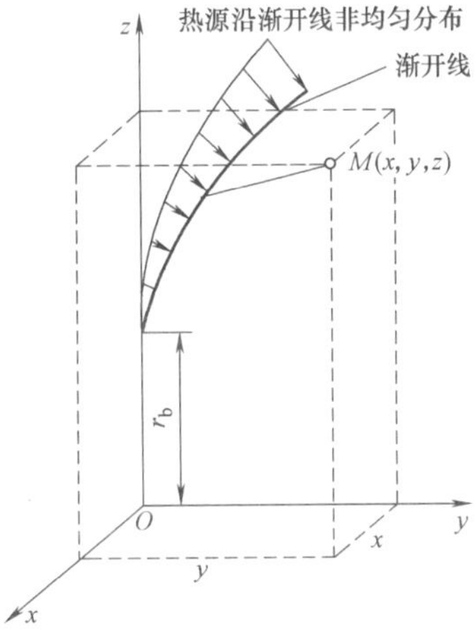

图 5-25　瞬时有限长非均匀渐开线热源示意图

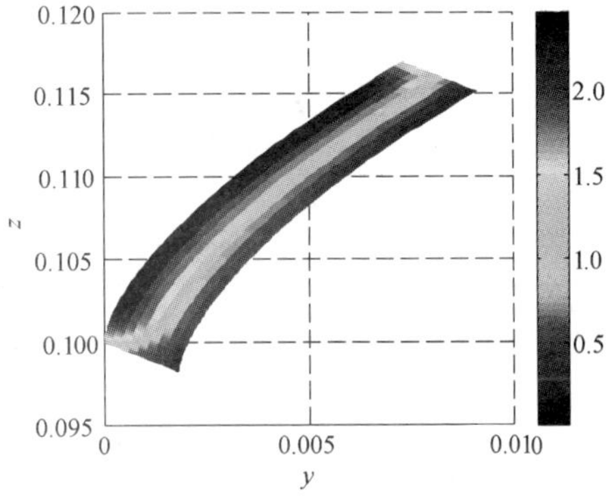

图 5-26　瞬时有限长均匀渐开线热源温度场

两个温度场的区别同样非常明显，联系到第 5.1.2 节的分析结果，齿轮成形磨削，轮廓线上任一点的法向磨削深度随滚动角增加而增大，且基本呈线性变化，因此第二种热流分布情况更符合齿轮成形磨削的实际情况。

5.2.3　瞬时有限大非均匀渐开面热源的温度场

如图 5-28 所示为瞬时有限大非均匀渐开面热源示意图，平均发热强度为 $\overline{Q}_m$，热源沿渐开线延伸方向与渐开线滚动角成正比例分布，并且沿宽度方向（即 x 方向）呈三角形分布。根据式（5-19），该曲面长为 $r_b\varphi_a^2/2$，假设其宽度为 B_i，曲面内任意位置的发

热强度为

$$\mathrm{d}Q_{\mathrm{m}}(x,\varphi_i) = \frac{3\bar{Q}_{\mathrm{m}}X\varphi_i}{B_i\varphi_{\mathrm{a}}}r_{\mathrm{b}}\varphi_i\mathrm{d}\varphi_i\mathrm{d}X \qquad (5\text{-}27)$$

式中　r_{b}——渐开线的基圆半径；

φ_{a}——渐开线顶端位置的滚动角。

可将该平面热源看作是无数条非均匀渐开线热源的总和。基于本书第 5.2.2 节瞬时有限长非均匀渐开线热源的温度场的分析结果，可推出在无限大导热体内的任意点受该渐开面热源的影响产生的温升为

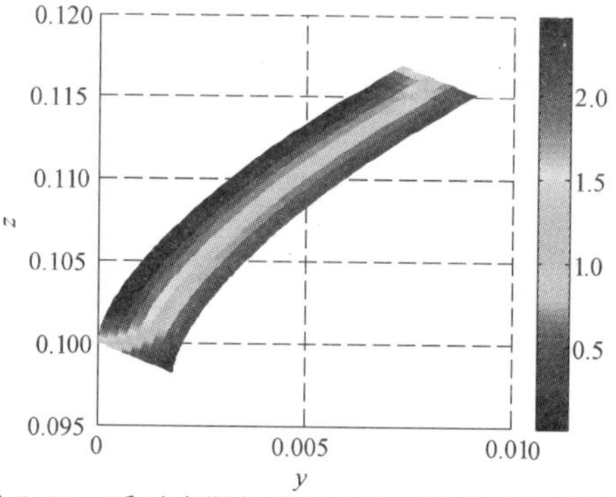

图 5-27　瞬时有限长非均匀渐开线热源温度场

$$\theta = \frac{3\bar{Q}_{\mathrm{m}}r_{\mathrm{b}}}{c\rho l_{\mathrm{c}}\,(4\pi\alpha t)^{3/2}\varphi_{\mathrm{a}}}\int_0^{B_i}\int_0^{\varphi_{\mathrm{a}}}X\varphi_i^2\exp-\frac{(x-X)^2+[r_{\mathrm{b}}(\sin\varphi_i-\varphi_i\cos\varphi_i)-y]^2+[r_{\mathrm{b}}(\cos\varphi_i+\varphi_i\sin\varphi_i)-z]^2}{4\alpha t}\mathrm{d}\varphi_i\mathrm{d}X \quad (5\text{-}28)$$

式中 $\bar{Q}_{\mathrm{m}}$——渐开面热源的平均热流密度。

设 $t=0.05\mathrm{s}$，$r_{\mathrm{b}}=200\mathrm{mm}$，$\varphi_{\mathrm{a}}=35°$，$l_{\mathrm{c}}=5\mathrm{mm}$，忽略式（5-28）中的常数项，对式（5-28）进行数值积分，可得到该渐开面表面等效温度场的分布如图 5-29 所示。图 5-30 所示为 $X/B_i=0.5$ 处，温度沿渐开线滚动角的变化；图 5-31 为渐开线中部，温度沿 X 方向的变化。可见，在渐开线轮廓方向，温度随滚动角增大而增大；在接触弧长方向，最大温度出现在接触弧的中前部。

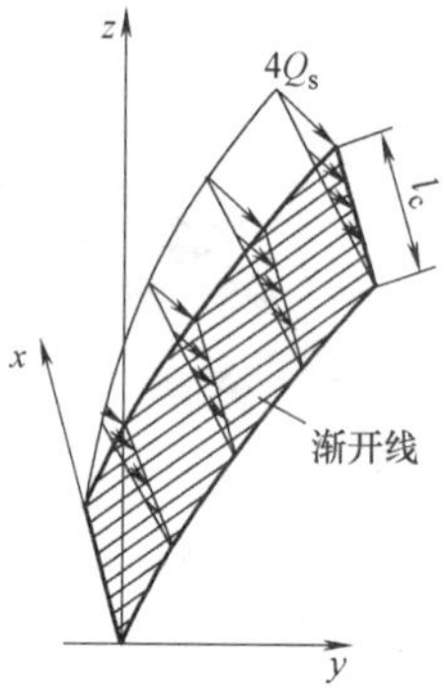

图 5-28　瞬时有限大非均匀渐开面热源示意图

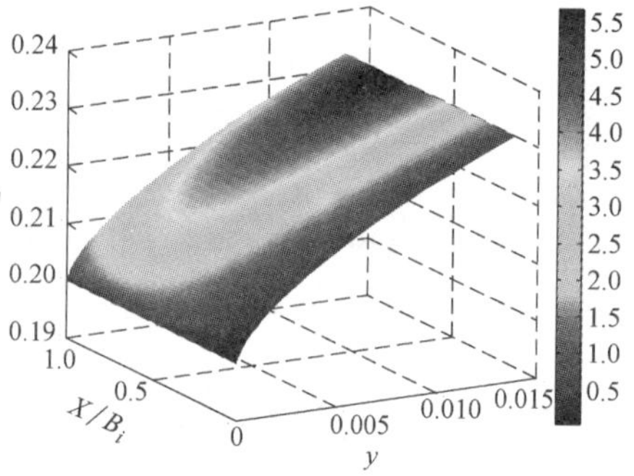

图 5-29　瞬时有限大非均匀渐开面热温度场

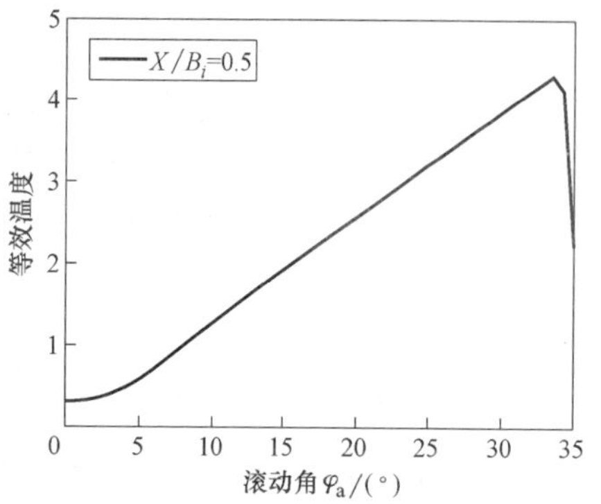

图 5-30　曲面中部温度沿渐开线滚动角的变化

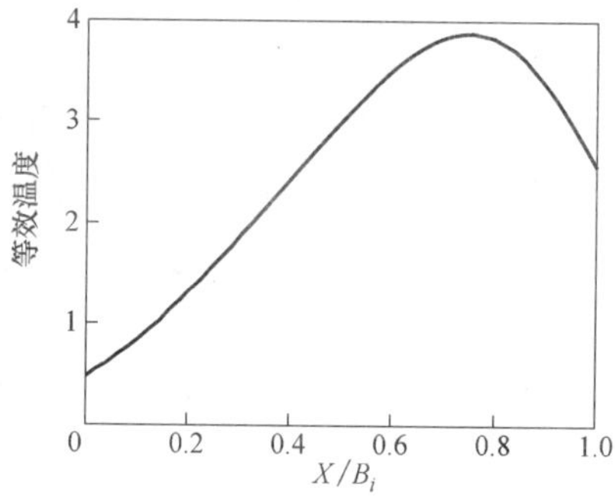

图 5-31　渐开线中部，温度沿 X 方向的变化

5.2.4　齿轮成形磨削温度场理论计算

因为齿轮成形磨削中的热源是分布在渐开线形状的曲面上，因此首先分析了运动持续发热点热源温度场，然后通过对点热源沿渐开线进行积分得到了运动持续发热渐开线热源的温度场（图 5-32），最后在整个齿轮—砂轮接触面上对渐开线热源进行积分获得了齿轮成形磨削的温度理论模型。

选取磨粒与齿轮表面接触任意点作为热源点 $O(x_0, y_0, z_0)$，分析该点产生的热量对磨削区中任意位置温度的影响。式（5-29）表示磨削区中任一点 $M(x,y,z)$ 受磨削热源影响而产生的温度变化情况

$$\begin{cases} \theta_d = \theta_d(R,t) = \dfrac{Q_d}{c\rho(4\pi\alpha t)^{3/2}}\exp\left(\dfrac{-R^2}{4\alpha t}\right) \\ R^2 = (x-x_0)^2 + (y-y_0)^2 + (z-z_0)^2 \end{cases} \tag{5-29}$$

式中　θ_d——瞬时点热源引起的温升；

R——分析点到热源的距离；

Q_d——热源总热量；

c——材料比热容；

ρ——材料密度；

α——材料热扩散率。

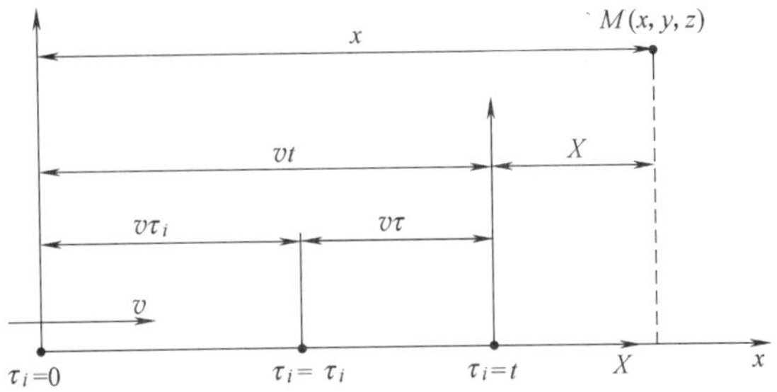

图 5-32　移动点热源示意图

若热源沿着 x 轴匀速移动，持续移动点热源的温度场可以等效为沿着移动方向的瞬时点热源对时间的积分，取 τ_i 时刻的一个瞬间 $d\tau_i$ 进行考虑。这一瞬间的点热源发热强度为 $Q_d d\tau_i$，把这一瞬间的发热看作瞬时发热，这时刻到观察时刻 t 的时间间隔为 τ（$\tau = t - \tau_i$）。此时发热点距离观察点之间的距离为

$$R_i = \sqrt{[(x - v\tau_i) - x_0]^2 + (y-y_0)^2 + (z-z_0)^2} \tag{5-30}$$

根据式（2-2），工件内任意点 $M(x,y,z)$ 在观察时刻造成的温升为

$$d\theta_r = \frac{Q_d d\tau_i}{c\rho(4\pi\alpha\tau)^{3/2}}\exp - \frac{[(x-v\tau_i)-x_0]^2 + (y-y_0)^2 + (z-z_0)^2}{4\alpha\tau} \tag{5-31}$$

从 $\tau_i = 0$ 到 $\tau_i = t$ 的整个过程中，所有瞬间的发热对 M 点作用所造成的总温升为

$$\theta_r = \int_0^t \frac{Q_d d\tau_i}{c\rho(4\pi\alpha\tau)^{3/2}}\exp - \frac{[(x-v\tau_i)-x_0]^2 + (y-y_0)^2 + (z-z_0)^2}{4\alpha\tau} \tag{5-32}$$

对上式进行简化处理，得到单一点热源运动持续发热造成的温度分布为

$$\theta_r = \frac{Q_d v}{16\kappa\alpha(\pi)^{3/2}} e^{-\frac{2Xv}{4\alpha}} K_m(u) \tag{5-33}$$

$$u = \frac{Rv}{2\alpha},\ R = \sqrt{x^2 + y^2 + z^2}$$

式中　κ——工件材料传导系数；

$K_{\mathrm{m}}(u)$——特殊函数，其表达式为

$$K_{\mathrm{m}}(u) = \int_0^{\frac{v^2 t}{4\alpha}} \frac{1}{\omega^{3/2}} \mathrm{e}^{-\frac{u^2}{4\omega}} \mathrm{e}^{-\omega} \mathrm{d}w \tag{5-34}$$

在齿轮渐开线上，坐标为（0，r_{b}（$\sin\varphi_i - \varphi_i\cos\varphi_i$），$r_{\mathrm{b}}$（$\cos\varphi_i + \varphi_i\sin\varphi_i$））的一个微分段可以看作是一个沿着 x 坐标以速度 v 移动的点热源，如图 5-33a 所示。假定热流沿齿轮轮廓方向的分布与局部法向磨削深度的分布一致。根据第 5.1.1 节的分析结果，渐开线上任意微分段的热源强度为 $q_l(\varphi_i)d_l$，且存在如下关系

$$q_l(\varphi_i) = \frac{1.5\bar{q}_l\varphi_i}{\varphi_{\mathrm{a}}}(0 \leqslant \varphi_i \leqslant \varphi_{\mathrm{a}}) \tag{5-35}$$

$$\mathrm{d}l = r_{\mathrm{b}}\varphi_i\mathrm{d}\varphi_i \tag{5-36}$$

根据式（5-33），由该微分段热源引起的工件内任意点 M 的温升可由下式表示

$$\mathrm{d}T_l = \frac{1.5v\bar{q}_l r_{\mathrm{b}}\varphi_i^{\,2}}{16\kappa\alpha\varphi_{\mathrm{a}}(\pi)^{3/2}}\mathrm{e}^{-\frac{2Xv}{4\alpha}}K_{\mathrm{m}}(u_i)\mathrm{d}\varphi_i \tag{5-37}$$

$$u_i = \frac{v\sqrt{X^2 + [r_{\mathrm{b}}(\sin\varphi_i - \varphi_i\cos\varphi_i) - y]^2 + [r_{\mathrm{b}}(\cos\varphi_i + \varphi_i\sin\varphi_i) - z]^2}}{2a}$$

式中　$\bar{q}_l$——该渐开线上的平均热流密度；

v——工件速度；

r_{b}——基圆半径；

φ_i——任意位置的滚动角；

φ_{a}——齿顶位置的滚动角。

对式（5-37）沿渐开线积分，可以得到工件内任意点受该有限长、运动持续非均匀发热渐开线热源 q_l（φ_i）影响引起的温升如下

$$T_l = \frac{1.5v\bar{q}_l r_{\mathrm{b}}}{16\kappa\alpha\varphi_{\mathrm{a}}(\pi)^{3/2}}\mathrm{e}^{-\frac{2Xv}{4\alpha}}\int_0^{\varphi_{\mathrm{a}}}\varphi_i^{\,2}K_{\mathrm{m}}(u_i)\mathrm{d}\varphi_i \tag{5-38}$$

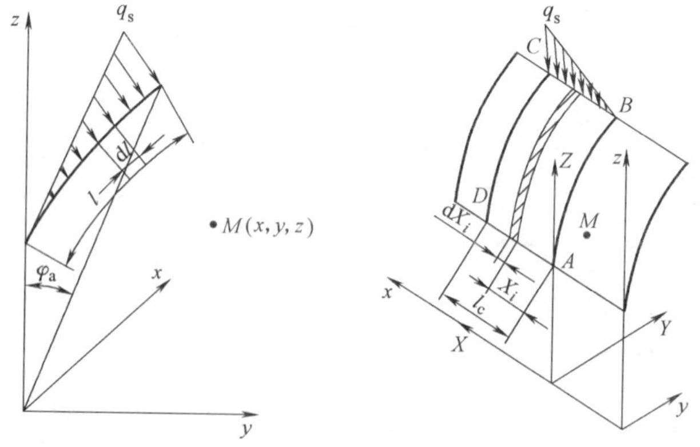

a) 沿齿轮轮廓的分布　　b) 沿接触长度的分布

图 5-33　热流密度在齿轮—砂轮 3D 接触表面的分布

如图 5-33b 所示，齿轮—砂轮的三维接触区磨削接触 $ABCD$ 是由无数条渐开线或微分宽度为 $\mathrm{d}X_i$ 的渐开线窄条组成。根据式（5-31），X_i 处的渐开线热源对点 M（x，y，z）造成的

温升可由下式表示

$$dT = \frac{1.5vq_s r_b dX_i}{16\kappa\alpha\varphi_a(\pi)^{3/2}} e^{-\frac{2(X-X_i)v}{4\alpha}} \int_0^{\varphi_a} \varphi_i^2 K_m(u_i) d\varphi_i \tag{5-39}$$

$$u_i = \frac{v\sqrt{(X-X_i)^2 + [r_b(\sin\varphi_i - \varphi_i\cos\varphi_i) - y]^2 + [r_b(\cos\varphi_i + \varphi_i\sin\varphi_i) - z]^2}}{2\alpha}$$

假设热流在磨削接触弧上呈三角形分布[6-8]，$q_s = \bar{q}_s\left(1 + \frac{2X_i}{l_c}\right)$，$\left(-\frac{l_c}{2} \leqslant X_i \leqslant \frac{l_c}{2}\right)$。

对式（5-39）沿接触弧长积分，可得到受有限大移动非均匀渐开面热源热流密度分布为 q_s（φ_i，X_i）的作用，任意点 M（x，y，z）产生的温升为

$$T = \frac{1.5v\bar{q}_s r_b}{16\kappa\alpha\varphi_a(\pi)^{3/2}} \int_{-l_c/2}^{l_c/2} \left(1 + \frac{2X_i}{l_c}\right) e^{-\frac{2(X-X_i)v}{4\alpha}} \int_0^{\varphi_a} \varphi_i{}^2 K_m(u_i) d\varphi_i dX_i \tag{5-40}$$

式中　$\bar{q}_s$——接触面的平均热流密度；

l_c——工件—砂轮接触弧长。

式（5-40）是基于工件在 x，y，z 三个方向无限大而推导出来的，但在实际齿轮成形磨削时，齿轮的轮齿高度和齿轮的宽度通常都远大于工件—砂轮的接触弧长。因此，沿齿宽方向和渐开线延伸方向的热传导可以假设是在无限大导热体内传导，但由于齿轮表面绝热的作用，沿垂直于齿面的方向，热传导只能在半无限大导热体的体内发生[9]。式（5-40）中的 $\bar{q}_s$ 理论上是原有数值的两倍，因此式（5-40）应改为

$$T = \frac{1.5v\bar{q}_s r_b}{8\kappa\alpha\varphi_a(\pi)^{3/2}} \int_0^{l_c} \left(1 + \frac{2X_i}{l_c}\right) e^{-\frac{2(X-X_i)v}{4\alpha}} \int_0^{\varphi_a} \varphi_i{}^2 K_m(u_i) d\varphi_i dX_i \tag{5-41}$$

上式即齿轮成形磨削温度场理论模型。

式（5-41）可转换为无量纲形式 $X = \frac{vx}{4\alpha}$，$Y = \frac{vy}{4\alpha}$ $Z = \frac{vz}{4\alpha}$，帕克莱数 $L = \frac{vl_c}{4\alpha}$，无量纲温升为

$$T' = \left(\frac{\pi\kappa v}{2a\bar{q}_s}\right) T = \frac{1.5v^2 r_b}{16a^2\varphi_a(\pi)^{1/2}} \int_0^{l_c} \left(1 + \frac{2X_i}{l_c}\right) e^{-\frac{2(X-X_i)v}{4a}} \int_0^{\varphi_a} \varphi_i{}^2 K_m(u_i) d\varphi_i dX_i \tag{5-42}$$

利用式（5-42）计算出不同帕克莱数条件下磨削齿轮模数为 8、齿数为 28 的直齿轮，齿轮—砂轮接触表面的无量纲温度分布如图（5-34）所示。其中，图 5-34a 所示为分度圆位置无量纲温度沿接触弧的分布；图 5-34b 所示为接触弧中部（$X/l_c = 0$）无量纲温度沿齿轮轮廓的分布。可见，高的帕克莱数将增加齿轮轮廓表面的温度，并且沿齿轮轮廓线方向，磨削温度从齿根至齿顶逐渐增大。

砂轮—齿轮接触表面及齿轮内部无量纲温度分布如图 5-35 所示。

不同模数情况下接触面的无量纲温度分布见图 5-36，可见齿轮模数并不影响接触面的温度分布。

齿轮齿数不同时接触面无量纲温度分布如图 5-37 所示，随着齿轮齿数的增加，磨削温度也随之升高。

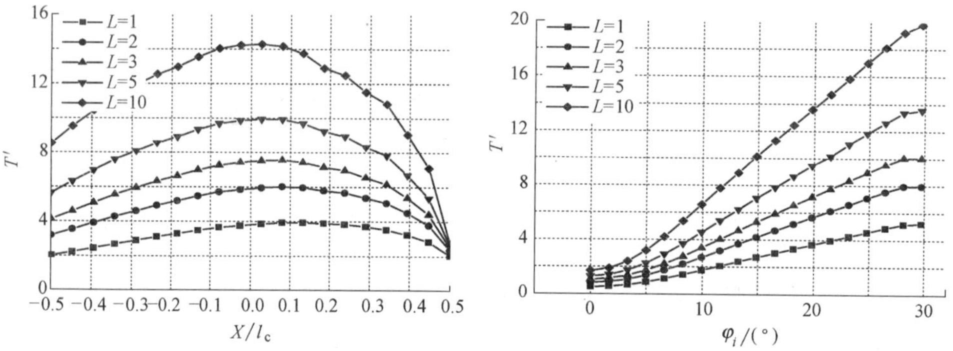

a) m=8mm，z_g=28，α=20°　　b) m=8mm，z_g=28，X/l_c=0

图 5-34　齿轮—砂轮接触面上无量纲温度的分布

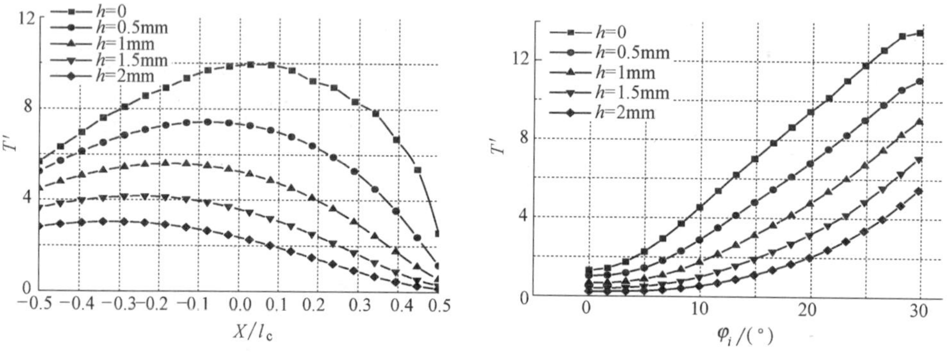

a) m=8mm，z_g=28，α=20°，L=5　　b) m=8mm，z_g=28，X/l_c=0，L=5

图 5-35　接触表面及齿轮内部无量纲温度分布

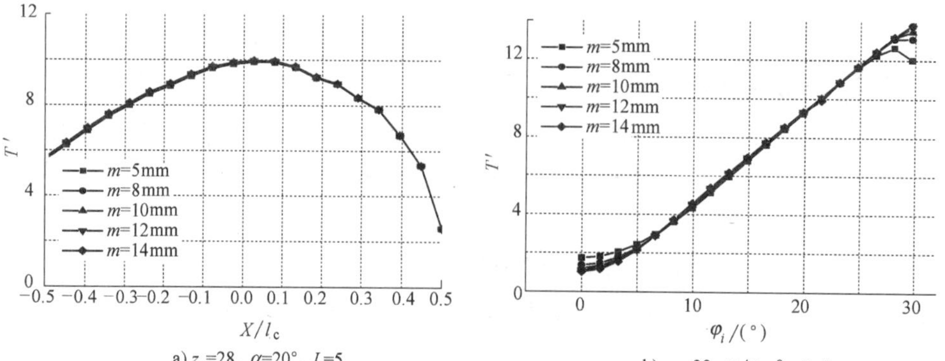

a) z_g=28，α=20°，L=5　　b) z_g=28，X/l_c=0，L=5

图 5-36　不同模数情况下接触面的无量纲温度分布

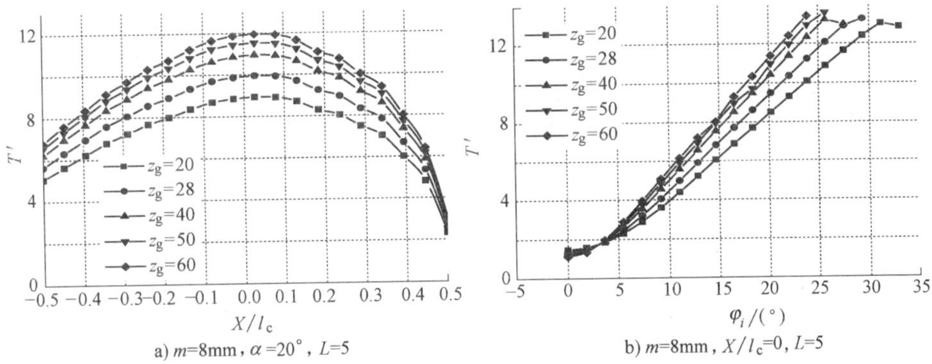

图5-37 不同齿数情况下接触面的温度分布

参考文献

[1] KARPUSCHEWSKI B, KNOCHE H J, HIPKE M. Gear finishing by abrasive processes [J]. Annals of the CIRP, 2008, 57: 621-640.

[2] MALKIN S, GUO C. Grinding Technology: Theory and Applications of Machining with Abrasives [M]. New York: Industrial Press, 2008.

[3] JAEGER J C. Moving sources of heat and the temperature of sliding contacts [J]. Proceedings of the Royal Society of New South Wales, 1942, 76: 203-224.

[4] FRITSCHE A, BLEICHER F. Experimental Investigation of the Heat Flux Distribution in Grinding of Titanium Alloy [J]. Procedia Engineering, 2015, 100: 987-993.

[5] LI B, ZHU D, PANG J. Quadratic curve heat flux distribution model in the grinding zone [J], International Journal of Advanced Manufacturing Technology, 2011, 54: 931-940.

[6] ROWE W B. Thermal analysis of high efficiency deep grinding [J], International Journal of Machine Tools & Manufacture, 2001, 41: 1-19.

[7] TIAN Y, SHIRINZADEH B, ZHANG D. Effects of the heat source profiles on the thermal distribution for ultra-precision grinding [J]. Precision Engineering, 2009, 33 (4): 447-458.

[8] ANDERSON D, WARKENTIN A, BAUER R. Comparison of numerically and analytically predicted contact temperatures in shallow and deep dry grinding with infrared measurements [J]. International Journal of Machine Tools & Manufacture, 2008, 48: 320-328.

[9] KUO W L, LIN J F. General temperature rise solution for a moving plane heat source problem in surface grinding [J]. The International Journal of Advanced Manufacturing Technology, 2006, 31: 268-277.

第 6 章　磨削传热分析有限元方法基础

在磨削加工中，磨削区的瞬时温度可以达到几百度甚至上千度，磨削区温度过高会导致工件磨削烧伤。为了避免工件的磨削烧伤，需要知道磨削区的磨削温度。通常采用实验的方法来获得不同磨削加工参数下的磨削区温度，实验装置一般采用夹式热电偶。一般情况下，该方法可以很好地反映磨削中的磨削温度，而且可靠性也很高。但是制作一个反应灵敏、示数准确的热电偶，需要花费研究人员大量的时间和精力，而且该方法获得的是工件上热节点位置的点温度随时间的变化趋势，并不能反映工件上整体的温度分布情况。由于在磨削加工中影响磨削热的因素很多，所以当加工环境、加工对象发生改变后，需要重新设置测温装置来测量磨削区的温度。

通过对磨削加工中生热和传热机理的研究，根据磨削加工中容易测得的磨削力和计算分析获得的热分配率，就可以得到磨削区传入工件的大致热流密度。采用仿真软件对磨削区温度进行仿真分析研究，不仅可以方便查看工件上磨削温度的分布状况，还可以通过对仿真模型进行修改，获得加工环境、加工对象改变后对最高温度及磨削温度分布的影响，从而避免磨削烧伤。

6.1　有限元方法及分析程序简介

在有限元方法中，把计算域离散剖分为有限个互不重叠且相互连接的单元，在每个单元内选择基函数，用单元基函数的线形组合来逼近单元中的真解，整个计算域上总体的基函数可以看作由每个单元基函数组成的，则整个计算域内的解可以看作是由所有单元上的近似解构成的。

在目前应用广泛的通用有限元分析程序中，美国 ANSYS 公司研制开发的大型通用有限元程序 ANSYS 是一个适用于微机平台的大型有限元分析系统，功能强大，适用领域非常广泛。ANSYS 的热分析用于计算一个系统或部件的温度分布及其他热物理参数，如热量的获取或损失、热梯度、热流密度（热通量）等。

使用 ANSYS 进行热分析应注意：

1）在 ANSYS/Multiphysics、ANSYS/Mechanical、ANSYS/Thermal、ANSYS/FLOTRAN、ANSYS/ED 五种产品中包含热分析功能，其中 ANSYS/FLOTRAN 不含相变热分析。

2）ANSYS 热分析基于能量守恒原理的热平衡方程，用有限元法计算各节点的温度，并导出其他热物理参数。

3）ANSYS 热分析包括热传导、热对流及热辐射三种热传递方式，此外，还可以分析相变、有内热源、接触热阻等问题。

6.2　ANSYS 软件操作步骤

ANSYS 软件主要包括三个模块：前处理模块、分析计算模块和后处理模块。前处理模块提供了一个强大的实体建模及网格划分工具，用户可以方便地构造有限元模型；分析计算模块可模拟多种物理介质的相互作用，具有灵敏度分析及优化分析能力；后处理模块可将计算结果以彩色等值线显示、矢量显示、粒子流迹显示、立体切片显示、透明及半透明显示（可看到结构内部）等图形方式显示出来，也可将计算结果以图表、曲线形式显示或输出。软件还提供了 100 种以上的单元类型，用来模拟工程中的各种结构和材料。

用 ANSYS 软件分析过程中包含 3 个主要的步骤：

（1）建模

1）创建或读入几何模型。

2）定义材料属性。

3）划分网格（节点及单元）。

（2）施加载荷并求解

1）施加载荷及载荷选项，设定边界条件。

2）求解。

（3）查看结果

1）查看分析结果。

2）检验结果，分析其是否正确。

6.3　不同类型载荷加载

热流率作为节点集中载荷，主要用于线单元模型中（通常线单元模型不能施加对流或热流密度载荷），如果输入的值为正，代表热流流入节点，即单元获取热量。如果温度与热流率同时施加在一节点上，则 ANSYS 读取温度值进行计算。

注意：如果在实体单元的某一节点上施加热流率，则此节点周围的单元要密一些，在两种导热系数差别很大的两个单元的公共节点上施加热流率时，尤其要注意。此外，尽可能使用热生成或热流密度边界条件，这样结果会更精确些。

（1）热流的施加方法

Command Family：F

GUI：Main Menu > Solution > -Loads-Apply > -Thermal-Heat Flow

（2）对流的施加方法

Command Family：SF

GUI：Main Menu > Solution > -Loads-Apply > -Thermal-Convection

对流边界条件作为面载荷施加于实体的外表面，计算与流体的热交换，它仅可施加于实体和壳模型上，对于线模型，可以通过对流线单元 LINK34 考虑对流。

（3）热流密度的施加方法

Command Family：F

GUI：Main Menu > Solution > -Loads-Apply > -Thermal-Heat Flux

热流密度也是一种面载荷。当已知通过单位面积的热流率或通过 FLOTRANCFD 计算得到时，可以在模型相应的外表面施加热流密度。如果输入的值为正，代表热流流入单元。热流密度也仅适用于实体和壳单元。热流密度与对流可以施加在同一外表面，但 ANSYS 仅读取最后施加的面载荷进行计算。

（4）生热率的施加方法

Command Family：BF

GUI：Main Menu > Solution > -Loads- Apply > -Thermal- Heat Generat

生热率作为体载荷施加于单元上，可以模拟化学反应生热或电流生热，它的单位是单位体积的热流率。

ANSYS 热分析分为稳态热分析和瞬态热分析：

（1）稳态热分析　如果系统的净热流率为0，即流入系统的热量加上系统自身产生的热量等于流出系统的热量：$q_{流入}+q_{生成}-q_{流出}=0$，则系统处于热稳态。在稳态热分析中任一节点的温度不随时间变化。稳态热分析的能量平衡方程为（以矩阵形式表示）

$$[\boldsymbol{K}]\{\boldsymbol{T}\}=\{\boldsymbol{Q}\}$$

式中　$[\boldsymbol{K}]$——传导矩阵，包含导热系数、对流系数及辐射率和形状系数；

$\{\boldsymbol{T}\}$——节点温度向量；

$\{\boldsymbol{Q}\}$——节点热流率向量，包含热生成。

ANSYS 利用模型几何参数、材料热性能参数以及所施加的边界条件，生成 $[\boldsymbol{K}]$、$\{\boldsymbol{T}\}$ 以及 $\{\boldsymbol{Q}\}$。

稳态传热用于分析稳定的热载荷对系统或部件的影响。通常在进行瞬态热分析之前，进行稳态热分析用于确定初始温度分布。

稳态热分析可以通过有限元计算确定由于稳定的热载荷引起的温度、热梯度、热流率、热流密度等参数。

（2）瞬态热分析　瞬态传热过程是指一个系统的加热或冷却过程。在这个过程中，系统的温度、热流率、热边界条件以及系统内能随时间都有明显变化。根据能量守恒原理，瞬态热平衡可以表达为（以矩阵形式表示）

$$[\boldsymbol{C}]\{\boldsymbol{T}\&\}+[\boldsymbol{K}]\{\boldsymbol{T}\}=\{\boldsymbol{Q}\}$$

式中　$[\boldsymbol{K}]$——传导矩阵，包含导热系数、对流系数及辐射率和形状系数；

$[\boldsymbol{C}]$——比热矩阵，考虑系统内能的增加；

$\{\boldsymbol{T}\}$——节点温度向量；

$\{\boldsymbol{T}\&\}$——温度对时间的导数；

$\{\boldsymbol{Q}\}$——节点热流率向量，包含热生成。

磨削中磨削区热源在加工表面上是随着加工过程不断移动的，磨削热对工件造成的影响是移动的热源在工件表面累积造成的，所以磨削温度仿真属于瞬态热分析。

6.4　单元生死

在高效深磨加工中，砂轮一次磨削深度能够达到几毫米至几十毫米，磨削区与工件表面形成较大的夹角。为了更真实地反映深磨时的磨削温度状况，在有限元仿真中就需要体现出深磨时磨削区夹角和材料去除的特点。ANSYS 中的单元生死功能就可以很好地解决这一问题。

在 ANSYS 中，单元的生死功能被称为单元非线性，是指一些单元在状态改变时表现出的刚度突变行为。单元的生死功能是通过修改单元刚度的方式实现的。单元被“杀死”时，它不是从刚度矩阵中删除了，而是它的刚度降为一个低值。被杀死的单元的刚度乘以一个极小的减缩系数（默认为 10^{-6}）。为了防止矩阵奇异，该刚度不设置为 0。与杀死的单元有关的单元载荷矢量（如压力、温度）是零输出。对于杀死的单元，质量、阻尼和应力刚度矩阵设置为 0。单元一旦被杀死，单元应力和应变就被重置为 0。因为杀死的单元没有被删除，所以刚度矩阵尺寸总是保持着。

与之相似的是，当单元“激活”的时候，也是通过修改刚度系数的方式实现的。所有的单元，包括开始被杀死的，在求解前必须存在，这是因为在分析过程中刚度矩阵的尺寸不能改变。所以，被激活的单元在建模时就必须建立，否则无法实现杀死与激活。当单元被重新激活时，它的刚度、质量与荷载等参数被返回到真实状态。当大变形效应打开时（NLGEOM，ON)，为了与当前的节点位置相适应，单元被激活后，其形状会被改变（拉长或压短)。当不使用大变形效应时，单元将在原始位置被激活。当单元“激活”后，它们没有任何应变历史记录，它们通过生和死操作被“退火”，生的时候所有应力和应变等于零。

（1）使用生死单元的注意事项

1）约束方程不能施加在死的自由度上。

2）程序默认的单元刚度系数不一定适用，可根据实际问题进行调整。

3）在非线性分析中，注意不要让单元的死活导致奇异点的出现，这样会导致不收敛。

4）打开自适应 Newton-Raphson 选择，通常会得到更好的结果。

5）可以通过计算结果来判断单元是否应该被杀死和激活，比如轴向力、应变等。

6）当有单元死活行为时，LSWRITE 不能使用。

（2）生死单元中对于外加载荷应特别注意的事项

1）对于杀死的单元，单元载荷矢量（压力、温度）自动置零。

2）质量被置零，所以加速度载荷也不影响杀死的单元。

3）集中节点力不能自动从杀死单元的自由度中删除，用户必须手动删除杀死节点的集中载荷。类似地，当单元被重新激活时，这些节点载荷必须重新施加。

4）对于重新激活单元，所有单元和惯性载荷（压力、温度和加速度）被恢复，节点力如上所述，不受单元死活的影响。

5）重新激活的单元没有应变记录，但是，初应变以实常数形式输入的（如 link1 单元）不受单元生死选项的影响。

（3）生死单元中边界条件的提示

1）当被杀死单元重新激活时，若想保持单元的形状，则约束杀死单元的节点可能是重要的，重新激活单元时，务必删除这些人为的约束。

2）不与任何单元连接的节点会“漂移”。有些情况下，可能想约束杀死的自由度，以减少要求解的方程数目或避免病态。

3）注意约束方程（CE or CEINTF）不能用于杀死的自由度。

（4）生死单元中求解选项的提示

1）LSWRITE 和 LSSOLVE 命令不能用于死活选项，需要使用一系列明确的 SOLVE 命令来进行多载荷步求解。

2）自适应下降可以用于单元死活，且通常提供好的结果。

3）通过杀死然后重新激活单元可模拟应力释放操作（如退火）。

（5）生死单元中获得收敛的提示

1）非线性分析中，在杀死或重新激活单元时注意不要产生奇异点（例如结构分析中尖锐的内曲角）或大的刚度突变，这种情形很可能引起收敛困难。

2）杀死和重新激活单元引起系统刚度的突变（阶跃改变），因此，若这些改变太剧烈，则可能发生收敛困难。若出现收敛困难，则需要限制给定载荷步的杀死或激活的单元数。

（6）单元死活的备选方案

1）若需保持杀死单元的应变历史，可在求解器中通过改变材料属性来杀死单元。GUI：Main Menu > Solution > Load Step Opts > Other > Change Mat Props。

2）然而，该选项不删除单元力、应变、质量、比热等，求解中草率地对材料属性进行改变会导致收敛问题。例如，若一个单元刚度降为 0，但保留它的质量，则加速度载荷会导致奇异。

（7）生死单元用到的 APDL 命令

1）EKILL，ELEM：杀死单元，ELEM 可以是 ALL（所有已选单元）、P（点取）、单元组名。

2）EALIVE，ELEM：激活单元，ELEM 可以是 ALL（所有已选单元）、P（点取）、单元组名。

3）ESTIF，KMULT：设置单元刚度系数，默认为 1.0e-6。

6.5　循环控制

在磨削加工中，磨削区热源是随着磨削方向在加工表面上移动的。在磨削温度仿真中，热源载荷是施加在单元节点上的，为了模拟热源的移动，需要依次在热源前进方向上选择不同的切点施加载荷，并进行瞬态求解运算，在时间步长很小的情况下，就可以得到近似连续移动热源的仿真结果。为了更准确地模拟热源的连续移动，磨削加工表面的网格划分要细一些。依次选择热源前进方向上不同的节点需要通过循环语句来实现，ANSYS 提供了很多循环控制命令。

1. DO 循环

在磨削温度仿真中，一般采用 DO 循环来实现循环控制。一个 DO 循环能够通过设置循环变量来重复执行命令。命令“*DO”和“*ENDDO”命令分别标志着循环的开始和结束。

下面是一个 DO 循环的例子，目的是要进行 5 次单元的选择，并在每次选择后对选择的单元施加载荷。

```
*DO, I, 1, 5                  ! 从 1 至 5 循环
ESEL, S, TYPE,, 2             ! 选择单元类型为 2 的单元
ESEL, S, LOC, Y, 0            ! 再选择 Y 坐标为 0 的单元
ESEL, R, LOC, X, I, I+2       ! 再从中选择 X 坐标在 I 到 I+2 之间的单元
SF, ALL, HFLUX, QW            ! 在已选择的单元上施加热流
*ENDDO                        ! 循环结束
```

用户可以通过使用“*IF”、“*EXIT”和“*CYCLE”命令来添加循环控制。同时，在构建一个 DO 循环时，要记住下列规则：

1）在 DO 循环内，不要出现“*IF”和“*GO”命令中的标号。

2）在 DO 循环内，避免使用标号分支到不同的行。

3）在 DO 循环内，命令的输出在第一次循环后，就自动被抑制了，如果需要看所有循环的输出，需要在 DO 循环内使用“/GOPR”或“/GO”命令。

4）如果在 DO 循环内使用了“/CLEAR”命令，这时要注意。“/CLEAR”命令并不会消除掉 DO 循环的栈，但它会消除掉包括在 DO 循环中的循环变量在内的所有参数。为了避免出现一个没有定义的循环变量，应该在命令”/CLEAR”之前执行命令“PARSAV”，在“/CLEAR”之后执行“PARRES”命令。

5）ANSYS 允许 DO 循环嵌套，但最多不能超过 20 层。

6）在 DO 循环中的“*DO”、“*ENDDO”、“*CYCLE”和“*EXIT”必须要从同一个文件或同一个终端上读入。即“*DO”命令必须与命令“*ENDDO”匹配。在 DO 循环中不要使用“拾取”操作。

2. *GO 与 *REPEAT 命令

（1）无条件分支（*GO）　最简单的分支命令“*GO”能够引导程序流向某个指定的标号，而不会执行在它们之间的任何命令，程序将从这个标号开始往下执行。如：

```
*GO,: BRANCH1
……                                    ! 这部分内容被忽略不执行
: BRANCH1
……                                    ! 程序从这部分开始执行
```

其中，有“*GO”命令指定的标号必须用冒号“:”开头，并且字符个数包括冒号在内不能超过超过 8 个，这个标号能够放在相同文件里的任何地方。

建议尽量不要使用“*GO”命令，在控制程序流向上，使用其他的分支命令也许会更好一些。

（2）重复执行命令（*REPEAT）　命令“*REPEAT”是一个最简单的具有循环功能的命令，它能够按照指定的次数反复地执行某个命令。在这个命令中的数值域会按照某个常数递增。如：

```
E, 1, 2
*REPEAT, 5, 0, 1
```

其中，“E”命令是在节点 1 和节点 2 之间生成一个单元，在接下来的“*REPEAT”命令中，指定了要执行包括第一次执行“E”命令在内的总数为 5 次，第 2 个节点的增量为 1，即在另外的 4 次执行中每执行一次，第 2 个节点将增加 1。执行后，5 个单元的节点分布分别为 1-2、1-3、1-4、1-5 和 1-6。

但要注意，大多数用“/”“*”开头的命令都不能重复执行，它们会作为一个“未知的命令”。然而，与图像有关，且用“/”开头的命令可以重复。对交互式命令要避免使用“*REPEAT”命令，因为这些命令需要拾取操作或要求用户进行响应。

参 考 文 献

[1] SAEED Moaveni. 有限元分析—ANSYS 理论与应用［M］. 王松，刘丽娟，董春敏，译 .3 版. 北京：电子工业出版社，2011.

[2] 龚曙光，谢桂兰，黄云清 . ANSYS 参数化编程与命令手册［M］. 北京：机械工业出版社，2009.

第7章 磨削温度计算实例

7.1 平面磨削温度计算实例

7.1.1 问题描述

用SG砂轮3SG46－H12VSP（30%粒度为F46的SG磨料，70%粒度为F46的Al_2O_3磨料，陶瓷结合剂）对20CrMnTi进行平面磨削试验。磨削参数为砂轮线速度$v_s=30m/s$，工件速度$v_w=3600mm/min$，磨削深度$a_p=0.02mm$。磨削时采用矿物油作为磨削液。砂轮直径$d_e=d_s=300mm$，砂轮宽度$b=20mm$。测得逆磨的平均切向磨削力$F_t=50.8N$。

7.1.2 计算传入工件的平均热源强度

磨削区发热总功率为

$$P = F_t v_s = 50.8 \times 30 J/s = 1524 J/s$$

磨削区接触弧长为

$$l_c = \sqrt{a_p d_e} = \sqrt{0.02 \times 300} mm = 2.45 mm$$

热源接触面积

$$S = l_c \times b = 2.45 \times 20 mm^2 = 49 mm^2$$

磨削过程产生的总的热流强度为

$$q_t = \frac{P}{S} = \frac{1524}{49 \times 10^{-6}} J/(m^2 \cdot s) = 31.1 \times 10^6 J/(m^2 \cdot s)$$

磨削产生的热量将传入工件、砂轮、磨屑和磨削液，即

$$q_t = q_w + q_s + q_{ch} + q_f$$

根据本书第3章的分析，传入工件的热量的比率通过式（3-6）计算，本章取$h_f=23000W/(m^2 \cdot K)$，$r_0=10\mu m$，$c=1.06$，$C=2.5$切削刃$/mm^2$，$d_e=d_s$。

砂轮磨粒及工件材料的热特性见表7-1。

表7-1 砂轮磨粒及工件材料的热特性

材料	导热系数 κ/[$W/(m \cdot K)$]	密度 $\rho/(kg/m^3)$	比热容 c/[$J/(kg \cdot K)$]	β/[$J/(m^2 \cdot s) \cdot K$]	$\alpha/\mu m$
20CrMnTi	44	7860	460	12613	12.17
Al_2O_3	35	3980	765	10300	—

传入工件，造成工件温升的平均热源强度为$\bar{q}_w = R_w q_t$。传入工件的平均热源强度计算见表7-2。

7.1.3 磨削温度场理论计算

根据本书2.4节的分析，平面磨削温度场可通过下式计算

$$T = \int_0^{l_c} \frac{q(\xi)}{\pi\kappa} e^{\frac{v(x-\xi)}{2\alpha}} K_0\left\{\frac{v[(x-\xi)^2 + z^2]^{1/2}}{2\alpha}\right\} d\xi \tag{7-1}$$

式中 $K_0[u]$——零阶二类修正贝塞尔函数；

$q(\xi)$——热源热流密度分布函数；

κ——工件材料的导热系数；

α——工件材料的热扩散系数；

v——热源移动速度；

l_c——热源与工件的接触长度。

在上述基本模型中，若假设热源为均匀分布则

$$q(\xi) = \bar{q}_w$$

考虑到磨削区磨屑厚度从薄到厚的变化，造成磨削区磨粒上所受的力由切入处向切出处逐渐变大，若假设热源呈三角形热源分布，则

$$q(\xi) = 2\bar{q}\frac{\xi}{l_c}$$

利用均匀热源模型分析，平面磨削温度场计算式如下

$$T = \frac{\bar{q}_w}{\pi\kappa}\int_0^{l_c} e^{\frac{(x-\xi)v_w}{2\alpha}} K_0\left\{\frac{v_w[(x-\xi)^2 + z^2]^{1/2}}{2\alpha}\right\} d\xi \tag{7-2}$$

而利用三角形热源模型分析，磨削温度场计算式如下

$$T = \frac{2\bar{q}_w}{\pi\kappa l_c}\int_0^{l_c} \xi e^{\frac{(x-\xi)v_w}{2\alpha}} K_0\left\{\frac{v_w[(x-\xi)^2 + z^2]^{1/2}}{2\alpha}\right\} d\xi \tag{7-3}$$

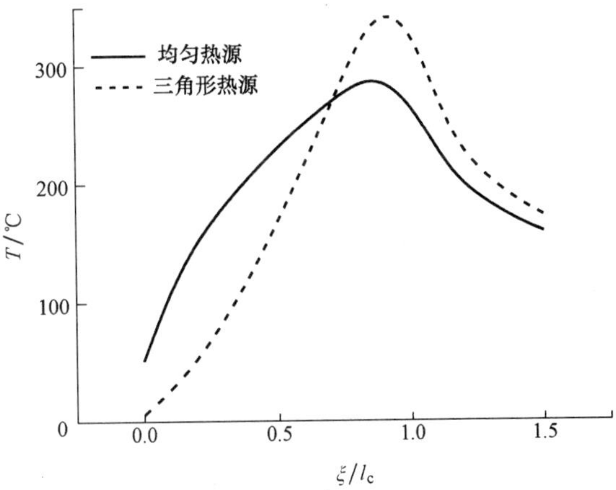

图 7-1 磨削表面温度在接触弧长方向上的分布情况

对式（7-2）进行数值积分，计算得到均匀热源分布情况下，工件表面及工件不同深度各点的温升分别见表 7-3 和表 7-4；对式（7-3）进行计算得到三角形热源分布情况下，工件表面及工件不同深度各点温升分别见表7-5和表 7-6。

根据表 7-3 和表 7-5 的计算结果，得出磨削表面温度在磨削接触弧长方向的分布情况，如图 7-1 所示。

根据表 7-4 和表 7-6 的计算结果，得出磨削表面下不同深度的温升与距表面深度的关系曲线，如图 7-2 所示。

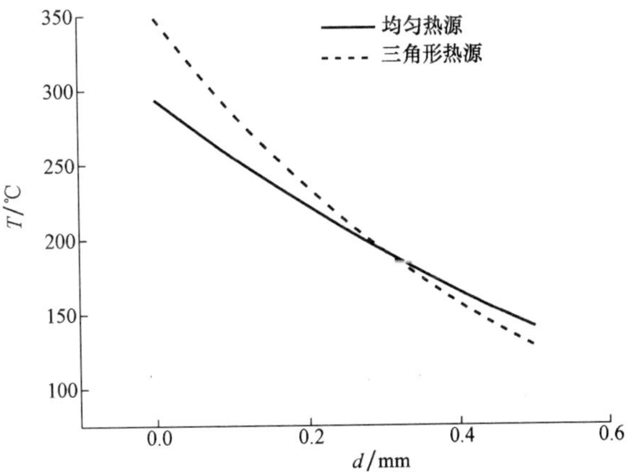

图 7-2 磨削表面下不同深度的温升与距表面深度的关系曲线

表 7-2 传入工件的平均热源强度计算

计算量	计算式			参数		计算值	
l_c/m	$\sqrt{a_p d_e}$			a_p/m	0.02×10^{-3}	0.00245	
				d_e/m	300×10^{-3}		
q_t/[J/(m² · s)]	$\frac{P}{S}$	P/(J/s)	$F_t v_s$	F_t/N	50.8	1524	31.1×10^6
				v_s/(m/s)	30		
		S/m²	$l_c b$	l_c/m	2.45×10^{-3}	49×10^{-6}	
				b/m	0.02		
R_w	$\frac{R_{ws}R_{wch}}{R_{ws}+R_{wch}-R_{ws}R_{wch}\left(1-\frac{h_f}{h_w}\right)}$	R_{ws}	$R_{ws}=\left[1+\frac{0.97\kappa_g}{\beta_w\sqrt{r_0 v_s}}\right]^{-1}$	κ_g/[W/(m · K)]	35	0.8655	0.56
				β_w/[J/(m² · s) · K]	12613		
				r_0/μm	10×10^{-6}		
				v_s/(m/s)	30		
		R_{wch}	$R_{wch}=\frac{1}{1+0.753\sqrt{\frac{v_s t_a}{\alpha_w \gamma}}}$	v_s/(m/s)	30	0.8080	
				t_a/m	5×10^{-6}		
				α_w	12.17×10^{-6}		
				γ	≈124		
		h_f/[W/(m²·K)]	23000				
		h_w	$h_w=\frac{\beta_w}{c}\sqrt{\frac{v_w}{l_c}}$	β_w/[J/(m²·s)·K)]	12613	58891.2	
				c/[J/(kg · K)]	1.06		
				v_w/(m/s)	0.06		
				l_c/m	2.45×10^{-3}		
$\bar{q}_w$/[J/(m² · s)]	$R_w q_t$	q_t/[J/(m² · s)]	31.1×10^6				17.42×10^6
		R_w	0.56				

表 7-3 均布热源情况下工件表面温升

计算量	数值							
x	0	$l_c/7$	$2l_c/7$	$3l_c/7$	$4l_c/7$	$5l_c/7$	$6l_c/7$	l_c
z/mm	0							
$\frac{\bar{q}_w}{\pi\kappa}$	1.26×10^5	1.26×10^5	1.26×10^5	1.26×10^5	1.26×10^5	1.26×10^5	1.26×10^5	1.26×10^5
$\int_0^{l_c} e^{\frac{(x-\xi)v_w}{2\alpha}} K_0\left\{\frac{v_w[(x-\xi)^2+z^2]^{1/2}}{2\alpha}\right\}d\xi$	4.06×10^{-4}	0.0011	0.0014	0.0017	0.002	0.0022	0.0023	0.0021
T/℃	51.12	133.86	179.49	215.49	246.14	272.88	293.64	270.10

表 7-4　均布热源情况下工件不同深度各点温升

计算量	数　值							
x	$6l_c/7$							
z/mm	0	0.05	0.1	0.15	0.2	0.25	0.3	0.35
$\frac{\bar{q}_w}{\pi\kappa}$	1.26×10^5	1.26×10^5	1.26×10^5	1.26×10^5	1.26×10^5	1.26×10^5	1.26×10^5	1.26×10^5
$\int_0^{l_c} e^{\frac{(x-\xi)v_w}{2\alpha}} K_0\left\{\frac{v_w[(x-\xi)^2+z^2]^{1/2}}{2\alpha}\right\}d\xi$	0.0023	0.0022	0.0020	0.0019	0.0018	0.0016	0.0015	0.0014
T/℃	293.64	274.32	255.96	238.53	222.01	206.38	191.61	177.66

表 7-5　三角形热源情况下工件表面温升

计算量	数　值							
x	0	$l_c/7$	$2l_c/7$	$3l_c/7$	$4l_c/7$	$5l_c/7$	$6l_c/7$	l_c
z/mm	0							
$\frac{2\bar{q}_w}{\pi\kappa l_c}$	1.029×10^8	1.029×10^8	1.029×10^8	1.029×10^8	1.029×10^8	1.029×10^8	1.029×10^8	1.029×10^8
$\int_0^{l_c} \xi e^{\frac{(x-\xi)v_w}{2\alpha}} K_0\left\{\frac{v_w[(x-\xi)^2+z^2]^{1/2}}{2\alpha}\right\}d\xi$	5.48×10^{-8}	3.34×10^{-7}	7.72×10^{-7}	1.32×10^{-6}	1.96×10^{-6}	2.67×10^{-6}	3.38×10^{-6}	3.29×10^{-6}
T/℃	5.64	34.33	79.42	135.98	201.86	274.98	348.08	338.82

表 7-6　三角形热源情况下工件不同深度各点温升

计算量	数　值							
x	$6l_c/7$							
z/mm	0	0.05	0.1	0.15	0.2	0.25	0.3	0.35
$\frac{2\bar{q}_w}{\pi\kappa l_c}$	1.029×10^8	1.029×10^8	1.029×10^8	1.029×10^8	1.029×10^8	1.029×10^8	1.029×10^8	1.029×10^8
$\int_0^{l_c} \xi e^{\frac{(x-\xi)v_w}{2\alpha}} K_0\left\{\frac{v_w[(x-\xi)^2+z^2]^{1/2}}{2\alpha}\right\}d\xi$	3.38×10^{-6}	3.07×10^{-6}	2.78×10^{-6}	2.52×10^{-6}	2.28×10^{-6}	2.06×10^{-6}	1.86×10^{-6}	1.68×10^{-6}
T/℃	348.08	315.63	286.02	259.03	234.45	212.09	191.75	173.26

7.2　齿轮成形磨削温度计算实例

7.2.1　问题描述

用 SG 砂轮 3SG46－H12VSP（30%粒度为 F46 的 SG 磨料，70%粒度为 F46 的 Al_2O_3 磨料，陶瓷结合剂）成形砂轮对 20CrMnTi 齿轮进行成形磨削试验。成形砂轮和被磨齿轮的基本参数分别见表 7-7 和表 7-8。磨粒及工件材料的热特性同表 7-1。

表 7-7　成形砂轮基本尺寸

砂轮初始直径 d_i/mm	150
砂轮宽度 B/mm	28
磨粒直径 r_g/μm	300～250
切屑宽厚比 r	10
磨粒有效接触半径 r_0/μm	10
磨粒分布密度 C/(切削刃/mm²)	2.5

表 7-8　被磨齿轮基本尺寸

模数 m/mm	8
齿数 z_g	28
基圆直径 d_b/mm	210.5
分度圆直径 d/mm	224
齿根圆直径 d_f/mm	204
齿顶圆直径 d_a/mm	240
基圆滚动角 φ_f/(°)	0
齿顶圆滚动角 φ_a/(°)	31.4
齿轮渐开线长度 L/mm	15.8
齿宽 B_g/mm	100

磨削参数：砂轮转速 n_s =3800r/min，工件速度 v_w =4500mm/min，径向进给量 a_r =0.1mm。

磨削过程采用油基磨削液进行冷却，利用功率计测量磨削消耗功率，测得的 25 次磨削行程的平均磨削消耗功率为 1.75kW。

7.2.2　砂轮—工件几何接触计算

被磨齿轮为标准渐开线齿轮，已知渐开线的参数方程为

$$\begin{cases} x = r_b(\cos\varphi_i + \varphi_i\sin\varphi_i) \\ y = r_b(\sin\varphi_i - \varphi_i\cos\varphi_i) \end{cases}$$

根据第 5 章对齿轮成形结合接触研究的结果可知，沿齿轮轮齿渐开线，砂轮工作面的直径、当量直径、砂轮—工件接触弧长等各不同，分别由下式计算

$$a_n(\varphi_i) = a_r\sin\left(\varphi_i + \frac{\pi}{2z_g} - \theta_{20}\right)$$

$$d_s(\varphi_i) = 2\frac{\left|\tan\theta(r_b\sin\varphi_i - r_b\varphi_i\cos\varphi_i) - (r_b\cos\varphi_i + r_b\varphi_i\sin\varphi_i) + (r_b + r_i)/\cos\theta\right|}{\sqrt{\tan^2\theta + 1}}$$

$$v_s(\varphi_i) = \frac{n_s\pi d_s(\varphi_i)}{60 \times 1000}$$

$$d_e(\varphi_i) = \frac{d_s(\varphi_i)}{\angle ACB}$$

$$l_c(\varphi_i)=\sqrt{a_n(\varphi_i)d_e(\varphi_i)}$$

$$L=\int_{\varphi_f}^{\varphi_a}ds=\int_{\varphi_f}^{\varphi_a}(r_b\varphi_i)d\varphi_i=\left[\frac{r_b\varphi_i^{\ 2}}{2}\right]_{\varphi_f}^{\varphi_a}$$

$$S=\int_{\varphi_f}^{\varphi_a}\sqrt{a_n(\varphi_i)d_e(\varphi_i)}r_b\varphi_i d\varphi_i$$

将齿轮齿廓沿渐开线按滚动角 φ_i 均匀分成 10 段，分别计算各位置的局部法向磨削深度、砂轮直径、砂轮线速度、当量直径和接触弧长，以及渐开线长度和砂轮工件接触面积，见表 7-9。

7.2.3　渐开线上各位置传入工件的平均热源强度计算

根据第 3 章热分配子模型的分析，齿轮成形磨削过程中，齿轮轮廓渐开线上各位置的最大磨削温度可由下式计算

$$T_{max}(\varphi_i)=\frac{q_t(\varphi_i)}{h_w(\varphi_i)\left(\frac{1}{R_{ws}(\varphi_i)}+\frac{1}{R_{wch}(\varphi_i)}-1\right)+h_f(\varphi_i)}$$

$$q_t(\varphi_i)=q_w(\varphi_i)+q_s(\varphi_i)+q_{ch}(\varphi_i)+q_f(\varphi_i)$$

$$q_w(\varphi_i)=h_w(\varphi_i)T_{max}(\varphi_i)$$

$$q_s(\varphi_i)=h_s(\varphi_i)T_{max}(\varphi_i)$$

$$q_f(\varphi_i)=h_f(\varphi_i)\ T_{max}\big|_{T_{max}\leqslant T_b}$$

$$q_{ch}(\varphi_i)=h_{ch}(\varphi_i)T_{max}(\varphi_i)$$

T_{max}（φ_i）和 q_t（φ_i）分别是齿轮渐开线上不同滚动角位置的最大磨削温升和总的热流密度。q_w（φ_i）、q_s（φ_i）、q_{ch}（φ_i）和 q_f（φ_i）分别是在齿轮渐开线上不同滚动角位置传入到工件、砂轮、磨屑和磨削液的热流密度。h_w（φ_i）为传入工件的热量传导因素

$$h_w(\varphi_i)=\frac{\beta_w}{c}\sqrt{\frac{v_w}{l_c(\varphi_i)}}$$

$$\beta_w=\sqrt{k_w\rho_w c_w}$$

对于帕克莱数 $L=10$ 的浅磨，$c=1.06$，对于帕克莱数 $L=0.1$，$c=0.74$，在本节取 $c=1$。

h_f（φ_i）是对流热传导因子，在干磨时认为 $h_f(\varphi_i)=0$，采用油基磨削液时取 h_f（φ_i）$=23000$。

$R_{ws}(\varphi_i)$——工件—砂轮子系统中传入工件的热比率，根据 Hahn 的模型，工件—砂轮磨粒之间的热分配比率 R_{ws}（φ_i）定义为

$$R_{ws}(\varphi_i)=\frac{q_w(\varphi_i)}{q_w(\varphi_i)+q_s(\varphi_i)}=\frac{h_w(\varphi_i)}{h_w(\varphi_i)+h_s(\varphi_i)}=\left[1+\frac{0.97\kappa_g}{\beta_w\sqrt{r_0v_s(\varphi_i)}}\right]^{-1}$$

R_{wch}（φ_i）——工件—磨屑子系统中传入工件的热比率，$R_{wch}(\varphi_i)$ 可通过下式导出

$$R_{wch}(\varphi_i)=\frac{h_w(\varphi_i)}{h_w(\varphi_i)+h_{ch}(\varphi_i)}=\frac{1}{1+0.753\sqrt{\frac{v_s(\varphi_i)t_a(\varphi_i)}{\alpha_w\gamma}}}$$

$$\gamma=\frac{\cos\theta}{\sin\varphi\cos(\varphi+\theta)}$$

$$t_a(\varphi_i)=\left[\frac{2}{Cr_0}\left(\frac{v_w}{v_s(\varphi_i)}\right)\left(\frac{a_n(\varphi_i)}{d_e(\varphi_i)}\right)^{1/2}\right]^{1/2}$$

根据以上分析，齿轮渐开线上不同滚动角位置传入工件的热比率为

$$R_w(\varphi_i)=\frac{q_w}{q_t}=\frac{R_{ws}(\varphi_i)R_{wch}(\varphi_i)}{R_{ws}(\varphi_i)+R_{wch}(\varphi_i)-R_{ws}(\varphi_i)R_{wch}(\varphi_i)\left(1-\frac{h_f}{h_w(\varphi_i)}\right)}$$

表 7-9　砂轮—工件几何接触时参数与滚动角 φ_i 的关系

参数	数值									
φ_i/(°)	0	3.49	6.97	10.46	13.95	17.44	20.92	24.41	27.90	31.38
a_n/mm	0.00412	0.01019	0.01622	0.02219	0.02808	0.03387	0.03953	0.04504	0.05039	0.05555
d_s/mm	150	149.79	148.63	146.72	144.08	140.75	136.76	132.17	127.03	121.42
v_s/(m/s)	30	29.96	29.73	29.34	28.82	28.15	27.35	26.43	25.41	24.28
d_e/mm	3646.54	1470.26	916.35	661.15	513.08	415.58	345.99	293.44	252.11	218.58
l_c/mm	3.88	3.87	3.86	3.83	3.80	3.75	3.70	3.64	3.56	3.48
L/mm	15.8									
S/mm^2	60									

表 7-10　齿轮轮廓不同位置传入工件的热比率及平均热流密度计算结果

计算量 φ_i/(°)	数值									
物理量	0	3.49	6.97	10.46	13.95	17.44	20.92	24.41	27.90	31.38
v_w/(mm/min)	4500									
v_s/(m/s)	30	29.96	29.73	29.34	28.82	28.15	27.35	26.43	25.41	24.28
l_c/mm	3.88	3.87	3.86	3.83	3.80	3.75	3.70	3.64	3.56	3.48
h_w	52346.698	52380.607	52482.386	52652.526	52892.058	53202.554	53586.12	54045.39	54583.54	55204.19
h_f	23000									
R_{ws}	0.866	0.865	0.865	0.864	0.863	0.862	0.860	0.858	0.856	0.853
a_n/mm	0.00412	0.01019	0.01622	0.02219	0.02808	0.03387	0.03953	0.04504	0.05039	0.05555
d_e/mm	3646.54	1470.26	916.35	661.15	513.08	415.58	345.99	293.44	252.11	218.58
t_a/mm	0.0020	0.0032	0.0040	0.0048	0.0054	0.0061	0.0067	0.0073	0.0080	0.0087
R_{wch}	0.948	0.903	0.867	0.838	0.812	0.790	0.769	0.751	0.734	0.719
R_w	0.606	0.587	0.572	0.559	0.548	0.538	0.529	0.520	0.512	0.505
P/W	1750									
S/mm^2	60									
q_t/[J/(m^2·s)]	2.917×10^7									
$\bar{q}_w$/[J/(m^2·s)]	0	2.86×10^6	5.56×10^6	8.16×10^6	1.07×10^7	1.31×10^7	1.54×10^7	1.77×10^7	1.99×10^7	2.21×10^7

整个工件-砂轮接触面上的热流密度为：

$$q_t = \frac{P}{S}$$

根据第 5 章的分析，热流密度沿渐开线非均匀分布切与滚动角存在如下关系

$$\bar{q}_w(\varphi_i) = R_w(\varphi_i)\frac{1.5q_t\varphi_i}{\varphi_a}$$

将齿轮齿廓沿渐开线按滚动角 φ_i 均匀分成 10 段，分别计算各位置传入工件的热比率及平均热流密度，计算结果见表 7-10。

图 7-3 和图 7-4 分别为根据表 7-10 的计算结果作出的齿轮成形磨削时，传入工件的热比率和平均热流密度与齿轮轮廓渐开线滚动角的关系曲线。

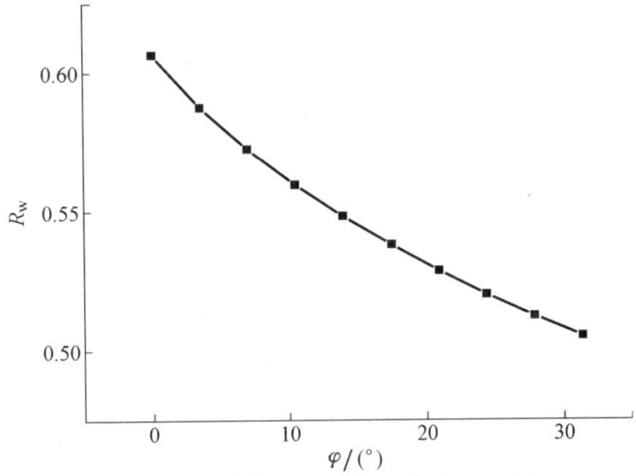

图 7-3 传入工件的热比率与齿轮轮廓渐开线滚动角的关系曲线

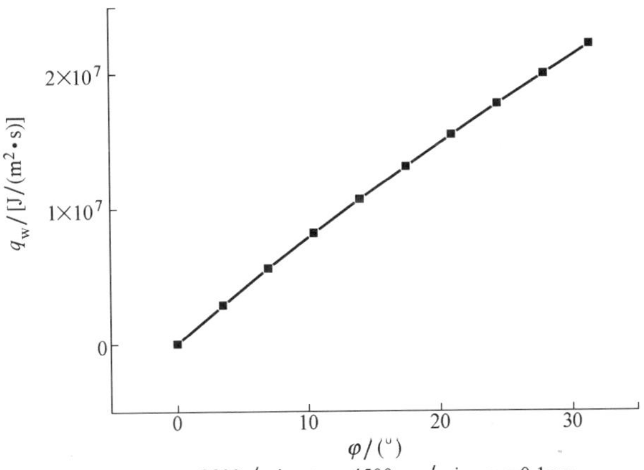

图 7-4 传入工件的平均热流密度与齿轮轮廓渐开线滚动角的关系曲线

7.2.4 齿轮成形磨削温度理论计算

根据第 5 章的推导结果，齿轮成形磨削温度场可通过下式计算

$$T = \frac{v_w r_b}{8\kappa\alpha\,(\pi)^{3/2}} \int_0^{l_c} \int_0^{\varphi_a} q(\varphi_i, X_i)\, e^{-\frac{2(X-X_i)v_w}{4\alpha}} \varphi_i K_m(u_i)\, d\varphi_i dX_i \tag{7-4}$$

式中　r_b——基圆半径；

κ——工件材料导热系数；

α——工件材料热扩散率；

φ_i——任意位置的滚动角；

φ_a——齿顶位置的滚动角；

v_w——工件速度；

$K_m(u)$——特殊函数，具体方程见第5章；

$q(\varphi_i, X_i)$——砂轮齿轮接触面上任意位置的热流密度。

若假设热源沿渐开线均匀分布，则

$$q(\varphi_i, X_i) = \overline{q}_w(\varphi_i) = R_w(\varphi_i)\frac{1.5 q_t \varphi_i}{\varphi_a}$$

若假设热源沿渐开线呈三角形分布，则

$$q(\varphi_i, X_i) = \overline{q}_w(\varphi_i)\left(1 + \frac{2X_i}{l_c}\right) = R_w(\varphi_i)\frac{1.5 q_t \varphi_i}{\varphi_a}\left(1 + \frac{2X_i}{l_c}\right)$$

则利用均匀热源模型分析，平面磨削温度场计算式如下

$$T = \frac{1.5 q_t v_w r_b}{8\kappa\alpha\varphi_a\,(\pi)^{3/2}} \int_0^{l_c} \int_0^{\varphi_a} R_w(\varphi_i)\, e^{-\frac{2(X-X_i)v_w}{4\alpha}} \varphi_i^2 K_m(u_i)\, d\varphi_i dX_i \tag{7-5}$$

而利用三角形热源模型分析，磨削温度场计算式如下

$$T = \frac{1.5 q_t v_w r_b}{8\kappa\alpha\varphi_a\,(\pi)^{3/2}} \cdot \int_0^{l_c} \int_0^{\varphi_a} R_w(\varphi_i)\left(1 + \frac{2X_i}{l_c}\right) e^{-\frac{2(X-X_i)v_w}{4\alpha}} \varphi_i^2 K_m(u_i)\, d\varphi_i dX_i \tag{7-6}$$

根据式（7-5）和式（7-6）计算出在齿轮分度圆位置，磨削表面温升沿接触弧长方向上的分布如图7-5所示。

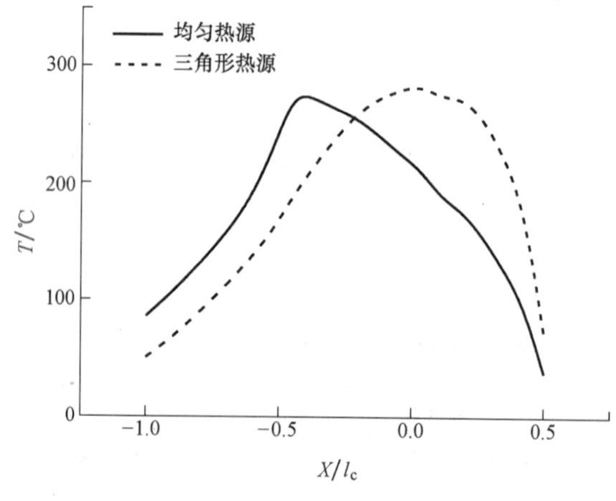

图7-5　齿轮成形磨削表面温升在接触弧长方向上的分布

根据式（7-5）和式（7-6）计算出磨削温升沿齿轮轮廓线方向上的分布如图7-6所示。

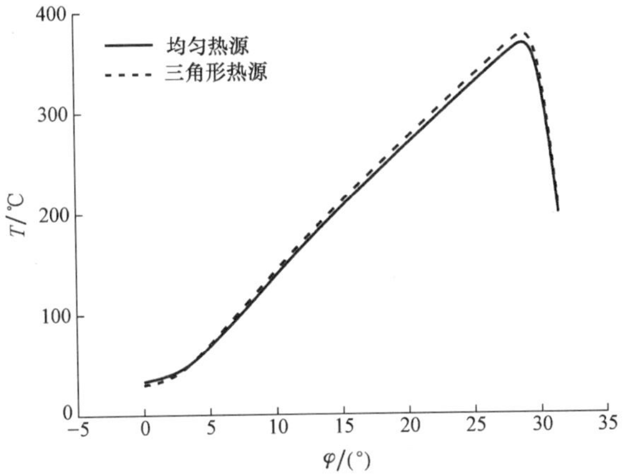

图 7-6　齿轮成形磨削表面温升在齿轮轮廓线方向上的分布

7.3　高效深切磨削温度计算实例

7.3.1　问题描述

采用多层电镀 CBN 砂轮进行 40Cr 钢高效深切磨削试验，砂轮直径 $d_s=350\text{mm}$，砂轮宽度 $b=16\text{mm}$，粒度 F75 ~ F90，埋入率为 2/3 ~ 4/5，磨料层厚度为 0.5mm。磨粒及工件材料热特性见表 7-11。

表 7-11　磨粒及工件材料热特性

材料	导热系数 $\kappa/[\text{W}/(\text{m}\cdot\text{K})]$	密度 $\rho/(\text{kg}/\text{m}^3)$	比热容 $c/[\text{J}/(\text{kg}\cdot\text{K})]$	β $/[\text{J}/(\text{m}^2\cdot\text{s})\cdot\text{K}]$	$\alpha/\mu\text{m}$
40Cr	66.6	7860	460	15518	18.42
CBN	240	3480	506	20558	—

磨削参数为砂轮线速度 $v_s=180\text{m/s}$，工件速度 $v_w=6000\text{mm/min}$，磨削深度 $a_p=2.5\text{mm}$。磨削过程采用油基磨削液进行冷却，利用 KISTLER 测力仪测得的 5 次磨削行程的平均切向磨削力为 225N。

7.3.2　计算传入工件的平均热源强度

磨削接触区总发热功率为

$$P=F_t v_s=225\times180\text{J/s}=40500\text{J/s}$$

磨削接触区长度为

$$l_c=\sqrt{d_s a_p}=\sqrt{350\times2.5}\text{mm}=29.5804\text{mm}$$

磨削接触区面积

$$S=l_c b=29.5804\times16\text{mm}=473.2864\text{mm}^2$$

传入工件的热比率为

$$R_w = \frac{q_w}{q_t} = \frac{R_{ws}R_{wch}}{R_{ws} + R_{wch} - R_{ws}R_{wch}\left(1 - \frac{h_f}{h_w}\right)}$$

造成工件温升的平均热源强度为

$$\bar{q}_w = R_w q_t$$

传入工件的热比率以及传入工件的平均热源强度计算见表 7-12。

表 7-12　高效深磨传入工件的热比率以及传入工件的平均热源强度计算

计算量	计算式			参数		计算值	
l_c/m	$\sqrt{a_p d_e}$			a_p/m	2.5×10^{-3}		0.02958
				d_e/m	350×10^{-3}		
q_t/[J/(m² · s)]	$\frac{P}{S}$	P/(J/s)	$F_t v_s$	F_t/N	225	40500	85.57×10^6
				v_s/(m/s)	180		
		S/m²	$l_c b$	l_c/m	29.58×10^{-3}	473.29×10^{-6}	
				b/m	0.016		
R_w	$\frac{R_{ws}R_{wch}}{R_{ws}+R_{wch}-R_{ws}R_{wch}\left(1-\frac{h_f}{h_w}\right)}$	R_{ws}	$R_{ws}=\left[1+\frac{0.97\kappa_g}{\beta_w\sqrt{r_0 v_s}}\right]^{-1}$	κ_g/[W/(m · K)]	240	0.7388	0.2675
				β_w/[J/(m² · s) · K]	15518		
				r_0/μm	10×10^{-6}		
				v_s/(m/s)	180		
		R_{wch}	$R_{wch}=\frac{1}{1+0.753\sqrt{\frac{v_s l_a}{\alpha_w\gamma}}}$	v_s/(m/s)	180	0.3952	
				l_a/m	5.73×10^{-6}		
				α_w	18.42×10^{-6}		
				γ	≈13.5		
		h_f	23000				
		h_w	$h_w=\frac{\beta_w}{c}\sqrt{\frac{v_w}{l_c}}$	β_w/[J/(m² · s) · K]	15518	26917	
				c/[J/(kg · K)]	1.06		
				v_w/(m/s)	0.1		
				l_c/m	29.58×10^{-3}		
$\bar{q}_w$/[J/(m² · s)]	$R_w q_t$	q_t	85.57×10^6				22.89×10^6
		R_w	0.2675				

7.3.3　高效深磨磨削温度场理论计算

利用圆弧接触移动热源模型计算，工件—砂轮圆弧接触面上总热源在点 $M(x, z)$ 造成的温升为

$$
\begin{aligned}
T &= \frac{1}{\pi\kappa}\int_0^{l_c} q e^{-\frac{v_f}{2\alpha}(x - l_i\cos\varphi_i)} K_0\left[\frac{v_f r_i}{2\alpha}\right] dl_i \\
r_i &= \sqrt{(x - l_i\cos\varphi_i)^2 + (z - l_i\sin\varphi_i)^2} \\
l_i &= d_e\varphi_i
\end{aligned}
\tag{7-7}
$$

式中　κ——工件材料导热系数；

v_f——工件速度；

α——工件材料热扩散系数；

φ_i——接触角；

$K_0\ [u]$——零阶修正第二类贝塞尔函数。

热流密度 q 可写成如下形式

$$q = \bar{q}_w(n+1)(l_i/l_c)^n$$

式中　$\bar{q}_w$——圆弧接触面上的平均热流密度。

当 $n=0$ 时，热源为均匀分布，当 $n=1$ 时，热源为三角形分布。

当选用均匀分布热源模型时，磨削温度分布为

$$T = \frac{\bar{q}_w}{\pi\kappa}\int_0^{l_c} e^{-\frac{v_f}{2\alpha}(x - l_i\cos\varphi_i)} K_0\left[\frac{v_f r_i}{2\alpha}\right] dl_i \tag{7-8}$$

当选用三角形热源模型时，磨削温度分布为

$$T = \frac{2\bar{q}_w}{\pi\kappa l_c}\int_0^{l_c} l_i e^{-\frac{v_f}{2\alpha}(x - l_i\cos\varphi_i)} K_0\left[\frac{v_f r_i}{2\alpha}\right] dl_i \tag{7-9}$$

由式（7-8）和式（7-9）计算得到高效深磨时，砂轮工件接触圆弧上及被磨表面上的温度分布如图 7-7 和图 7-8 所示。

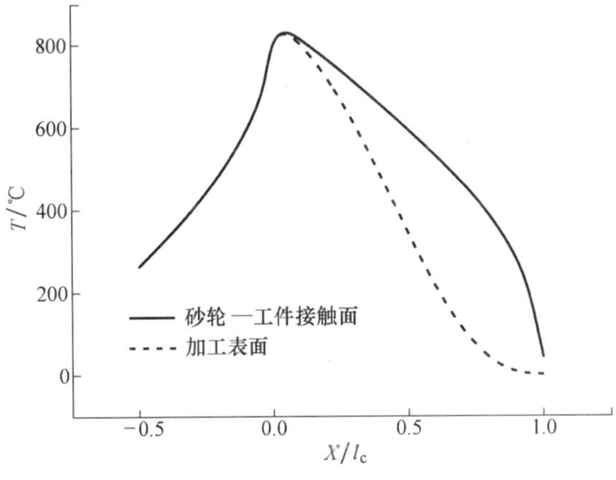

图 7-7　均布热源

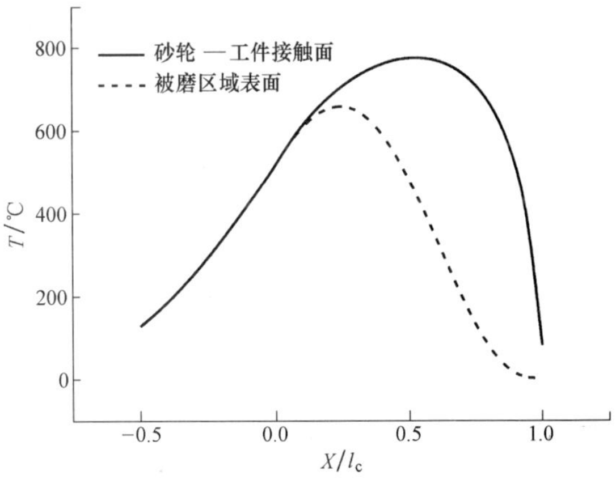

图 7-8　三角形热源

第 8 章　有限元仿真实例

8.1　普通浅磨实例分析

8.1.1　磨削条件

1）砂轮型号：诺顿 SG 砂轮，牌号为 5SG60—H12VSP，其中 SG 磨粒为 50%，Al_2O_3 磨粒为 50%，结合剂为陶瓷结合剂，砂轮直径为 400mm，宽度为 20mm，粒度为 F60，采用单点金刚石笔整形。

2）工件材料：20CrMnTi 钢，其基本尺寸见表 8-1。

表 8-1　工件材料及尺寸

工件材料	工件尺寸	加工面尺寸
20CrMnTi	20mm×40mm×40mm	40mm×40mm

3）测量装置：磨削力通过 Kistle 9257BA 压电晶体测力仪测量。

4）冷却系统：采用 SY-1 水基磨削液，供液压力为 8MPa。

5）磨削参数：磨削参数见表 8-2。

表 8-2　磨削参数

砂轮线速度 v_s/(m/s)	工件速度 v_w/(mm/min)	磨削深度 a_p/mm	切向磨削力 F_t/N	传入工件的热比率 R_w
60	3600	0.1	85	0.62

工件和砂轮的热性能参数见表 8-3 和表 8-4。

表 8-3　工件热性能参数

温度/℃	导热系数 κ_w /[W/(m·K)]	比热容 C_w /[J/(kg·K)]	密度 ρ_w /(kg/m³)
20	33.27	462	7835
100	31.72	473	
200	30.52	495	
300	29.56	524	
400	28.70	561	
500	27.86	612	
600	27.02	687	
700	25.83	814	
800	22.89	689	
900	23.04	619	

表 8-4　砂轮热性能参数

导热系数 κ_g/[W/(m·K)]	比热容 c_g/[J/(kg·K)]	密度 ρ_g/(kg/m^3)
35	765	3980

8.1.2　均布热源模型分析

1. 创建物理环境

（1）过滤图形界面　从主菜单中选择 Main Menu > Preferences，弹出“Preferences for GUI Filtering”对话框，勾选“Thermal”，对后面的分析进行菜单及相应的图形界面过滤，如图 8-1 所示。

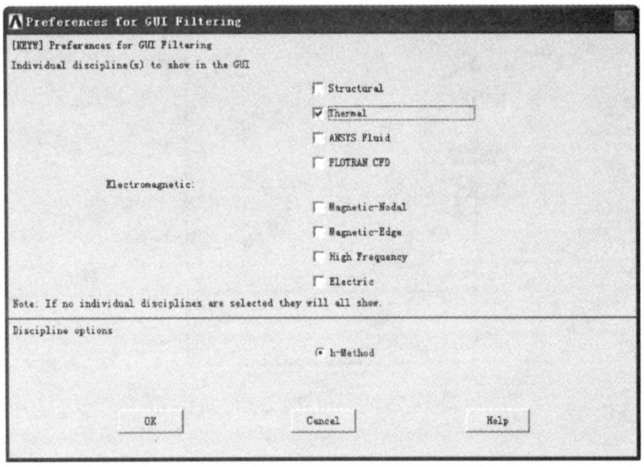

图 8-1　“Preferences for GUI Filtering”对话框

（2）定义工作标题　从实用菜单中选择 Utility Menu > File > Change Title，在弹出的“Change Title”对话框中输入“Uniform heat flux distribution model analysis”，单击“OK”，如图 8-2 所示。

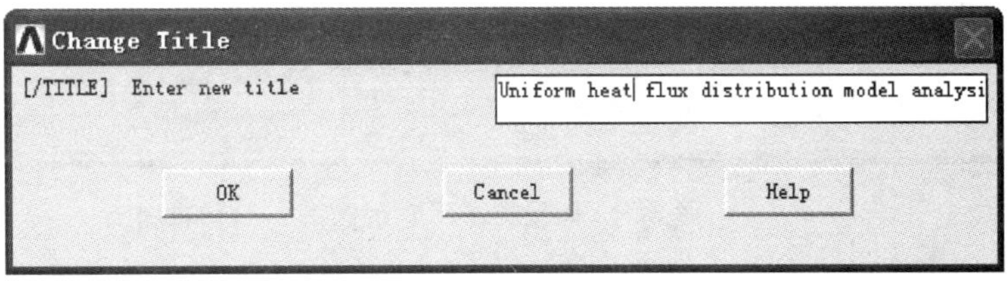

图 8-2　定义工作标题

（3）指定工作名　从实用菜单中选择 Utility Menu > File > Change Jobname，弹出“Change Jobname”对话框，如图 8-3 所示，在“Enter new jobname”中输入“Grinding Temperature”，勾选“New log and error files”选项，单击“OK”。

（4）定义单元类型和选项　从主菜单中选择 Main Menu > Preprocessor > Element Type > Add/Edit/Delete，弹出“Element Types”对话框，如图 8-4 所示，单击“Add”按钮，弹出“Library of Element Types”对话框如图 8-5 所示。

在该对话框左面滚动栏中选择“Solid”，在右边的滚动栏中选择“8node 70”，单击

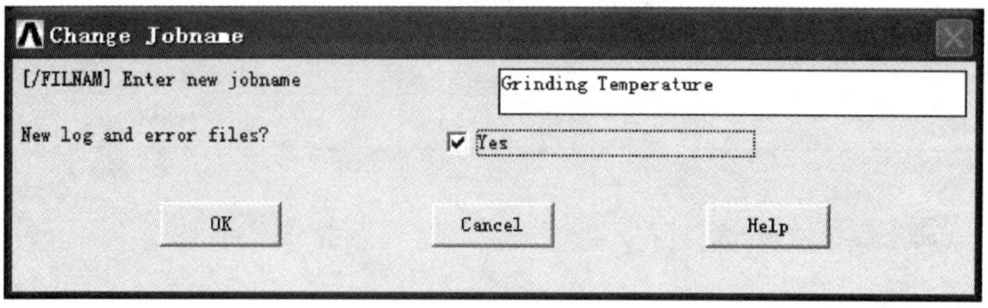

图 8-3　定指工作名

图 8-4　“Element Types”对话框

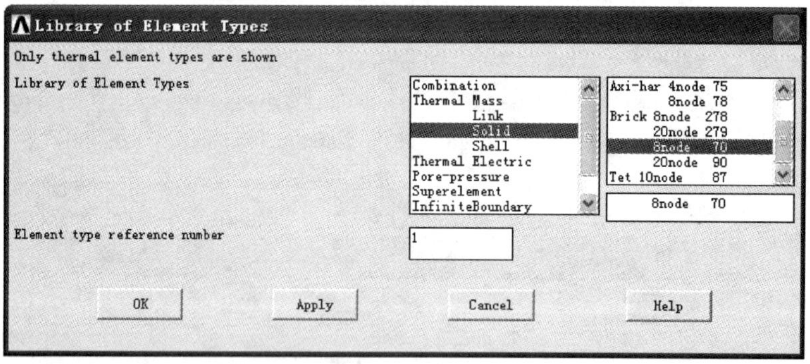

图 8-5　单元类型库对话框

“OK”，定义了“Solid70”单元。

（5）定义材料属性　从主菜单中选择 Main Menu > Preprocessor > Material Props > Material Models，弹出“Define Material Model Behavior”对话框，如图 8-6 所示，在右边的栏中依次单击“Thermal > Conductivity > Isotropic”后，弹出“Conductivity for Material Number 1”对话框，如图 8-7 所示。单击“Add Temperature”，在图 8-7 所示对话框中“Temperatures”（湿度）后面的输入栏中依次输入“20、100、200、300、400、500、600、700、800、900”，在“KXX”（导热系数）后面的输入栏中依次输入“33.27、31.72、30.52、29.56、28.7、27.86、27.02、25.83、22.89、23.04”，如图 8-8 所示。单击“Graph”按钮，弹出导热系数随温度的变化曲线，如图 8-9 所示。

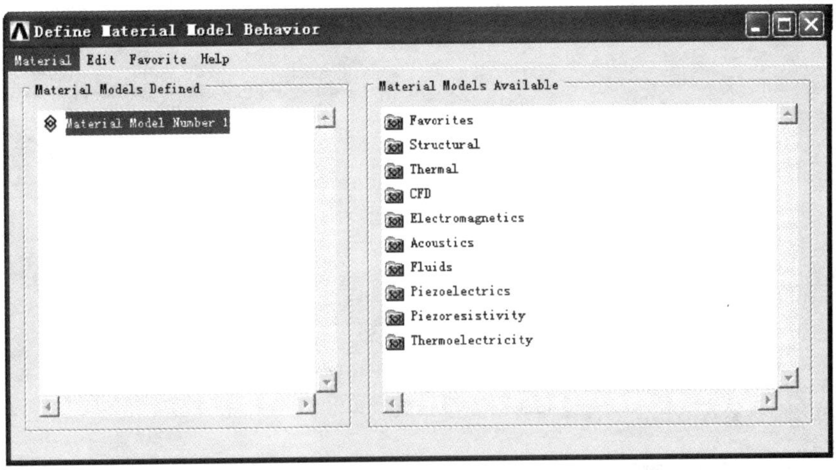

图 8-6　定义材料模型

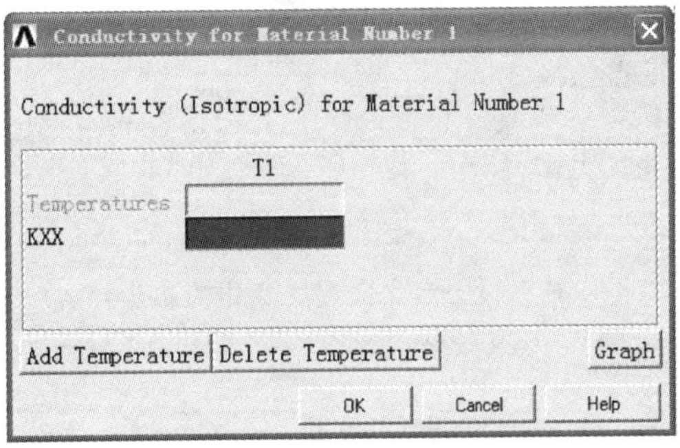

图 8-7　定义导热系数

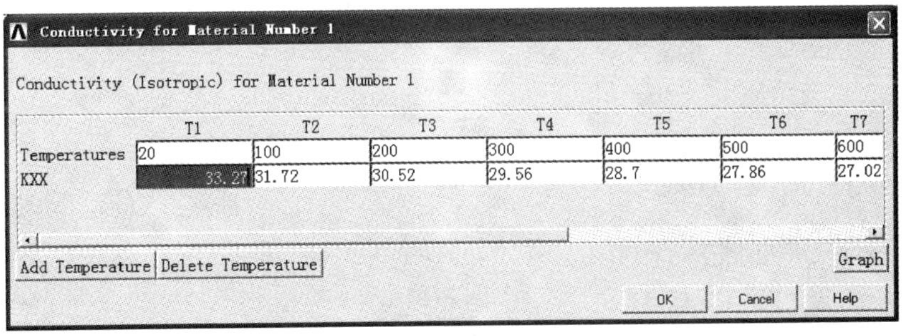

图 8-8　定义随温度变化的导热系数

单击“Thermal > Specific Heat”后弹出“Specific Heat for Material Number 1”对话框，如图 8-10 所示。单击“Add Temperature”，如图 8-11 所示，在对话框中“Temperatures”后面的输入栏中依次输入“20、100、200、300、400、500、600、700、800、900”，在“C”(比热容)后面的输入栏中依次输入“462、473、495、524、561、612、687、814、689、619”。单击“Graph”按钮，弹出比热容随温度的变化曲线，如图 8-12 所示。

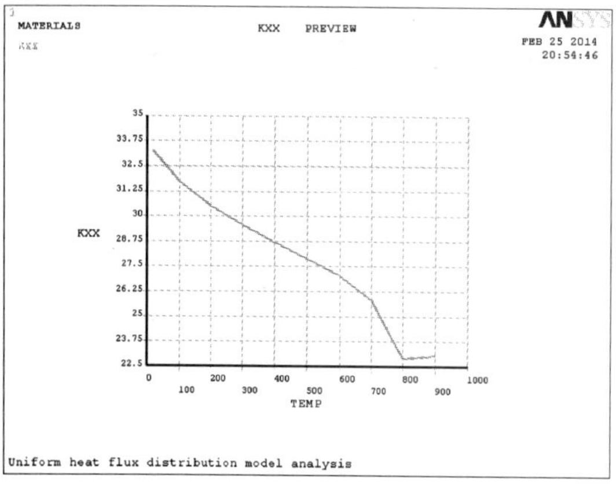

图 8-9　导热系数随温度的变化曲线

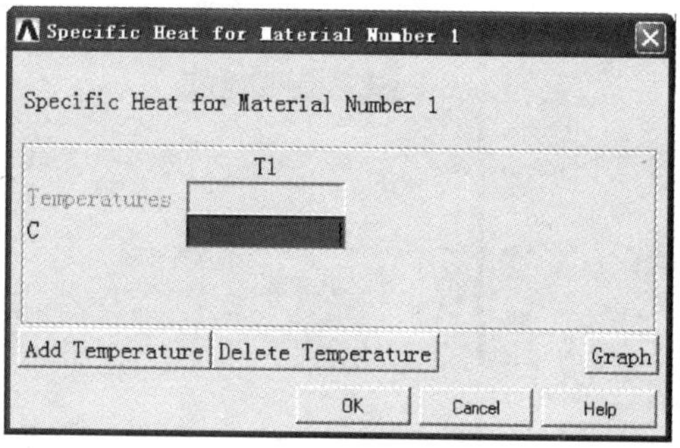

图 8-10　定义材料比热容

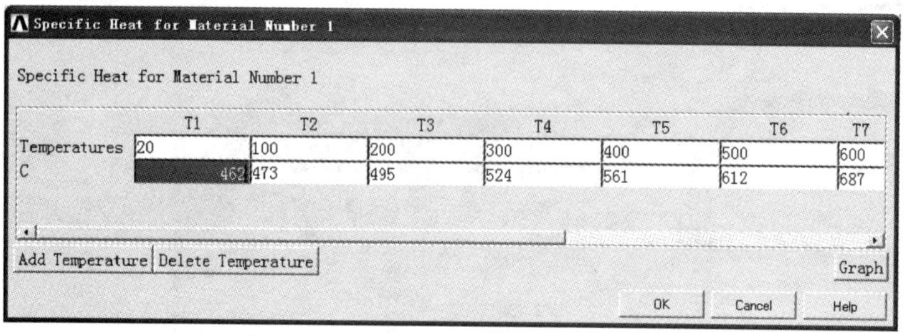

图 8-11　定义随温度变化的比热容

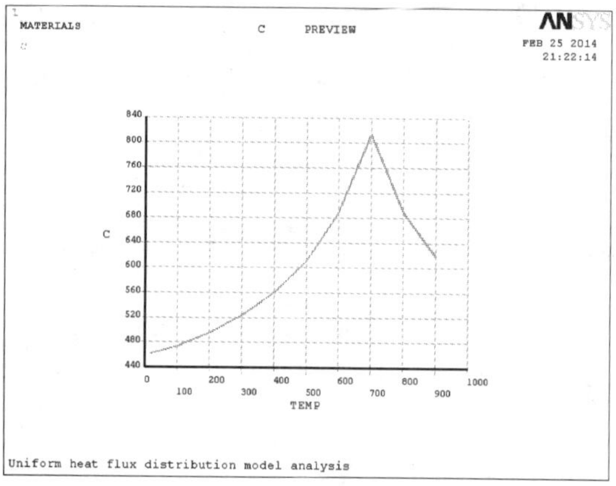

图 8-12　材料比热容随温度的变化曲线

单击“Thermal > Density”，弹出“Density for Material Number 1”对话框，如图 8-13 所示，在该对话框中“DENS”后面的输入栏中输入“7835”，单击“OK”。

单击“Material > Exit”结束，得到材料属性定义结果，如图 8-14 所示。

2. 建立模型、赋予特性并划分网格

（1）建立模型　选择 Main Menu > Preprocessor > Modeling > Create > Volumes > Block > By Dimensions，在弹出的对话框中，在 X1、X2、Y1、Y2、Z1、Z2、中分别输入“-20e-3，20e-3，0，40e-3，-20e-3，0”，单击“OK”，如图 8-15 所示。建立的几何模型如图 8-16 所示。

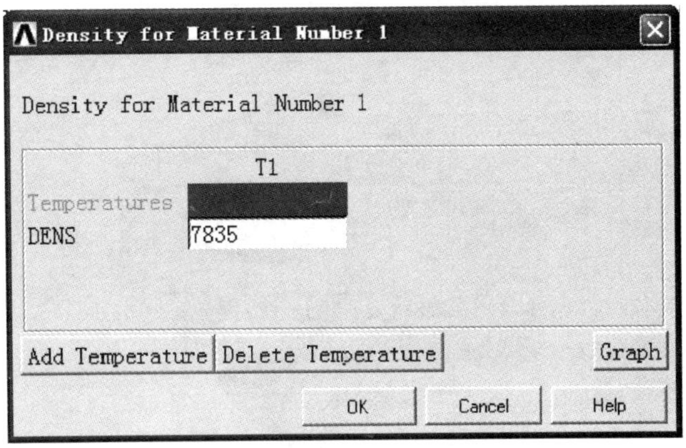

图 8-13　定义材料密度

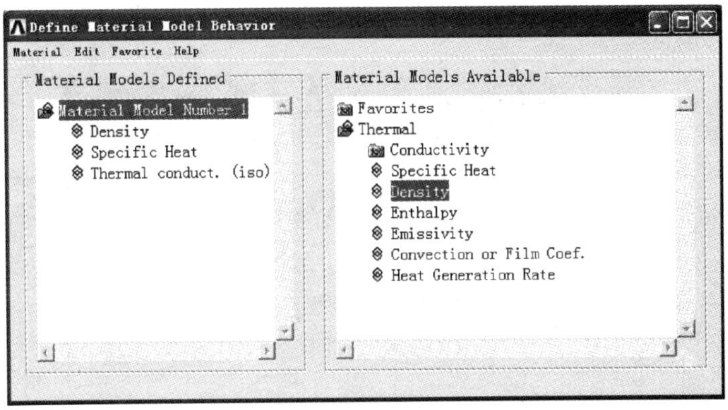

图 8-14　材料属性定义结果

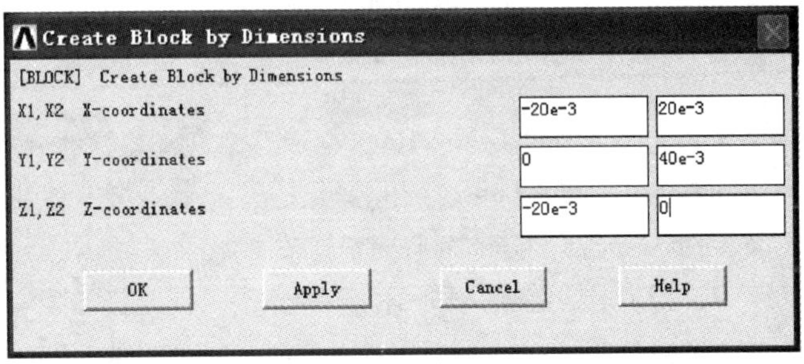

图 8-15　"Create Block by Dimensions" 对话框

（2）赋予特性　选择 Main Menu > Preprocessor > Meshing > Mesh Attributes > Default Attribs，弹出 "Meshing Attributes"（网格属性）对话框，如图 8-17 所示。在［TYPE］选项中选择 "1 SOLID70"，在［MAT］中选择 "1"，其他选项保持默认。单击 "OK" 按钮。

（3）网格划分　设置单元密度：选择 Main Menu > Preprocessor > Meshing > Size Cntrls > ManualSize > Lines > Picked Lines，在弹出的 "Element Size on …" 对话框中选择 "Min, Max, Inc" 选项，在下面的输入栏中输入 "1，8，1"，如图 8-18 所示。单击 "OK"，弹出 "Element Sizes on Picked Lines"（单元尺寸设置）对话框，在 "NDIV" 后的输入栏中输入 "100"，如图 8-19 所示，单击 "OK" 退出对话框。

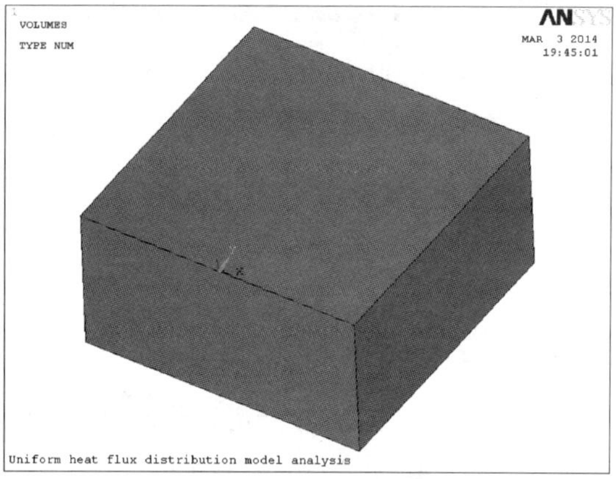

图 8-16　建立模型

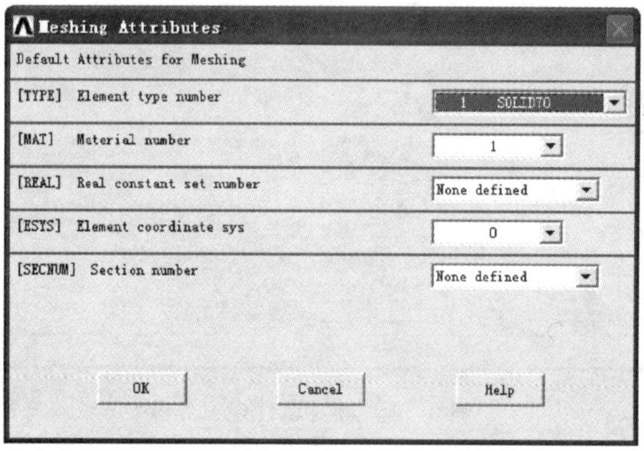

图 8-17　“Meshing Attributes”对话框

选择 Main Menu > Preprocessor > Meshing > Size Cntrls > ManualSize > Lines > Picked Lines，在弹出的“Element Size on…”对话框中选择“List of Items”，在下面的输入栏中输入“9，12”，如图 8-20 所示。单击“OK”弹出“Element Sizes on Picked Lines”对话框，在“NDIV”后的输入栏中输入“25”。单击“OK”退出。

选择 Main Menu > Preprocessor > Meshing > Size Cntrls > ManualSize > Lines > Picked Lines，在弹出的“Element Size on…”对话框中选择“List of Items”，在下面的输入栏中输入“10，11”如图 8-21，单击“OK”，弹出“Element Sizes on Picked Lines”对话框，在“NDIV”后的输入栏中输入“25”。单击“OK”退出。

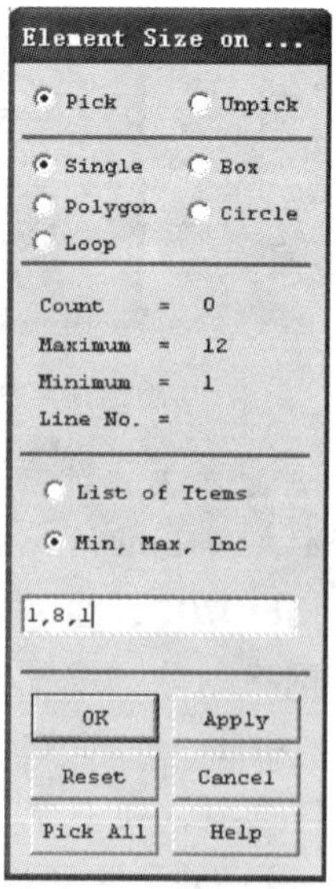

图 8-18　“Min，Max，Inc”选择线

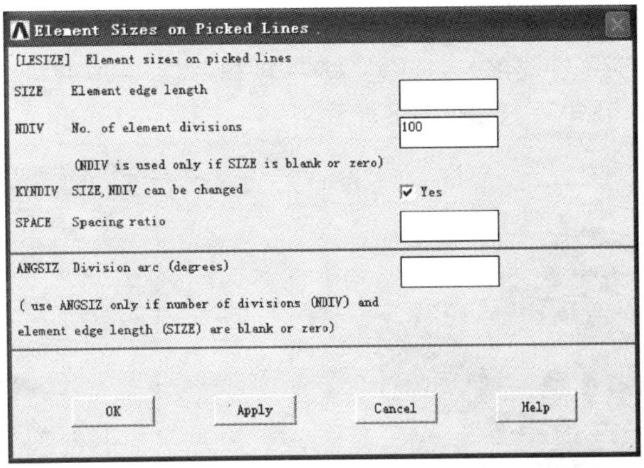

图 8-19　“Element Sizes on Picked Lines” 对话框

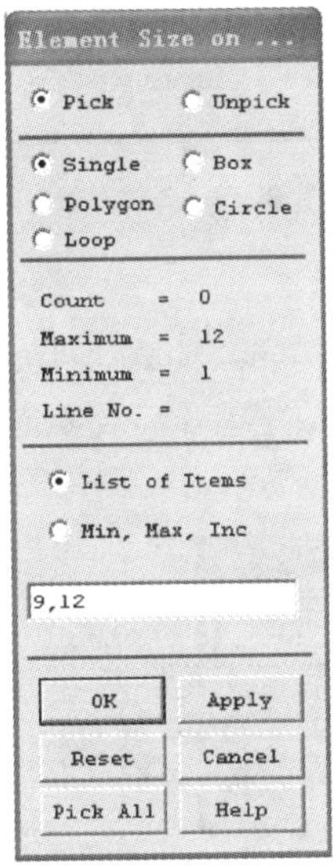

图 8-20　“List of Items” 选择 9 号和 12 号线

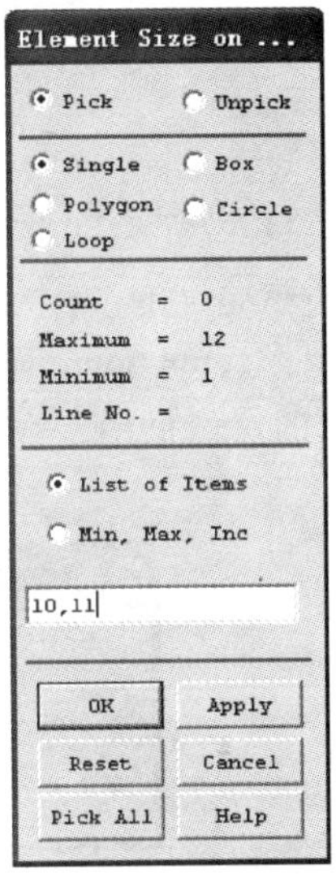

图 8-21　用 “List of Items” 选择 10 号和 11 号线

选择 Main Menu > Preprocessor > Meshing > Mesh > Volumes > Mapped > 4 to 6 sided，弹出 “Mesh Volumes” 对话框，如图 8-22 所示，单击 “Pick All” 按钮，得到有限元模型如图 8-23 所示。

3. 保存数据

选择 Utility Menu > Select > Everything，然后选择 Utility Menu > File > Save as，弹出 “Save DataBase” 对话框，在 “Save DataBase to” 下面的输入栏中输入 “workpiece model . db” 单击 “OK” 退出。

4. 输入参数

选择 Utility Menu > parameters > Scalar Parameters，弹出 “Scalar Parameters” 对话框，依次输入 AP（磨削深度）= 1.0E-4、B（砂轮宽度）= 0.02、DS（砂轮直

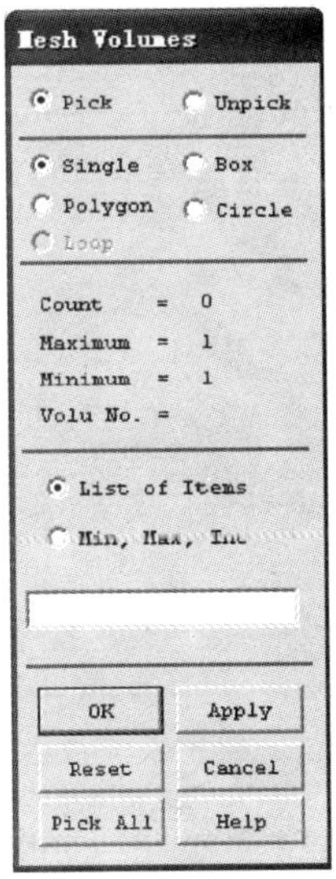

图 8-22　“Mesh Volumes” 对话框

径）=0.2、E（热分配比）=0.62、ESIZE（单元尺寸）=4.0E-4、FT（切向磨削力）=85、VS（砂轮线速度）=60、VW（工件速度）=0.06、LC（接触弧长）=4.472135955E-03、QW（传入工件的热流密度）=6.0E-02，如图 8-24 所示。

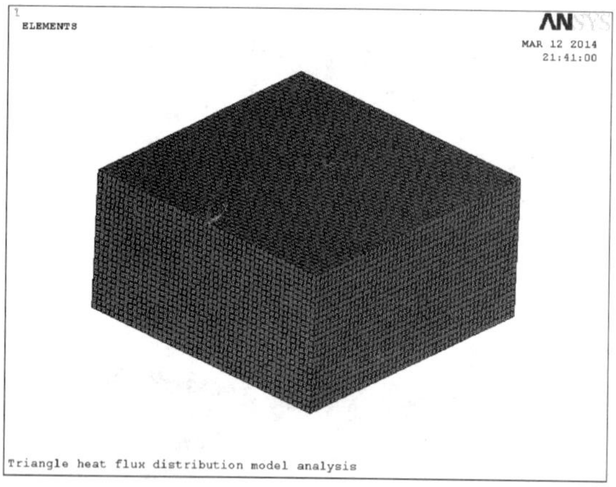

图 8-23　有限元模型

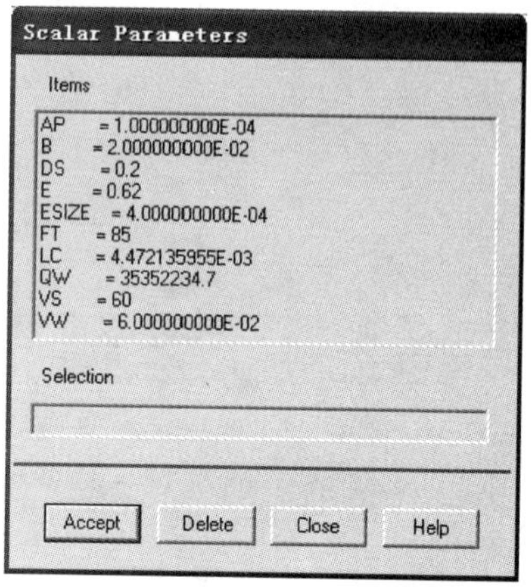

图 8-24　参数输入对话框

5. 施加初始温度

选择 Main Meun > Solution > Define loads > Apply > Thermal > Temperature > Uniform temperature，在弹出的对话框中，在“Lab”中选择“TEMP”，在 VALUE 中输入 25，如图 8-25 所示，单击“OK”。

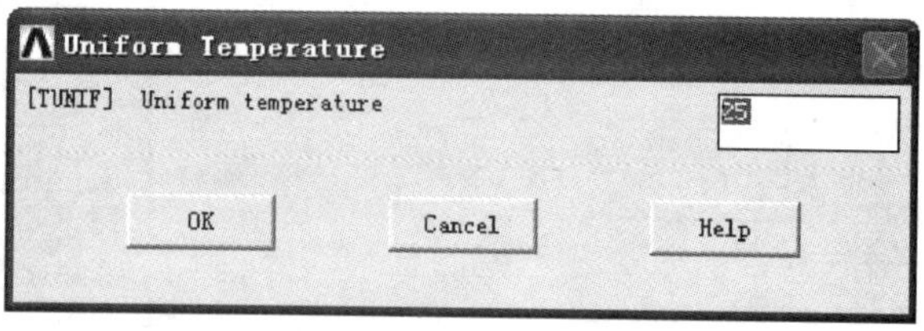

图 8-25　施加初始温度

6. 设置求解选项

选择 Main Menu > Solution > Analysis Type > New Analysis，在弹出的对话框中，选择“Transient”，然后单击“OK”，如图 8-26 所示，接受默认设置，在弹出的对话框中单击“OK”。

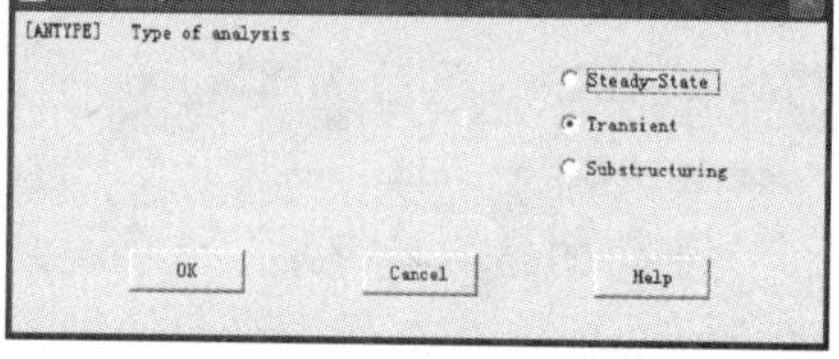

图 8-26　选择求解类型

7. 输出控制

选择 Main Menu > Solution > Sol'n Controls，在弹出的对话框中，在“Frequency”中选择“Write every Nth substep”，如图 8-27 所示，单击“OK”。

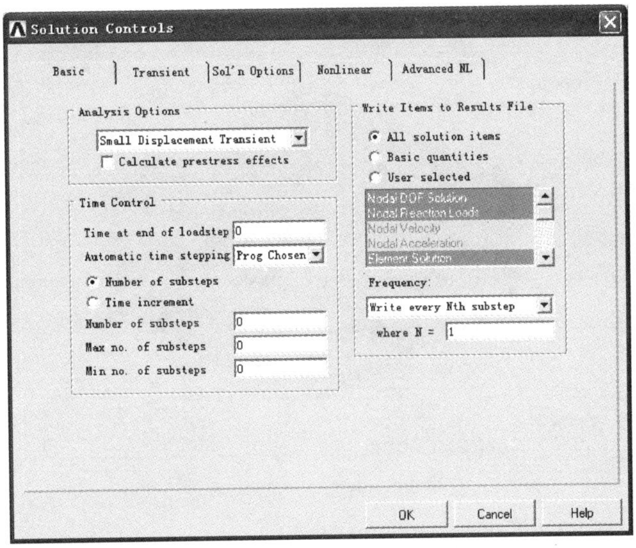

图 8-27　“Solution Controls”对话框

8. 施加载荷及求解（均布载荷）

为了模拟磨削过程中工件的运动，需要利用 ANSYS APDL 对工件进行循环加载。APDL 程序如下：

```
*DO,I,1,100,1                             ! 开始 DO 循环,循环次数为 100 次
LOCAL,11,0,0,(I-1)*LSIZE,0,0,0,0,,,       ! 建立编号为 11 的局部坐标系
ASEL,S,,,2                                ! 选择编号为 2 的面
NSLA,S,1                                  ! 选择面上的所有节点
SFDELE,ALL,HFLUX                          ! 删除所选节点上的热流密度载荷
ALLSEL                                    ! 选择所有对象
NSEL,S,LOC,Z,0,                           ! 通过坐标选择节点,选择所有 Z 坐标为
                                            0 的所有节点
NSEL,R,LOC,X,-0.01,0.01                   ! 通过坐标选择 X 坐标为 -0.01 ~0.01
                                            的节点
NSEL,R,LOC,Y,0,LC                         ! 通过坐标选择 Y 坐标为 0 ~ LC 的节点
SF,ALL,HFLUX,QW                           ! 对所选节点施加热流密度载荷 QW
ALLSEL
T=I*ESIZE/VW                              ! 计算每个载荷步的求解时间
TIME,T                                    ! 设置求解时间
TIMINT,ON                                 ! 打开时间积分
DELTIM,0.002,0.002,0.004                  ! 定义时间子部
AUTOTS,ON                                 ! 打开自动时间开关
SOLVE                                     ! 求解
*ENDDO                                    ! 结束 DO 循环
```

施加均布载荷的结果如图 8-28 所示。

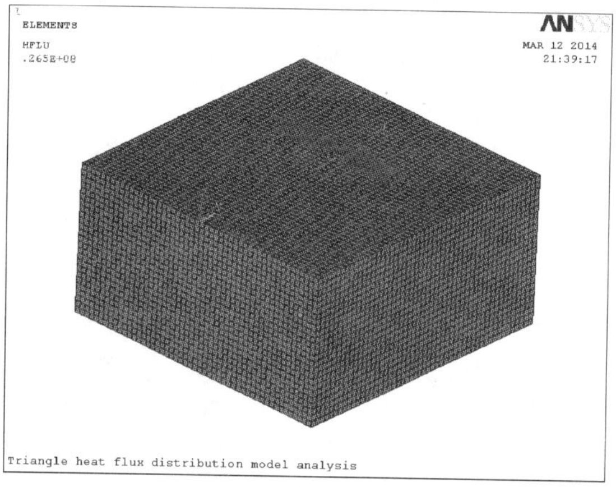

图 8-28　施加均布载荷的结果

9. 查看仿真结果

选择 Main Meun > General Postproc > Read Results > By Pick，弹出结果文件，选择第 25 个载荷步，单击“Read”按钮，读取温度结果，单击“Close”关闭对话框，如图 8-29 所示。

选择 Main Meun > General Postproc > Plot Results > Contour Plot > Nodal Solu，弹出“Contour Nodal Solution Data”对话框，如图 8-30 所示。选择 Nodal Solution > DOF Solution > Nodal Temperature，单击“OK”。得到第 50 载荷步的温度分布云图，如图 8-31 所示。

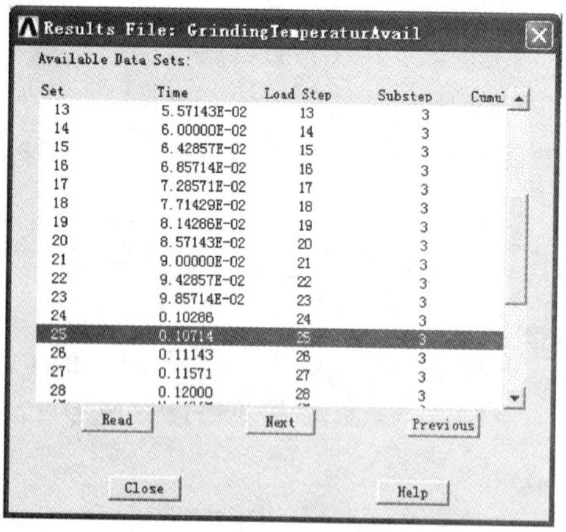

图 8-29　查看仿真结果

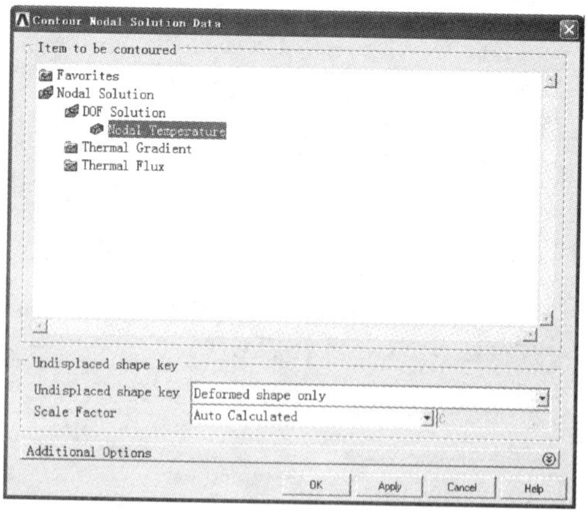

图 8-30　“Contour Nodal Solution Data”对话框

选择 Utility Menu > WorkPlane > Offset WP by increments，弹出“Offset WP”对话框，如图 8-32 所示，将工作坐标系绕 Y 坐标轴旋转 90°。

选择 Utility Menu > PlotCtrls > Style > Hidden Line Options，弹出“Hidden-Line Options”对话框，在“Type of Plot”后面的选择框中选择“Section”如图 8-33 所示，单击“OK”，得到如图 8-34 所示横截面温度分布云图。

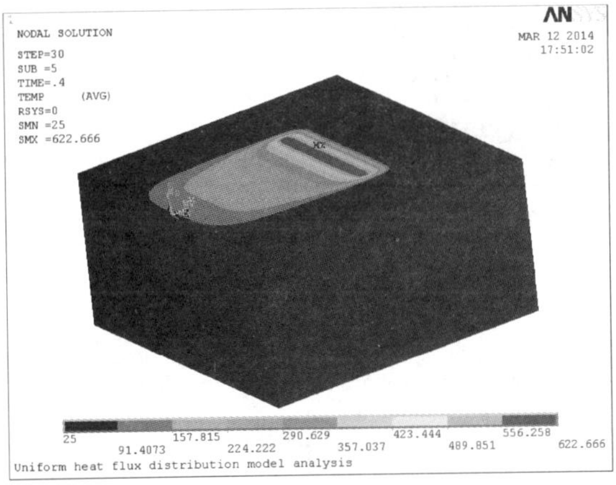

图 8-31　工件温度分布云图

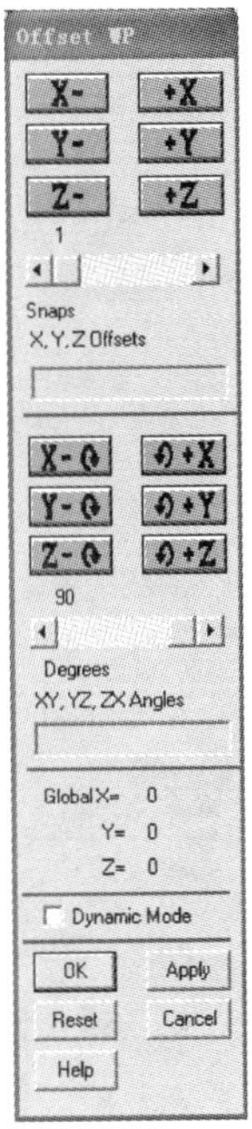

图 8-32　“Offset WP”对话框

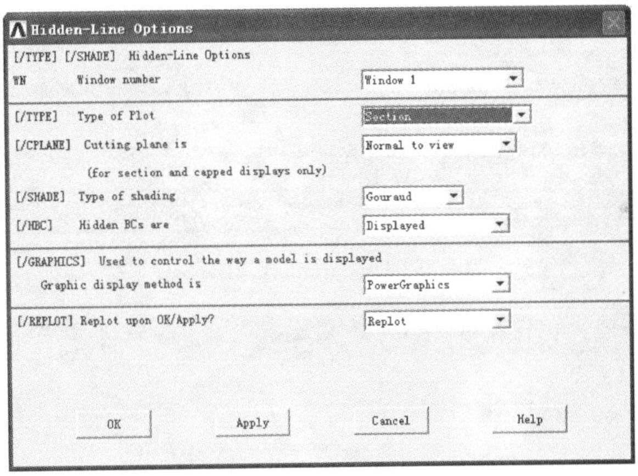

图 8-33　“Hidden-Line Options”对话框

选择 Utility Menu > Select > Entities，弹出“Select Entities”对话框，在第一个选择框中选择“Nodes”，在第二个选择框中选择“By Location”，选择“X coordinates”，在“Min，Max”下面的输入栏中输入“0”，选择 x 坐标为“0”的所有节点。单击“OK”退出。

选择 Main Meun > TimeHist Postpro > Define Variables，弹出“Defined Time-History Variables”对话框，如图 8-35 所示。单击“Add”按钮，弹出“Add Time-History Variables”对话框，如图 8-36 所示。选择“Nodal DOF result”选项，单击“OK”，弹出“Define Nodal Data”对话框，如图 8-37 所示。选择适当的节点，单击“OK”，弹出如图 8-38 所示对话框。按图 8-38 所示选择相应选项，并为节点数据命名，单击“OK”结束变量定义。

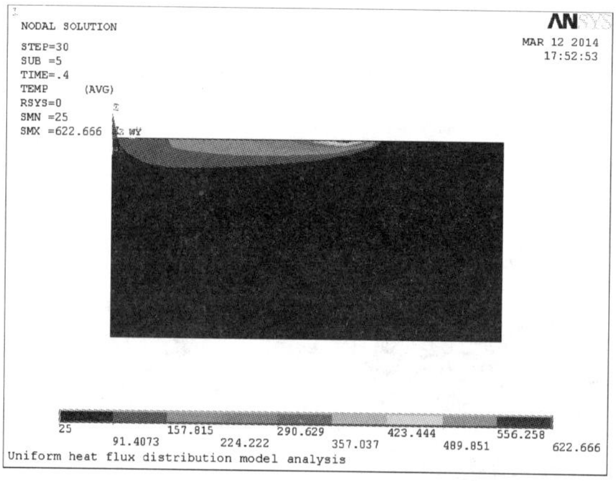

图 8-34　横截面温度分布云图

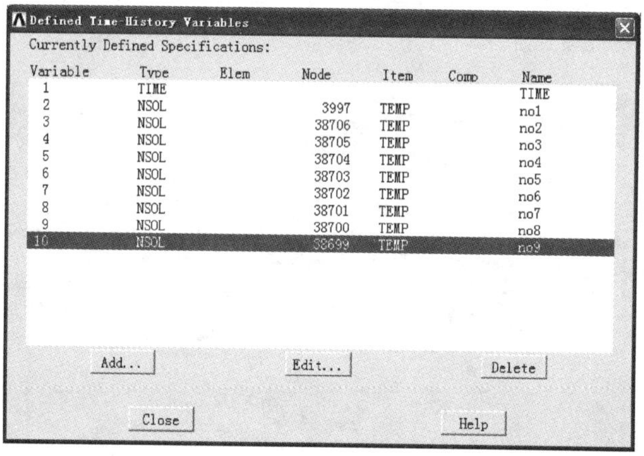

图 8-35　"Defined Time-History Variables" 对话框

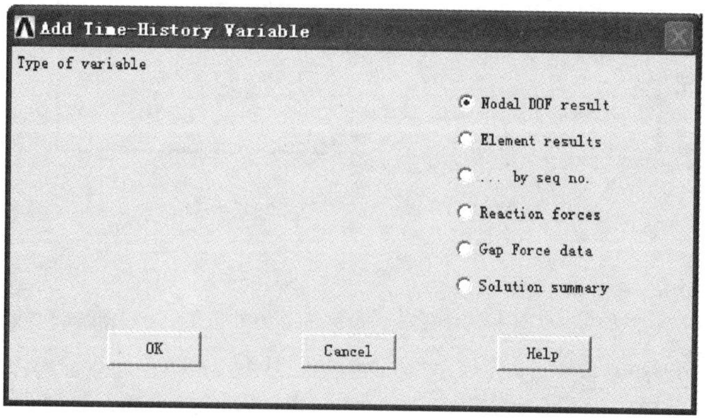

图 8-36　"Add Time-History Variables" 对话框

按上述方法，依次选择磨削表面上不同位置的几个节点的温度随时间的变化数据，并分别命名为 no1、no2、no3、no4、no5 等。

选择 Main Meun > TimeHist Postpro > Graph Vabriables，弹出 "Graph Time-History Variables" 对话框，如图 8-39 所示，依次输入相应的变量参考值，单击 "OK"，得到磨削表面

不同位置各点磨削温度随时间变化的曲线，如图 8-40 所示。

依次选择工件不同深度各点的温度随时间变化的数据，可得到如图 8-41 所示曲线。

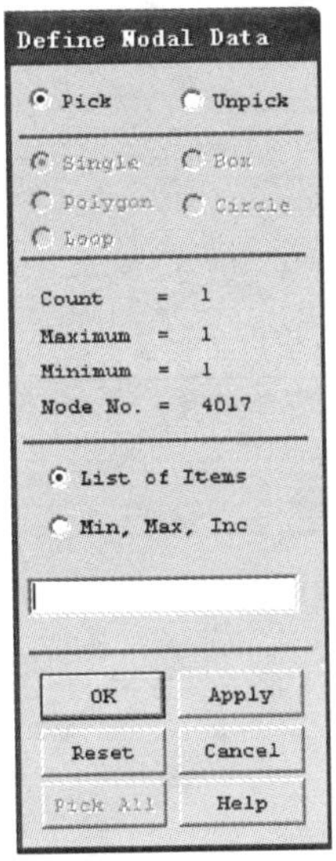

图 8-37　弹出“Define Nodal Data”对话框

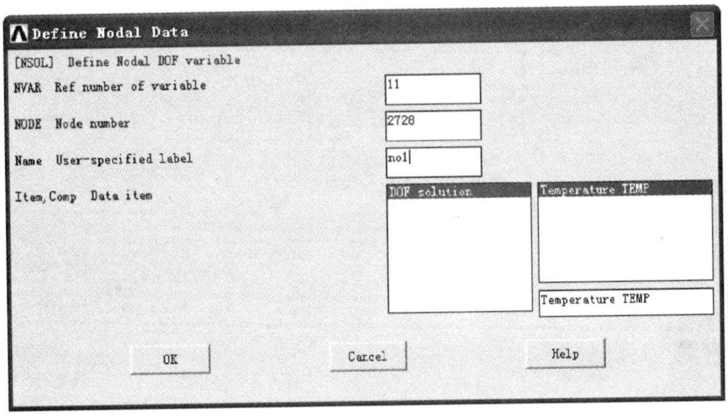

图 8-38　编辑所选数据

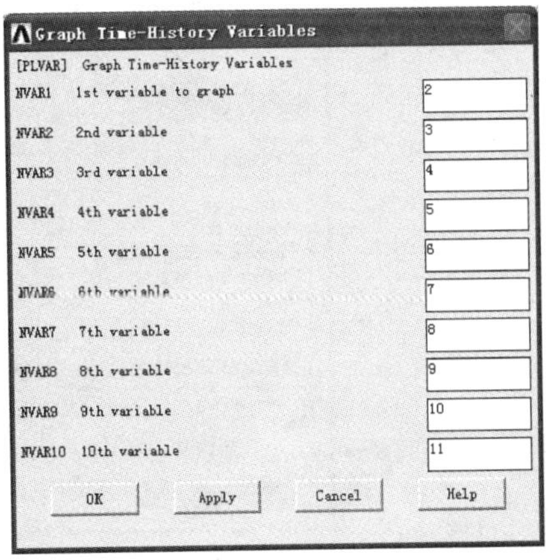

图 8-39　“Graph Time-History Variables”对话框

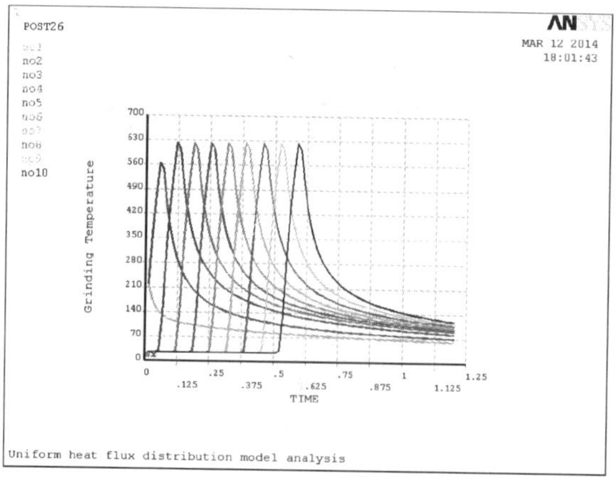

图 8-40　磨削表面不同位置各点的温度随时间变化的曲线

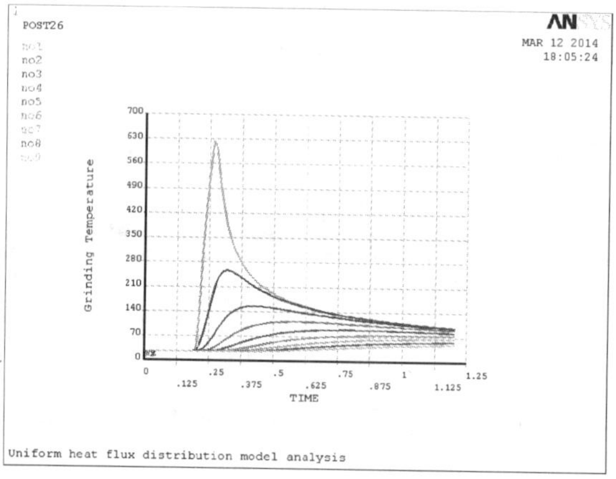

图 8-41　工件表面下不同深度各点的温度随时间变化的曲线

8.1.3　三角形热源模型分析

1. 读取工件模型

选择 Utility Menu > File > Resume From，弹出“Resume Database”对话框，在“Resume Database From”下面的输入栏中输入“workpiece model . db”，如图 8-42 所示，单击“OK”，读取工件模型。

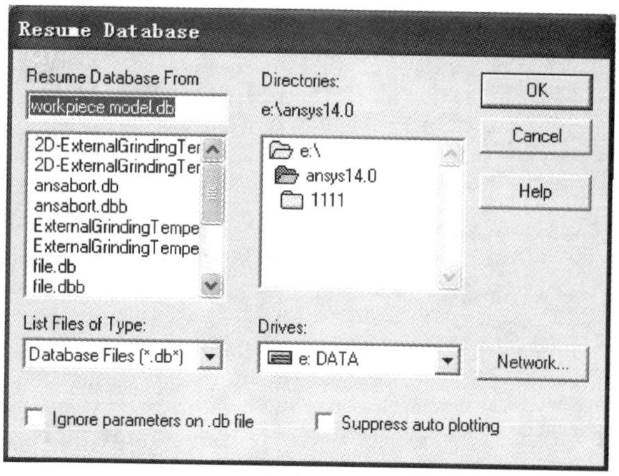

图 8-42　“Resume Database”对话框

2. 输入参数

选择 Utility Menu > Parameters > Scalar Parameters，弹出“Scalar Parameters”对话框，依次输入“AP（磨削深度）= 1.0E-4、B（砂轮宽度）= 0.02、DS（砂轮直径）= 0.2、E（热分配比）= 0.62、

ESIZE（单元尺寸）=4E-4、FT（切向磨削力）=85、VS（砂轮线速度）=45、VW（工件速度）=0.06、LC（接触弧长）=4.472135955E-03、QW（传入工件的热流密度）=35352234.7，如图 8-24 所示。

3. 定义三角形热源模型公式

选择 Utility Menu > Parameters > Functions > Define/Edit，弹出如图 8-43 所示“Function Editor”对话框，“Function Type”选择“Single equation”，“(X, Y, Z) interpreted in CSYS”选择“11”。在“Result”等式后面输入热流密度计算公式“2 * Qw * {Y}/lc”，该公式是在局部坐标系 11 下关于坐标 Y 的计算公式。选择 File > Save，输入公式文件名“heatflux”，单击“保存”保存公式文件。选择 File > Close，退出公式编辑对话框。

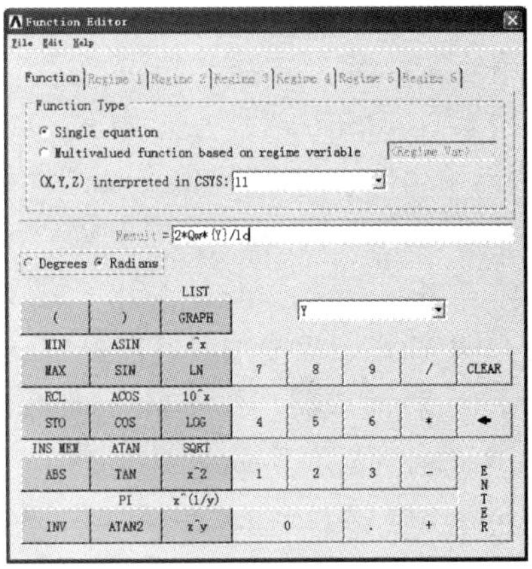

图 8-43　“Function Editor”对话框

4. 施加初始温度

选择 Main Meun > Solution > Define loads > Apply > Thermal > Temperature > Uniform temperature，在弹出的对话框中，在“Lab”中选择“TEMP”，在“VALUE”中输入 25，如图 8-25 所示，单击“OK”。

5. 设置求解选项

选择 Main Menu > Solution > Analysis Type > New Analysis，在弹出的对话框中选择“Transient”如图8-26 所示，然后单击“OK”，接受默认设置，在弹出的对话框中单击“OK”。

6. 输出控制

选择 Main Menu > Solution > Sol’n Controls，在弹出的对话框中，在“Frequency”中选择“Write every Nth substep”，如图 8-27 所示，单击“OK”。

7. 施加载荷及求解（三角形载荷）

1）创建局部坐标系。选择 Utility Menu > WorkPlane > Local Coordinate System > Create Local CS > At Specified Loc +，弹出“Create Local CS at Specified Location”对话框，如图 8-44 所示。在“Ref number of new coord sys”中输入 11，在“Type of coordinate system”中选择

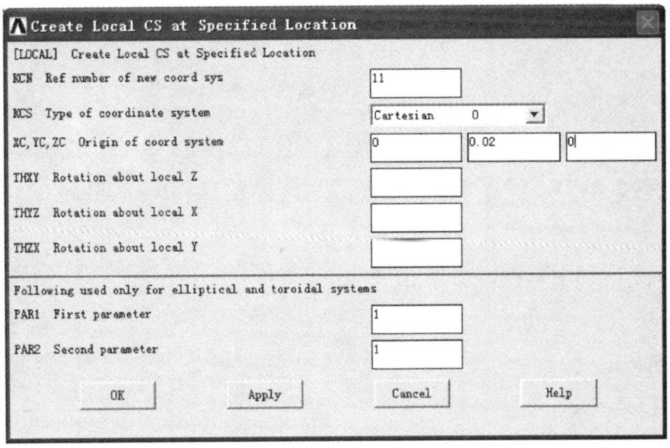

图 8-44　“Create Local CS at Specified Location”对话框

“Cartesian 0”，在“XC，YC，ZC Origin of coord system”中输入“0，0.02，0，”其他保持默认。单击“OK”关闭对话框，可以在软件图形界面上看到刚建立的局部坐标系 11。

2）选择需要加载的节点。选择 Utility Menu > Select > Entities，弹出“Select Entities”对话框如图 8-45 所示。在第一个选择框中选择“Nodes”，在第二个选择框中选择“By Location”。首先选择“Z coordinates”，在“Min，Max”输入栏中输入“0”，选择“From Full”，单击“Apply”；接着选择“X coordinates”，在“Min，Max”输入栏中输入“-0.01，0.01”，选择“Reselect”，单击“Apply”；最后选择“Z coordinates”，在“Min，Max”输入栏中输入“0，lc”，选择“Reselect”，单击“OK”结束节点选择。在局部坐标系 11 中选择了需要加载的所有节点。

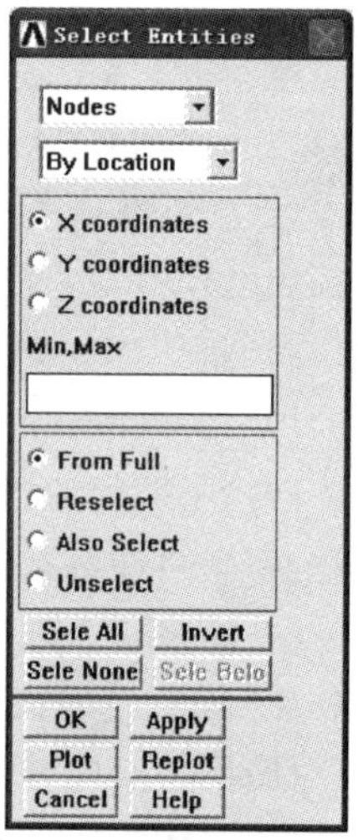

图 8-45　“Select Entities”对话框

3）施加载荷。选择 Main Menu > Solution > Define Loads > Apply > Thermal > Heat Flux > On Nodes，弹出“Apply HFLUX on Nodes”对话框，单击“Pick All”，在弹出的对话框中，“Apply HFLUX on nodes as a ”选择“Existing table”，单击“OK”。在弹出的对话框中，“Existing table”选择“HEATFLUX”，单击“OK”，得到如图8-46所示三角形热流密度加载结果。

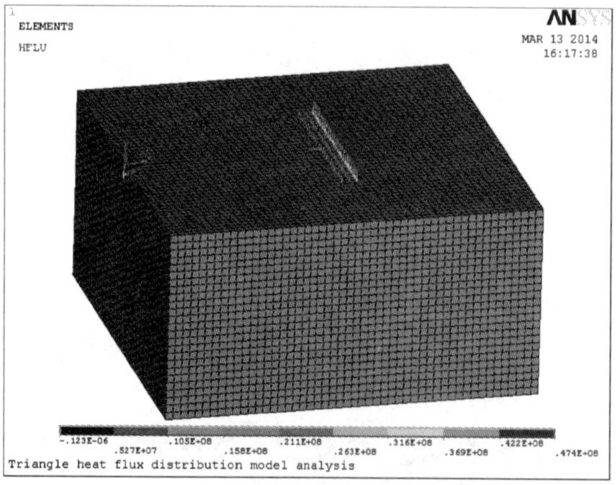

图 8-46　三角形热流密度加载结果

4）循环载荷加载及求解。为了模拟磨削工程中载荷的移动，必须加载循环载荷，而循环载荷的加载只能通过 APDL 程序实现。以下为具体的 APDL 加载及求解程序。

```
*DO,I,1,100,1
LOCAL,11,0,0,(I-1)*ESIZE,0,0,0,0,,,        ! 定义随时间移动的均布坐标系
*DEL,_FNCNAME                              ! 定义热流密度计算公式
*DEL,HEATFLUX
*DEL,_FNCMTID
*DEL,_FNC_C1
```

```
*DEL,_FNC_C2
*DEL,_FNCCSYS
*SET,_FNCNAME,'HEATFLUX'
*DIM,_FNC_C1,,1
*DIM,_FNC_C2,,1
*SET,_FNC_C1(1),QW
*SET,_FNC_C2(1),LC
*SET,_FNCCSYS,11
! /INPUT,HEATFLUX4.FUNC,,,1
*DIM,%_FNCNAME%,TABLE,6,5,1,,,,%_FNCCSYS%
!
! BEGIN OF EQUATION: 2*QW*{Y}/LC
*SET,%_FNCNAME%(0,0,1), 0.0, -999
*SET,%_FNCNAME%(2,0,1), 0.0
*SET,%_FNCNAME%(3,0,1), %_FNC_C1(1)%
*SET,%_FNCNAME%(4,0,1), %_FNC_C2(1)%
*SET,%_FNCNAME%(5,0,1), 0.0
*SET,%_FNCNAME%(6,0,1), 0.0
*SET,%_FNCNAME%(0,1,1), 1.0, -1, 0, 2, 0, 0, 17
*SET,%_FNCNAME%(0,2,1), 0.0, -2, 0, 1, -1, 3, 17
*SET,%_FNCNAME%(0,3,1),   0, -1, 0, 1, -2, 3, 3
*SET,%_FNCNAME%(0,4,1), 0.0, -2, 0, 1, -1, 4, 18
*SET,%_FNCNAME%(0,5,1), 0.0, 99, 0, 1, -2, 0, 0
! END OF EQUATION: 2*QW*{Y}/LC
ASEL,S,,,2
NSLA,S,1
SFDELE,ALL,HFLUX
ALLSEL
NSEL,S,LOC,Z,0
NSEL,R,LOC,X,-0.01,0.01
NSEL,R,LOC,Y,0,LC
SF,ALL,HFLUX,%HEATFLUX%                    ! 加载随局部坐标系 Y 坐
                                             标变化的热流密度
ALLSEL
T=I*ESIZE/VW
TIME,T
TIMINT,ON
DELTIM,0.002,0.002,0.004
AUTOTS,ON
```

```
SOLVE
*ENDDO
OUTRES,,ALL
FINISH
```

8. 查看仿真结果

选择 Main Meun > General Postproc > Read Results > By Pick，弹出结果文件，选择第 25 个载荷步，单击“Read”按钮，读取温度结果，单击“Close”关闭对话框。

选择 Main Meun > General Postproc > Plot Results > Contour Plot > Nodal Solu，弹出“Contour Nodal Solution Data”对话框，选择 Nodal Solution > DOF Solution > Nodal Temperature，单击“OK”。得到第 25 载荷步的温度分布云图，如图 8-47 所示。

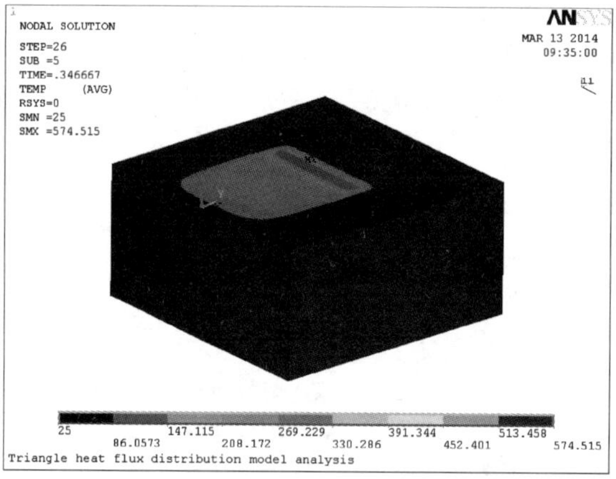

图 8-47　温度分布云图（三角形热源）

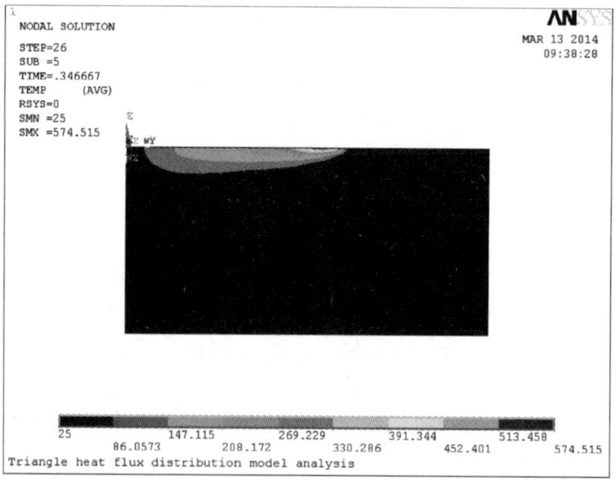

图 8-48　横截面温度分布云图（三角形热源）

选择 Utility Menu > WorkPlane > Offset WP by increments，弹出“Offset WP”对话框，将工作坐标系绕 Y 坐标轴旋转 90°。

选择 Utility Menu > PlotCtrls > Style > Hidden Line Options，弹出“Hidden-Line Options”对话框，“Type of Plot”选择“Section”，单击“OK”，得到如图 8-48 所示横截面温度分布云图。

选择 Utility Menu > Select > Entities，弹出“Select Entities”对话框，在第一个选择框中选择“Nodes”，在第二个选择框中选择“By Location”，选择“X coordinates”，在“Min, Max”输入栏中输入“0”，选择坐标为 0 的所有节点。单击“OK”退出。

选择 Main Meun > TimeHist Postpro > Define Variables，弹出“Defined Time-History Variables”对话框，单击“Add”按钮，弹出“Add Time-History Variable”对话框，选择“Nodal DOF result”选项，单击“OK”，弹出“Define Nodal Data”对话框。选择适当的节点，单击“OK”，弹出如图 8-38 所示对话框，按 8-38 所示选择相应选项，并为节点数据命名，单击“OK”结束变量定义。

按上述方法，依次选择磨削表面上不同位置的几个节点的温度随时间的变化数据，并分别命名为 no1、no2、no3、no4、no5、no6、no7、no8、no9、no10。

选择 Main Meun > TimeHist Postpro > Graph Vabriables，弹出“Graph Time-History Vabriables”对话框，依次输入相应的变量参考值，单击“OK”，得到如图 8-49 所示磨削表面不同位置各点磨削温度随时间变化的曲线。

依次选择工件不同深度处各节点的温度随时间的变化数据，可得到如图 8-50 所示工件不同深度位置磨削温度随时间变化的曲线。

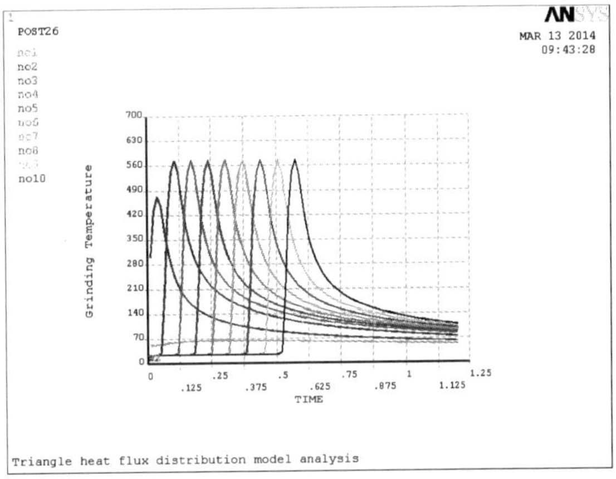

图 8-49　磨削表面不同位置各点磨削温度随时间变化的曲线（三角形热源）

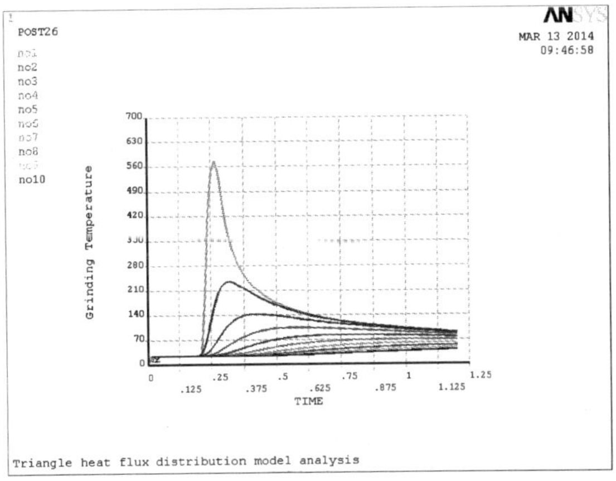

图 8-50　工件不同深度位置磨削温度随时间变化的曲线（三角形热源）

8.2 外圆磨削温度分析实例

8.2.1 磨削条件

1）砂轮型号：采用外圆切入磨削，砂轮型号为陶瓷结合剂 CBN 砂轮，砂轮直径为 400mm，宽度为 15mm，粒度为 F120，埋入率为 2/3 ~ 4/5，磨料层厚度为 5mm，采用金刚石滚轮修整。

2）工件材料：SUS304B 不锈钢，外径为 40mm，长度为 300mm。

3）测量装置：通过 Kistle 外圆测力仪测量磨削力。

4）冷却系统：采用 SY-1 水基磨削液，供液压力为 8MPa。

5）磨削参数：磨削参数见表 8-5。

表 8-5　磨削参数

砂轮线速度 v_s/(m/s)	工件速度转速 n /(r/min)	磨削深度 a_p /mm	切向磨削力 F_t /N	传入工件的热比率 R_w
45	120	0.2	110	≈0.25

工件、磨粒热性能参数见表 8-6 和表 8-7。

表 8-6　工件热性能参数

温度/℃	导热系数 κ_w /[W/(m·K)]	比热容 c_w /[J/(kg·K)]	密度 ρ_w/(kg/m³)
20	16	450	7930
50	17	462	
100	18	473	
200	19	495	
400	20	561	
500	22	612	
600	23	687	
700	23	814	
900	25	689	

表 8-7　磨粒热性能参数

材料	κ/[W/(m·K)]	ρ/(kg/m³)	比热容 c/[J/(kg·℃)]
CBN	240	3480	506

为了简化计算，对外圆磨削温度进行二维仿真，仿真过程中分别计算了均匀分布热源模型和三角形分布热源模型的温度结果。

8.2.2 操作过程

1. 创建物理环境

（1）过滤图形界面　从主菜单中选择 Main Menu > Preferences，弹出 “Preferences for

GUI Filtering”对话框，选择“Thermal”，对后面的分析进行菜单及相应的图形界面过滤。

（2）定义工作标题 从实用菜单中选择 Utility Menu > File > Change Title，在弹出的对话框中输入“Analysis of External Grinding”，单击“OK”。

（3）指定工作名 从实用菜单中选择 Utility Menu > File > Change Jobname，弹出一个对话框，在“Enter new Name”中输入“2D-External Grinding Temperature”，勾选“New log and files”复选框，单击“OK”。

（4）定义单元类型和选项 从主菜单中选择 Main Menu > Preprocessor > Element Type > Add/Edit/Delete，弹出“Element Types”单元对话框，单击“Add”按钮，弹出“Library of Element Types”对话框。

在该对话框左面滚动栏中选择“Solid”，在右边的滚动栏中选择“Axi-har 4node 75”，单击“OK”，定义了“PLANE75”单元。

（5）定义材料属性 从主菜单中选择 Main Menu > Preprocessor > Material Props > Material Models，弹出“Define Material Model Behavior”对话框，在右边的栏中依次单击“Thermal > Conductivity > Isotropic”后，弹出“Coductivity for Material Number 1”对话框。单击“Add Temperature”，在对话框中“Temperature”后面的输入栏中依次输入“20、100、200、300、400、500、600、700、800、900”，在“KXX”后面的输入栏中依次输入“16、17、18、20、21、22、22、23、23、25”。单击“Coductivity for Material Number 1”对话框中的“Graph”按钮，弹出导热系数随温度的变化曲线，如图 8-51 所示。

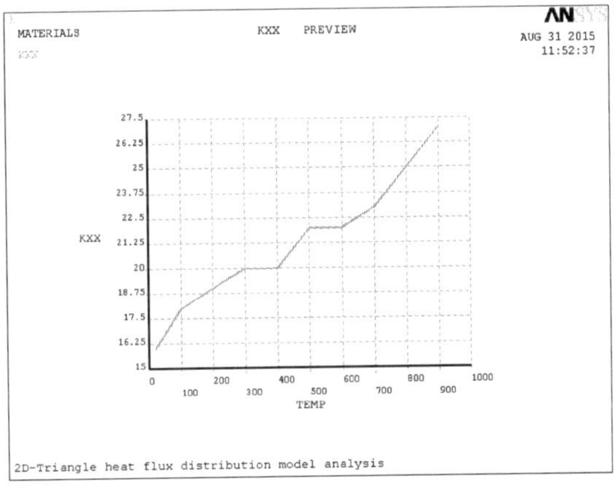

图 8-51 SUS304 不锈钢导热系数随温度的变化

单击“Thermal > Specific Heat”后弹出“Specific Heat for Material Number 1”对话框，单击“Add Temperature”，在对话框中“Temperature”后面的输入栏中依次输入“20、100、200、300、400、500、600、700、800、900”，在“C”（比热容）后面的输入栏中依次输入“462、473、495、524、561、612、687、814、689、619”。单击“Specific Heat for Material Number 1”对话框中的“Graph”按钮，弹出比热容随温度的变化曲线，如图 8-52 所示。

单击“Thermal > Density”后弹出“Density for Material Number 1”对话框，在该对话框中“DENS”后面的输入栏中输入“7930”，单击“OK”。

单击“Material > Exit”结束材料属性定义。

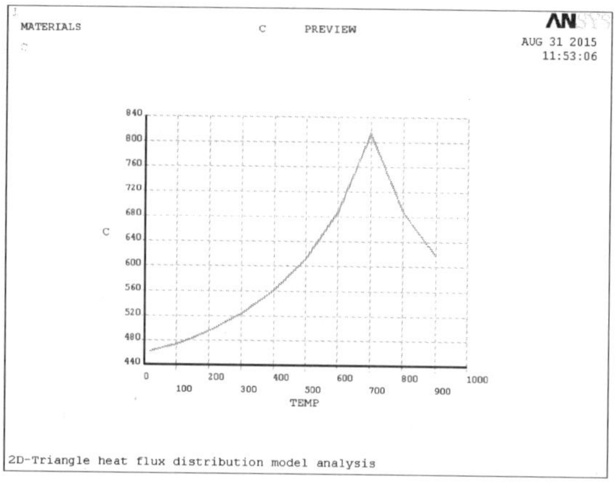

图 8-52　SUS304 比热容随温度的变化曲线

2. 输入参数

选择 Utility Menu > Parameters > Scalar Parameters，弹出“Scalar Parameters”对话框，依次输入表 8-8 所示参数。

表 8-8　仿真过程需要用到的参数及数值

符号	数值	符号	数值
Pi	3.14	Ft	110
Ap	0.2e-3	Num	400
Vs	45	W	Ft * Vs
n	2	Qt	W/(b * lc)
b	0.015	E	0.3
Ds	0.4	Qw	E * Qt
DWO	0.04	ESIZE	360/NUM
DWI	0.03	Ref	(2 * lc/DWO) * 180/pi
Lc	SQRT(Ap * Ds * DWO/(Ds + DWO))		

3. 建立模型、赋予特性并划分网格

（1）建立模型　选择 Main Menu > Preprocessor > Modeling > Create > Keypoints > In Active CS，弹出“Create Keypoints in Active Coordinate System”对话框，如图 8-53 所示，在“Keypoints number”后面输入“10”，在“X，Y，Z Location inactive CS”后面输入“0.1，DWI/2，0”，单击“Apply”。接着在“Keypoints number”后面输入“20”，在“X，Y，Z Location inactive CS”后面输入“0.1，DWO/2，0”，单击“Apply”。在“Keypoints number”后面输入“30”，在“X，Y，Z Location inactive CS”后面输入“0.1，0，0”，单击“Apply”。在“Keypoints number”后面输入“40”，在“X，Y，Z Location inactive CS”后面输入“0.1，0，0.01”，单击“OK”。

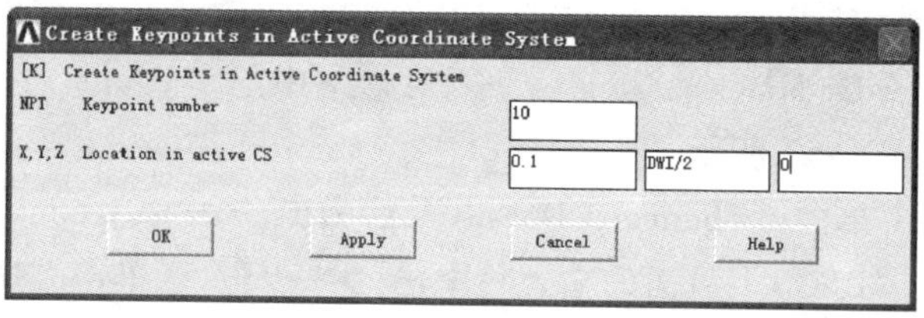

图 8-53　“Create Keypoints in Active Coordinate System”对话框

选择 Main Menu > Preprocessor > Modeling > Create > Lines > Lines > Straight Line，弹出“Create Straight Line”对话框，用鼠标依次选择 10 号和 20 号“Keypoint”，单击“OK”。

选择 Main Menu > Preprocessor > Modeling > Operate > Extrude Line，弹出“Extrude Line”对话框，用鼠标选择刚刚建立的直线，单击“OK”，然后用鼠标依次选择前面建立的 30 号和 40 号“Keypoint”，再单击“OK”得到内径为 DWI、外径为 DWO 的圆环，如图 8-54 所示

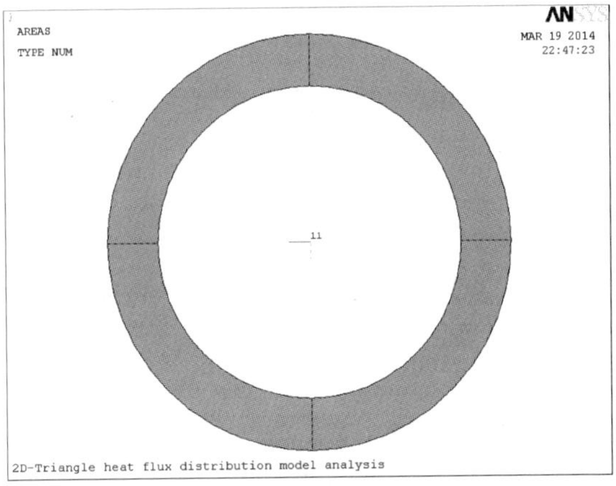

图 8-54　外圆磨削温度仿真几何模型

选择 Main Menu > Preprocessor > Modeling > Operate > Booleans > Glue > Areas，在弹出的对话框中选择“Pick All”，完成面的粘接。

（2）赋予特性　选择 Main Menu > Preprocessor > Meshing > Mesh Attributes > Default Attribs，弹出 Mesh Attributes 对话框，在“TYPE”选项后面选择“1 PLANE75”，在“MAT”选项后面选择“1”，其他保持默认，单击“OK”按钮。

（3）网格划分　设置单元密度，选择 Main Menu > Preprocessor > Meshing > Size Cntrls > ManualSize > Lines > Picked Lines，在弹出的对话框中选择“Min，Max，Inc”选项，在下面的输入栏中输入“1，4，1”，单击“OK”弹出“Element Sizes on Picked Lines”对话框，在“NDIV”后的输入栏中输入“20”，单击“OK”退出对话框。

选择 Main Menu > Preprocessor > Meshing > Size Cntrls > ManualSize > Lines > Picked Lines，在弹出的对话框中选择“Min，Max，Inc”选项，在下面的输入栏中输入“5，12，1”，单击“OK”。弹出“Element Sizes on Picked Lines”对话框，在“NDIV”后的输入栏中输入“100”，单击“OK”。

选择 Main Menu > Preprocessor > Meshing > Mesh > Areas > Mapped > 3 or 4 sided，弹出“Mesh Areas”对话框，单击“Pick All”，得到有限元模型如图 8-55 所示。

4. 保存

选择 Utility Menu > Select > Everything，然后选择 Utility Menu > File > Save as，弹出“Save DataBase”对话框，在“Save DataBase to”下面的输入栏中输入“excircle model . db”，单击“OK”退出。

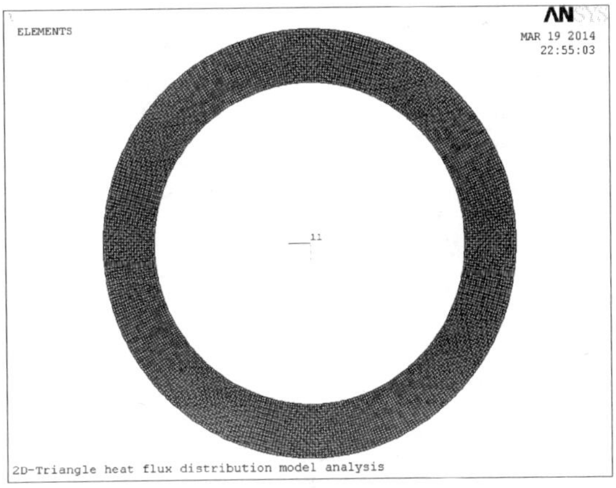

图 8-55　外圆磨削温度仿真有限元模型

5. 施加初始温度

选择 Main Meun > Solution > Define loads > Apply > Thermal > Temperature > Uniform temperature，在弹出的对话框中，在“Lab”中选择“TEMP”，在“VALUE”中输入“25”，单击“OK”。

6. 设置求解选项

选择 Main Menu > Solution > Analysis Type > New Analysis，在弹出的对话框中，选择“Transient”，然后单击“OK”，接受默认设置，在弹出的对话框中单击“OK”。

7. 输出控制

选择 Main Menu > Solution > Sol'n Controls，在弹出的对话框中，在“Frequency”中选择“Write every substep”，单击“OK”。

8. 施加载荷及求解

为了模拟磨削过程中工件的运动，需要利用 ANSYS 软件 DO 循环语句对工件进行循环加载。

施加均布热源的热流载荷加载结果如图 8-56 所示，施加三角形热源的热流载荷分布结果如图 8-57 所示。

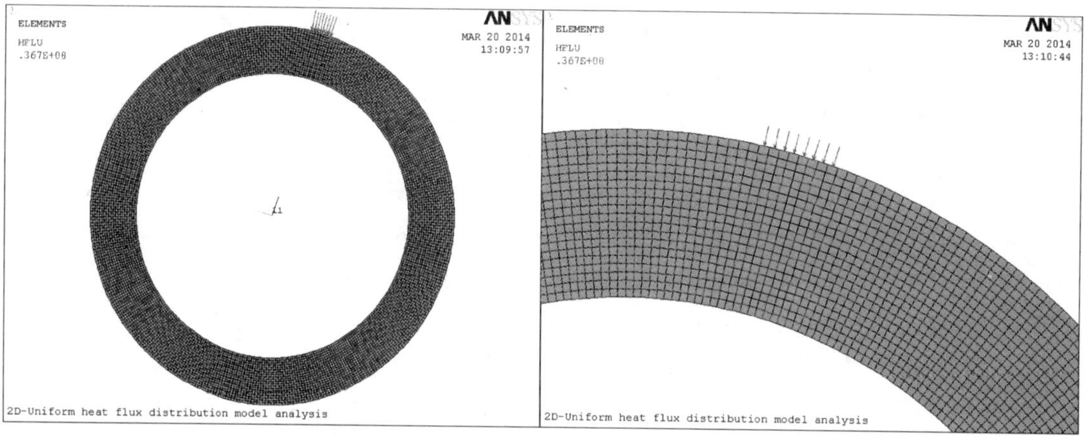

图 8-56　热流载荷加载结果（均布热源）

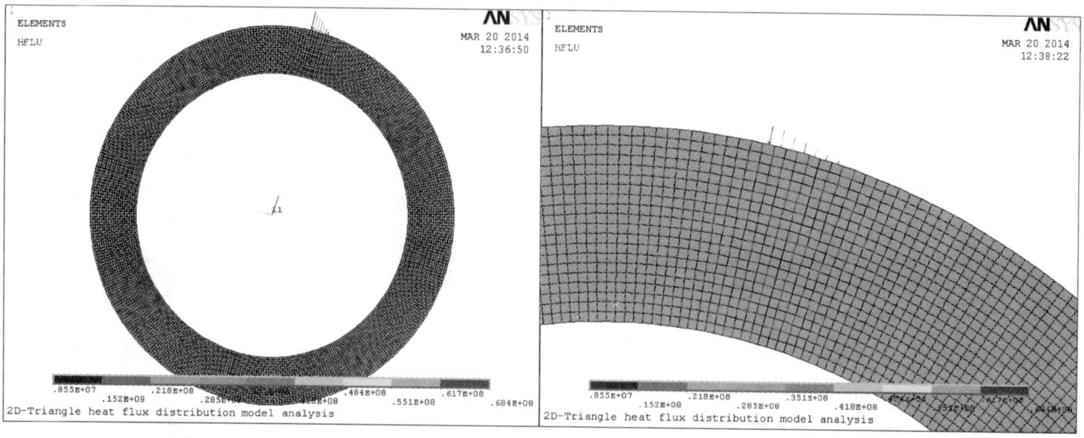

图 8-57　热流载荷加载结果（三角形热源）

9. 查看仿真结果

选择 Main Meun > General Postproc > Read Results > By Pick，弹出结果文件，选择第 800 个载荷步，单击“Read”按钮，读取温度结果，单击“Close”关闭对话框。

选择 Main Meun > General Postproc > Plot Results > Contour Plot > Nodal Solu，弹出“Contour Nodal Solution Data”对话框，选择 Nodal Solution > DOF Solution > Nodal Temperature，单击“OK”。得到第 800 载荷步的温度分布云图如图 8-58 和图 8-59 所示。

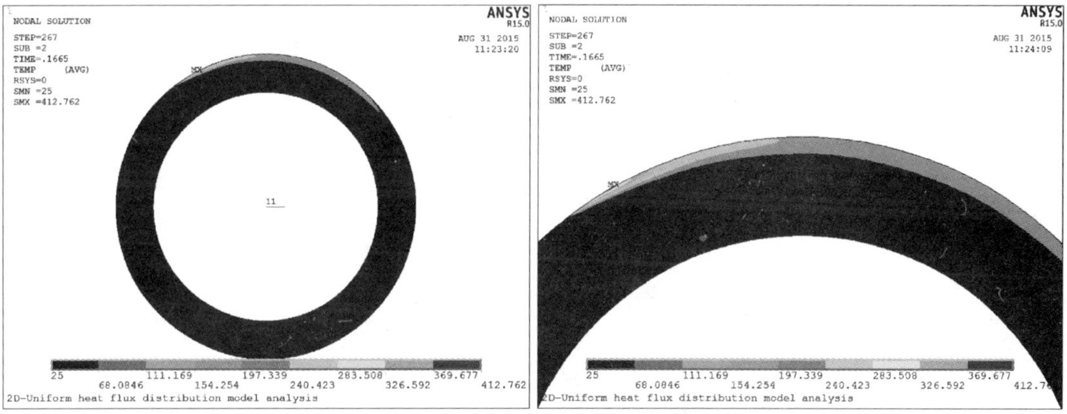

图 8-58　磨削温度云图（均布热源）

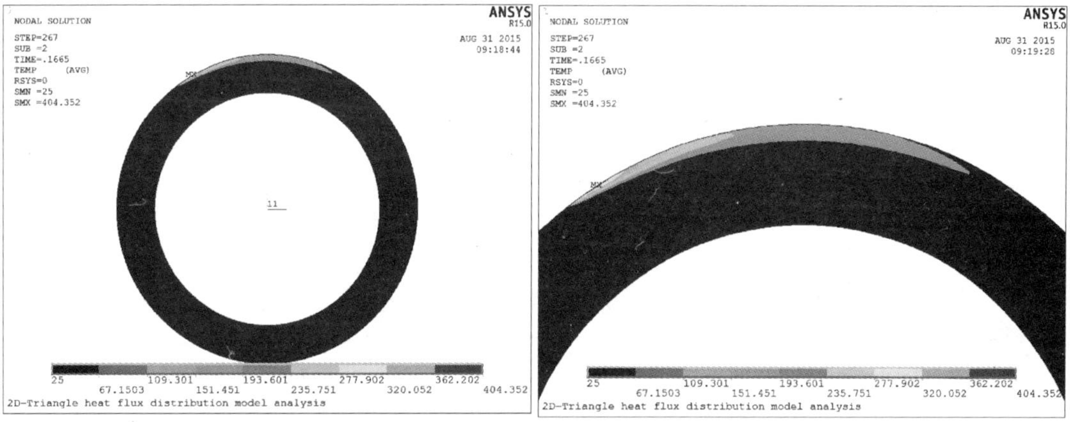

图 8-59　磨削温度云图（三角形热源）

选择 Utility Menu > Select > Entities，弹出“Select Entities”对话框，在第一个选择框中选择“Nodes”，在第二个选择框中选择“By Location”，选择“X coordinates”，在“Min，Max”下面的输入栏中输入“DWO/2”，选择外圆表面上的所有节点。单击“OK”退出对话框，选择结果如图 8-60 所示。

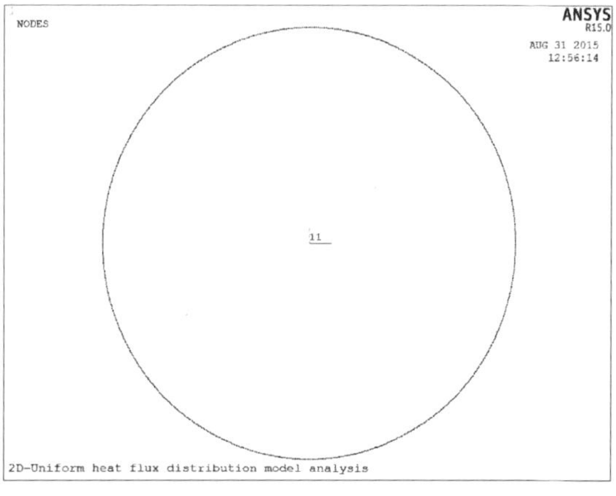

图 8-60　通过坐标选择节点结果

选择 Main Meun > General Postproc > Path Operations > Define Path > By Nodes，依次选择如图 8-61 中的节点，单击“OK”，弹出如图 8-62 所示对话框，在该

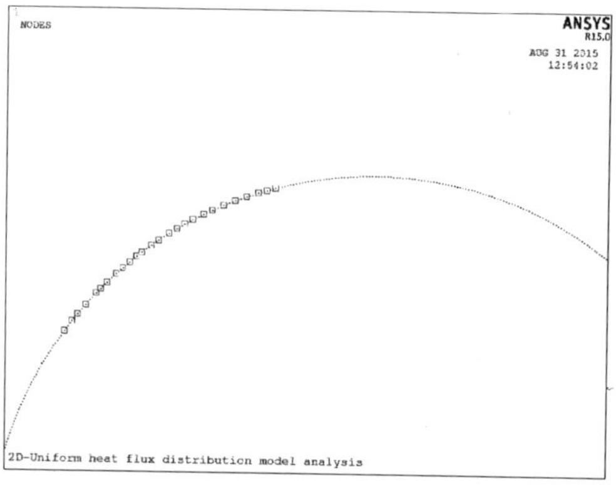

图 8-61　通过节点创建路径

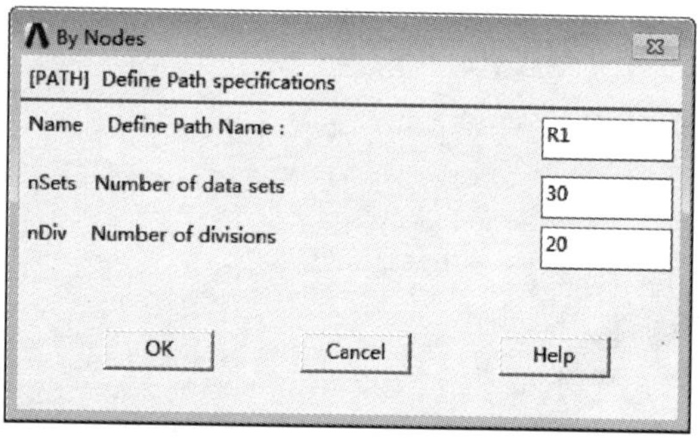

图 8-62　输入路径名称

对话框的“Name”栏中输入路径名，单击“OK”。

选择 Main Meun > General Postproc > Path Operations > Map onto Path，弹出“Map Result Items onto Path”对话框，如图 8-63 所示，在“Lab”一栏中输入“T1”，在“Item Comp”一栏中选择“DOF solution > Temperature TEMP”，单击“OK”。

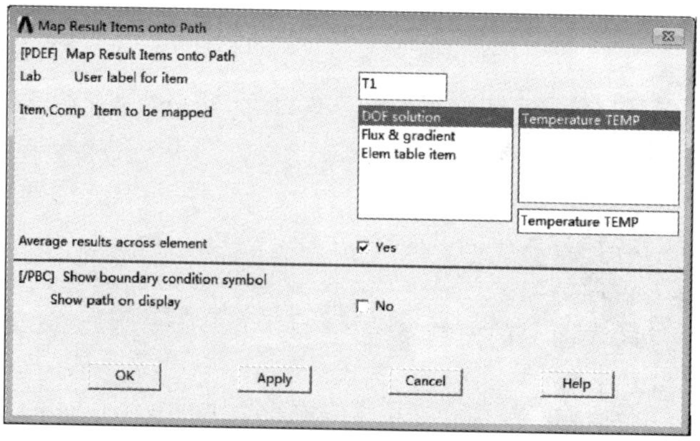

图 8-63　“Map Result Items onto Path”对话框

选择 Main Meun > General Postproc > Path Operations > Plot Path Item > On Graph，弹出“Plot of Path Items on Graph”对话框，如图 8-64 所示，选择上一步映射的路径“T1”，单击“OK”，得到磨削过程中接触弧长内磨削温度分布，如图 8-65 和图 8-66 所示。

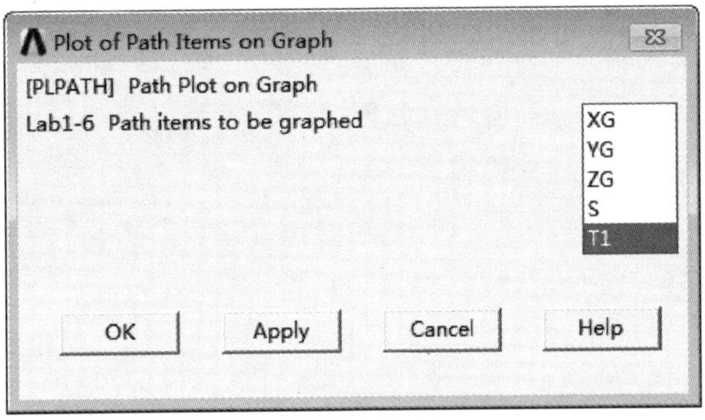

图 8-64　“Plot of Path Items on Graph” 对话框

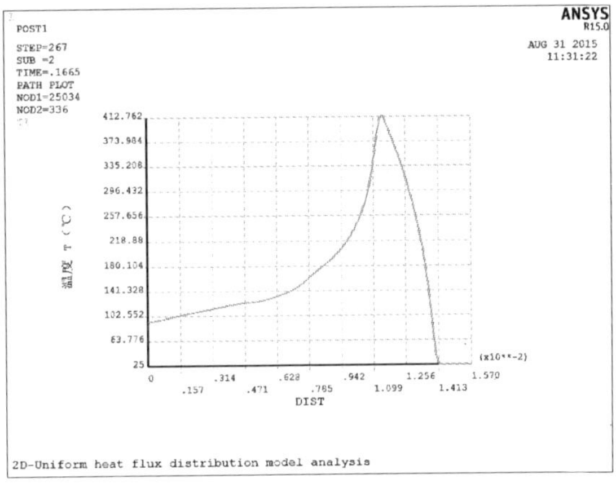

图 8-65　接触弧长内磨削温度分布（均布热源）

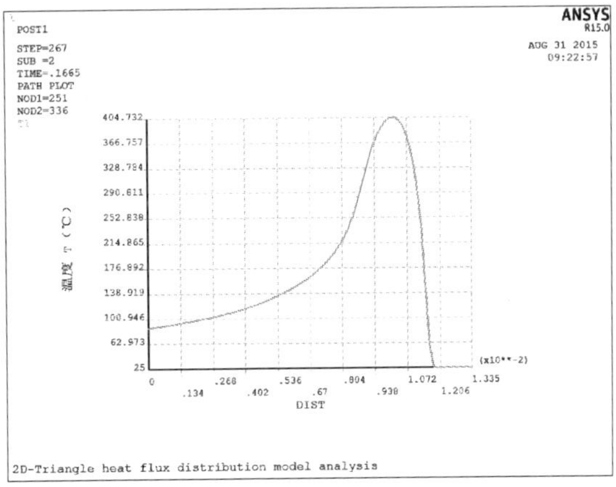

图 8-66　接触弧长内磨削温度分布（三角形热源）

选择 Main Meun > TimeHist Postpro > Define Variables，弹出 “Defined Time-History Variables” 对话框，单击 “Add”，弹出 “Add Time-History Variables” 对话框。选择 “Nodal DOF result” 选项，单击 “OK”，弹出 “Define Nodal Data” 对话框。在外圆面上均匀地选择八个节点，定义随时间变化的节点结果。

选择 Main Meun > TimeHist Postpro > Graph Vabriables，弹出“Graph Time-History Vabriables”对话框，依次输入相应的变量参考值，单击“OK”，得到如图 8-67 和图 8-68 所示磨削表面不同位置处各点磨削温度随时间变化的曲线。

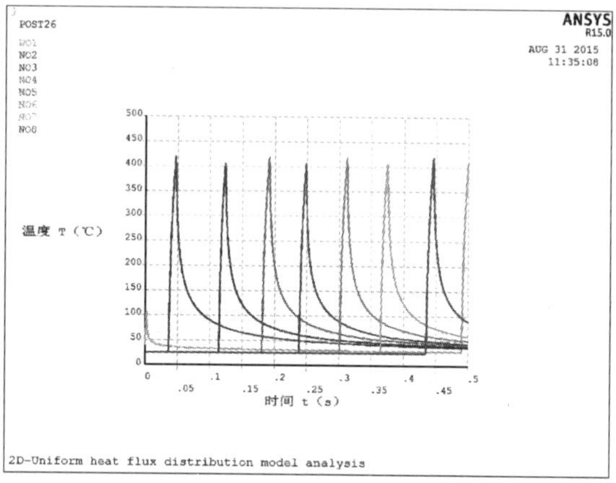

图 8-67　磨削表面不同位置处各点磨削温度随时间变化的曲线（均布热源）

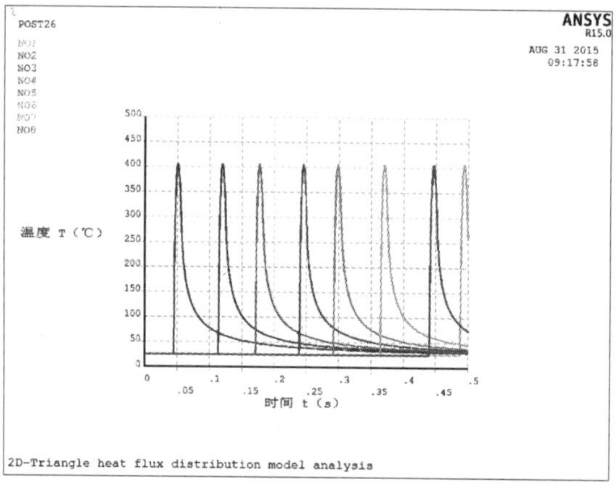

图 8-68　磨削表面不同位置处各点磨削温度随时间变化的曲线（三角形热源）

8.2.3　具体有限元仿真 APDL 程序

1. 均布热源

```
FINISH
/CLEAR
/CONFIG,NRES,100000
/FILNAME,2D-EXTERNAL GRINDING TEMPERATURE,1
/TITLE,2D-TRIANGLE HEAT FLUX DISTRIBUTION MODEL ANALYSIS
/UNITS,SI
KEYW,PR_THERM,1                    ! 进入前处理器
/PREP7                             ! 选择平面热分析单元
ET,1,PLANE75                       ! 定义随温度变化的材料热性能参数
MPTEMP,,,,,,,,
```

```
MPTEMP,1,20
MPTEMP,2,100
MPTEMP,3,200
MPTEMP,4,300
MPTEMP,5,400
MPTEMP,6,500
MPTEMP,7,600
MPTEMP,8,700
MPTEMP,9,800
MPTEMP,10,900
MPDATA,KXX,1,,16
MPDATA,KXX,1,,18
MPDATA,KXX,1,,19
MPDATA,KXX,1,,20
MPDATA,KXX,1,,20
MPDATA,KXX,1,,22
MPDATA,KXX,1,,22
MPDATA,KXX,1,,23
MPDATA,KXX,1,,25
MPDATA,KXX,1,,27
MPTEMP,,,,,,,,
MPTEMP,1,20
MPTEMP,2,100
MPTEMP,3,200
MPTEMP,4,300
MPTEMP,5,400
MPTEMP,6,500
MPTEMP,7,600
MPTEMP,8,700
MPTEMP,9,800
MPTEMP,10,900
MPDATA,C,1,,462
MPDATA,C,1,,473
MPDATA,C,1,,495
MPDATA,C,1,,524
MPDATA,C,1,,561
MPDATA,C,1,,612
MPDATA,C,1,,687
MPDATA,C,1,,814
MPDATA,C,1,,689
MPDATA,C,1,,619
MPTEMP,,,,,,,,
```

```
MPTEMP,1,0
MPDATA,DENS,1,,7930                          ! 定义参数变量
PI = 3.14
FT = 110                                     ! 切向磨削力
AP = 0.2E-3                                  ! 磨削深度
VS = 45                                      ! 砂轮线速度
B = 0.015                                    ! 砂轮宽度
N = 2                                        ! 工件转速
DS = 0.4                                     ! 砂轮直径
DWO = 0.04                                   ! 工件外径
DWI = 0.02                                   ! 工件内径
LC = SQRT(AP * DS * DWO/(DS + DWO))          ! 接触弧长
NUM = 400
W = FT * VS                                  ! 磨削消耗功率
QT = W/(B * LC)                              ! 计算总热流量
E = 0.25                                     ! 传入工件的热比率
QW = E * QT                                  ! 传入工件的平均热流量
ESIZE = 360/NUM                              ! 定义单元尺寸
REF = (2 * LC/DWO) * 180/PI                  ! 接触弧长对应的圆心角
                                             ! 创建几何模型
K,10,0,DWI/2,,
K,20,0,DWO/2,,
K,30,0,0,0,
K,40,0,0,0.01,
LSTR,10,20
FLST,2,1,4,ORDE,1
FITEM,2,1
FLST,8,2,3
FITEM,8,30
FITEM,8,40
AROTAT,P51X,,,,,,P51X,,360,,                 ! 回转生成环面
APLOT
FLST,2,4,5,ORDE,2
FITEM,2,1
FITEM,2,-4
AGLUE,P51X                                   ! 网格划分
LSEL,S,,,1,4,1
LESIZE,ALL,,,20
LSEL,S,,,5,12
```

```
LESIZE,ALL,,,200
MSHKEY,1
AMESH,ALL
SAVE                                    ! 进入求解器
/SOLU
ANTYPE,TRANS
KBC,1
ALLSEL
ESEL,ALL
IC,ALL,TEMP,25,
ALLSEL
*DO,I,1,800,1
LOCAL,11,1,0.1,0,0,ESIZE*(I-1),0,0,,,
LSEL,S,,,6,12,2
NSLL,S,1
SFDELE,ALL,HFLUX
ALLSEL
LSEL,S,,,6,12,2
NSLL,S,1
SFDELE,ALL,CONV
ALLSEL
NSEL,S,LOC,Y,0,REF
NSEL,R,LOC,X,DWO/2
SF,ALL,HFLUX,QW                         ! 加载均布热源
/PSF,HFLUX,,2
ALLSEL
LSEL,S,,,6,12,2
NSLL,S,1
NSEL,U,LOC,Y,0,REF
SF,ALL,CONV,10000,25                    ! 施加对流载荷
ALLSEL
T=I*ESIZE/N/360
TIME,T
TIMINT,ON
AUTOTTS,1
NSUBST,5,5,1
OUTRES,ERASE
OUTRES,ALL,ALL
SOLVE
```

```
*ENDDO
FINISH
```

2. 三角形热源

```
/SOLU
ANTYPE,TRANS
KBC,1
ALLSEL
ESEL,ALL
IC,ALL,TEMP,25,
ALLSEL
*DO,I,1,800,1                                   ! 开始加载循环(工件旋转一圈)
LOCAL,11,1,0.1,0,0,ESIZE*(I-1),0,0,,,           ! 建立转动的均布柱坐标系
                                                ! 定义热流载荷函数
*DEL,HEATFLUX
*DEL,_FNCNAME
*DEL,_FNCMTID
*DEL,_FNC_C1
*DEL,_FNC_C2
*DEL,_FNCCSYS
*SET,_FNCNAME,'HEATFLUX'
*DIM,_FNC_C1,,1
*DIM,_FNC_C2,,1
*SET,_FNC_C1(1),QW
*SET,_FNC_C2(1),REF
*SET,_FNCCSYS,11
! /INPUT,HEATFLUX.FUNC,,,1
*DIM,%_FNCNAME%,TABLE,6,5,1,,,,%_FNCCSYS%
!
! BEGIN OF EQUATION: 2*QW*{Y}/REF
*SET,%_FNCNAME%(0,0,1),0.0,-999
*SET,%_FNCNAME%(2,0,1),0.0
*SET,%_FNCNAME%(3,0,1),%_FNC_C1(1)%
*SET,%_FNCNAME%(4,0,1),%_FNC_C2(1)%
*SET,%_FNCNAME%(5,0,1),0.0
*SET,%_FNCNAME%(6,0,1),0.0
*SET,%_FNCNAME%(0,1,1),1.0,-1,0,2,0,0,17
*SET,%_FNCNAME%(0,2,1),0.0,-2,0,1,-1,3,17
*SET,%_FNCNAME%(0,3,1),0.0,-1,0,1,-2,3,3
*SET,%_FNCNAME%(0,4,1),0.0,-2,0,1,-1,4,18
```

```
*SET,%_FNCNAME%(0,5,1),0.0,99,0,1,-2,0,0
! END OF EQUATION: 2*QW*{Y}/REF
! -->
LSEL,S,,,6,12,2
NSLL,S,1
SFDELE,ALL,HFLUX
ALLSEL
LSEL,S,,,6,12,2
NSLL,S,1
SFDELE,ALL,CONV
ALLSEL
NSEL,S,LOC,X,DWO/2
NSEL,R,LOC,Y,0.01,REF
SF,ALL,HFLUX,%HEATFLUX%                    ! 施加热流载荷
ALLSEL
LSEL,S,,,6,12,2
NSLL,S,1
NSEL,U,LOC,Y,0,REF
SF,ALL,CONV,20000,25                       ! 施加对流换热载荷
ALLSEL
T=I*ESIZE/N/360
TIME,T
TIMINT,ON
AUTOTTS,1
NSUBST,5,5,1
OUTRES,ERASE
OUTRES,ALL,ALL
SOLVE
*ENDDO                                     ! 结束载荷循环
FINISH
```

8.3 齿轮成形磨削温度有限元仿真

8.3.1 磨削条件

（1）砂轮型号　成形砂轮采用诺顿 SG 砂轮，牌号为 3SG46-H12VSP，其中 SG 磨粒为 30%，Al_2O_3 磨粒为 70%，结合剂为陶瓷结合剂。砂轮的基本尺寸见表 8-9，其表面微观形貌如图 8-69 所示。

表 8-9　砂轮的基本尺寸

参数名称	参数值
砂轮初始直径 d_i/mm	150
砂轮宽度 B/mm	28
磨粒直径 r_g/μm	250 ~300
切屑宽厚比 r	10
磨粒有效接触半径 r_0/μm	10
磨粒分布密度 C/(切削刃/mm²)	2.5

图 8-69　砂轮表面微观形貌

（2）工件　采用 20CrMnTi 制成的直齿圆柱齿轮，其基本尺寸见表 8-10。

表 8-10　齿轮的基本尺寸

参　数	数值	参　数	数值
模数 m/mm	8	齿顶圆直径 d_a/mm	240
齿数 z_g	28	齿顶圆滚动角 φ_a/(°)	31.4
基圆直径 d_b/mm	210.5	齿轮渐开线长度 L/mm	15.8
分度圆直径 d/mm	224	齿宽 B_g/mm	100
齿根圆直径 d_f/mm	204		

基圆直径大于齿根圆直径，基圆内部没有渐开线，所以本实例仅分析磨削过程中基圆至齿顶这部分的磨削温度。

（3）测量装置　通过青岛青智 8962C1 型功率计测量磨削功率。

（4）冷却系统　采用 SY-1 水基磨削液，供液压力为 8MPa。

（5）磨削参数　磨削参数见表 8-11。

表 8-11　磨削参数

主轴转速/(r/min)	工作台速度/(mm/min)	径向进给深度/mm	磨削功率/kW
3800	3600	0.05	1.5

8.3.2　操作过程

1. 创建物理环境

（1）过滤图形界面　从主菜单中选择 Main Menu > Preferences，弹出 "Preferences for GUI Filtering" 对话框，选择 "Thermal"，对后面的分析进行菜单及相应的图形界面过滤。

（2）定义工作标题　从实用菜单中选择 Utility Menu > File > Change Title，在弹出的对话框中输入 "Gear Grinding Temperature"，单击 "OK"。

（3）指定工作名　从实用菜单中选择 Utility Menu > File > Change Jobname，弹出 "Change Jobname" 对话框，在 "Enter new Name" 中输入 "Gear Grinding Temperature"，勾选 "New log and files" 复选框，如图 8-70 所示，单击 "OK"。

（4）定义单元类型和选项　从主菜单中选择 Main Menu > Preprocessor > Element Type > Add/Edit/Delete，弹出 "Element Types" 对话框，单击 "Add" 按钮，弹出 "Library of Ele-

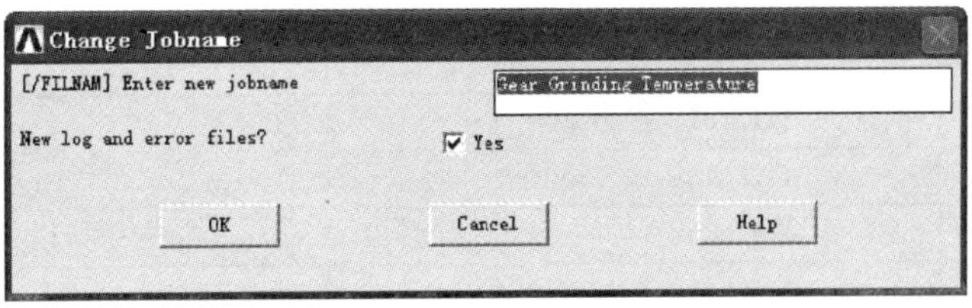

图 8-70　“Change Jobname”对话框

ment Types”对话框。

在该对话框左面滚动栏中选择“Solid”，在右边的滚动栏中选择“Solid”，在右边的滚动栏中选择“node 90”，单击“OK”，定义了“SOLID90”单元。

（5）定义材料属性　从主菜单中选择 Main Menu > Preprocessor > Material Props > Material Models，弹出“Define Material Model Behavior”对话框。在右边的栏中依次单击“Thermal > Conductivity > Isotropic”，弹出“Coductivity for Material Number 1”对话框，单击“Add Temperature”，在对话框中“Temperature”后面的输入栏中依次输入“20、100、200、300、400、500、600、700、800、900”，在“KXX”后面的输入栏中依次输入“33.27、31.72、30.52、29.56、28.70、27.86、27.02、25.83、22.89、23.04”。单击“Coductivity for Material Number 1”对话框中的“Graph”按钮，弹出“KXX”随“Temperature”的变化曲线。

单击“Thermal > Specific Heat”，弹出“Specific Heat for Material Number 1”对话框，单击“Add Temperature”，在对话框中“Temperature”后面的输入栏中依次输入“20、100、200、300、400、500、600、700、800、900”，在“C”后面的输入栏中依次输入“462、473、495、524、561、612、687、814、689、619”，单击“Specific Heat for Material Number 1”对话框中的“Graph”，弹出“C”随“Temperature”的变化曲线。

单击“Thermal > Density”，弹出“Density for Material Number 1”对话框，在该对话框中“DENS”后面的输入栏中输入“7835”，单击“OK”。

单击“Material > Exit”，结束材料属性定义。

2. 建立模型、赋予特性并划分网格　为了减小计算量，从整个齿轮中仅选取一小部分进行分析，如图 8-71 所示黑色部分。

图 8-71　实际分析模型

（1）创建关键点　选择 Main Menu > Preprocessor > Modeling > Create > Keypoints > In Active CS，弹出“Creat Keypoints in Active Coordinate System”对话框，依次输入表 8-12 所列数据。

表 8-12　关键点坐标

关键点序号	X	Y	Z
1	105.246e-3	0	0
2	106.737e-3	0.178e-3	0
3	108.218e-3	0.491e-3	0
4	109.693e-3	0.899e-3	0

（续）

关键点序号	X	Y	Z
5	111.162e-3	1.385e-3	0
6	112.626e-3	1.941e-3	0
7	114.086e-3	2.562e-3	0
8	115.541e-3	3.244e-3	0
9	116.992e-3	3.885e-3	0
10	118.439e-3	4.783e-3	0
11	119.868e-3	5.628e-3	0
12	105.246e-3	4e-3	0
13	106.737e-3	4.178e-3	0
14	108.218e-3	4.491e-3	0
15	109.693e-3	4.899e-3	0
16	111.162e-3	5.385e-3	0
17	112.626e-3	5.941e-3	0
18	114.086e-3	6.562e-3	0
19	115.541e-3	7.244e-3	0
20	116.992e-3	7.885e-3	0
21	118.439e-3	8.783e-3	0
22	119.868e-3	9.628e-3	0
31	105.246e-3	0	20e-3
32	106.737e-3	0.178e-3	20e-3
33	108.218e-3	0.491e-3	20e-3
34	109.693e-3	0.899e-3	20e-3
35	111.162e-3	1.385e-3	20e-3
36	112.626e-3	1.941e-3	20e-3
37	114.086e-3	2.562e-3	20e-3
38	115.541e-3	3.244e-3	20e-3
39	116.992e-3	3.885e-3	20e-3
40	118.439e-3	4.783e-3	20e-3
41	119.868e-3	5.628e-3	20e-3
42	105.246e-3	4e-3	20e-3
43	106.737e-3	4.178e-3	20e-3
44	108.218e-3	4.491e-3	20e-3
45	109.693e-3	4.899e-3	20e-3
46	111.162e-3	5.385e-3	20e-3
47	112.626e-3	5.941e-3	20e-3
48	114.086e-3	6.562e-3	20e-3
49	115.541e-3	7.244e-3	20e-3
50	116.992e-3	7.885e-3	20e-3
51	118.439e-3	8.783e-3	20e-3
52	119.868e-3	9.628e-3	20e-3

通过点创建线。选择 Main Menu > Preprocessor > Modeling > Create > Lines > Splines > Spline thru KPs，弹出“B-Spline”对话框，如图 8-72 所示，依次选择 1 ~ 11 号、12 ~ 22 号、

31 ~ 41 号和 42 ~ 52 号关键点，创建四条样条曲线。

选择 Menu > Preprocessor > Modeling > Create > Lines > Lines > Straight Line，弹出 “Creat Straight line” 对话框，如图 8-73 所示，依次选择 1 ~ 12 号、11 ~ 22 号、1 ~ 31 号、12 ~ 42 号、11 ~ 41 号、22 ~ 52 号、31 ~ 42 号、41 ~ 52 号关键点，创建 8 条直线。

选择 Main Menu > Preprocessor > Modeling > Create > Areas > Arbitrary > By Lines，弹出 “Create Areas by Lines” 对话框，如图 8-74 所示，依次选择 1-11-3-14、2-10-4-9、1-5-2-6、3-7-4-8、11-6-10-8、12-5-9-7 六组线创建六个面。

选择 Main Menu > Preprocessor > Modeling > Create > Volumes > Arbitrary > By Areas 弹出 “Create Volumes by Areas” 对话框，如图 8-75 所示，选择 “Pick All”。创建几何模型，如图 8-76 所示。

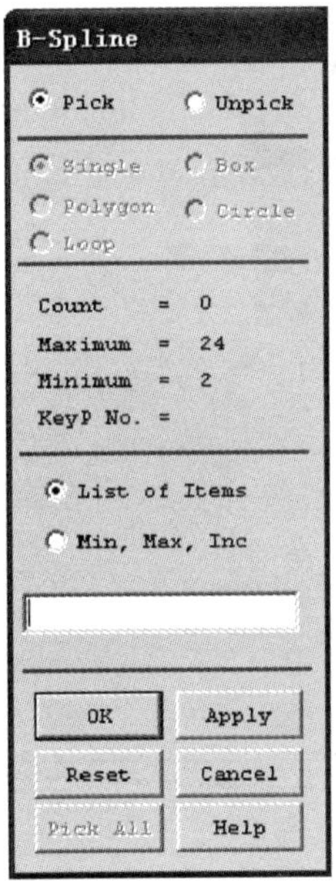

图 8-72 通过关键点创建渐开线

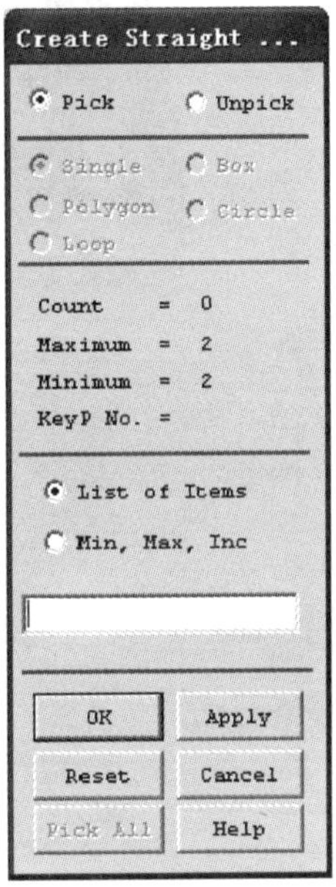

图 8-73 通过点创建直线

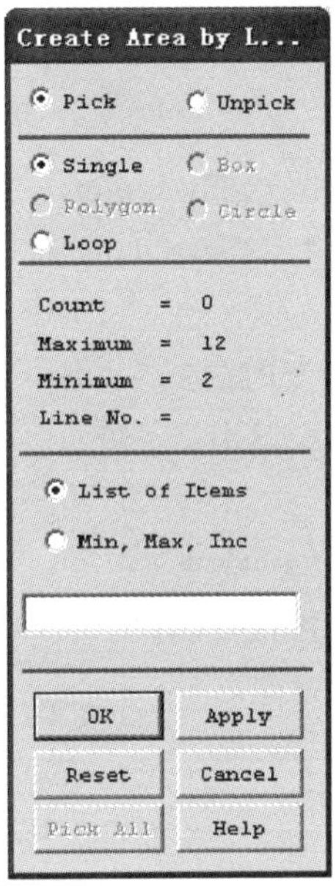

图 8-74 通过线创建面

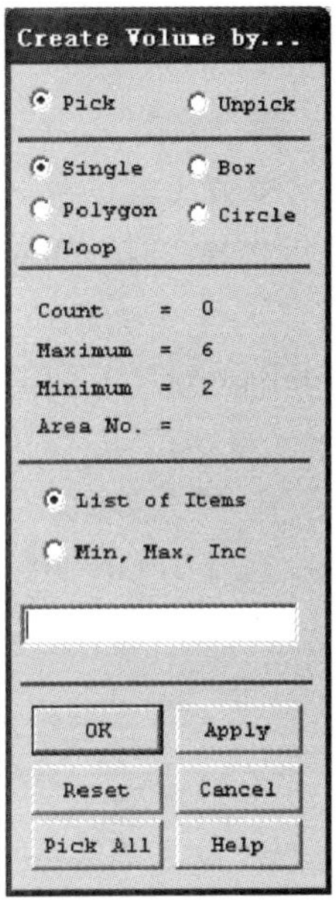

图 8-75 通过面创建选择 Main

(2) 赋予特性 选择 Main Menu > Preprocessor > Meshing > Mesh Attributes > Default Attribs，弹出 “Mesh Attributes” 对话框，TYPE 选择 “2 SOLID70”，MAT 选择 “1”，其他选择默认。单击 “OK”，结束网格属性对话框。

(3) 网格划分 设置单元密度，选择 Main Menu > Preprocessor > Meshing > Size Cntrls > ManualSize > Lines > Picked Lines，弹出 “Element Size on lines” 对话框，如图 8-20 所示。选择 3 号和 5 号线，单击 “OK” 按钮，弹出 “Element Sizes on

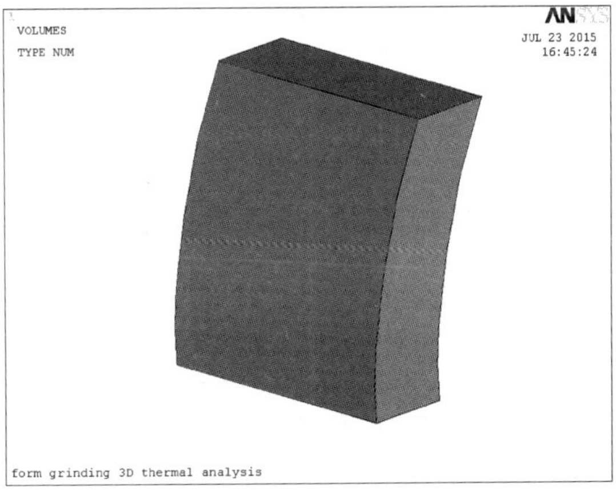

图 8-76 几何模型

Picked Lines”对话框，在“NDIV”后的输入栏中输入“15”，单击“OK”退出。

选择 Main Menu > Preprocessor > Meshing > Size Cntrls > ManualSize > Lines > Picked Lines，弹出“Element Size on lines”对话框，选择1号和4号线，单击“OK”，在弹出的“Element Sizes on Picked Lines”对话框中“NDIV”后的输入栏中输入“20”。单击“OK”退出。

选择 Main Menu > Preprocessor > Meshing > Size Cntrls > ManualSize > Lines > Picked Lines，弹出“Element Size on lines”对话框，选择10号线，单击“OK”。在弹出的“Element Sizes on Picked Lines”对话框中“NDIV”后的输入栏中输入“200”。单击“OK”退出。

选择 Main Menu > Preprocessor > Meshing > Mesh > Volumes > Mapped > 4 to 6 sided，弹出“Mesh Volumes”对话框，单击“Pick All”按钮，得到有限元模型如图8-77所示。

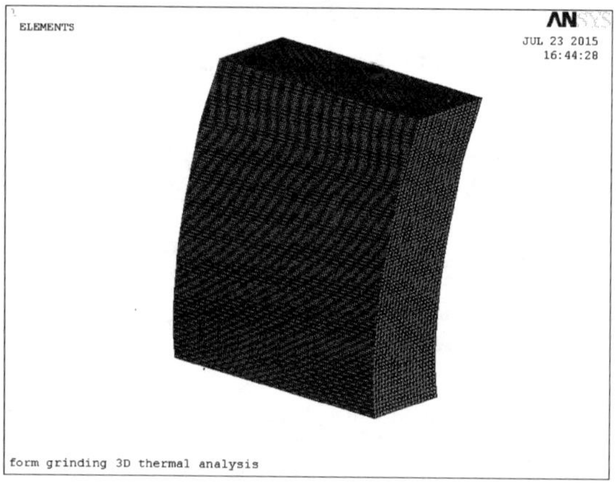

图8-77 有限元模型

3. 保存

选择 Utility Menu > Select > Everything，然后选择 Utility Menu > File > Save as，弹出“Save DataBase”对话框，在“Save DataBase to”下面的输入栏中输入“workpiece model . db”，单击OK退出。

4. 输入参数

选择 Utility Menu > Parameters > Scalar Parameters，弹出“Scalar Parameters”对话框，依次输入表8-13所列参数。

表8-13 参数输入

参 数	参数值或公式	说 明
m	8E-3	模数
z	28	齿数
a	20	压力角
pi	3.14/159265	圆周率
vs	30	砂轮线速度
vw	0.075	工件速度
ap	0.1e-3	磨削深度
P	3.356e3	功率
lc	4.6e-3	平均接触弧长
r1	m * z/2	分度圆半径
ha1	1	齿顶高系数
ra	(z+2 * ha1) * m/2	齿顶圆半径
rb	r1 * cos(a * pi/180)	基圆半径
at	acos(rb/ra)	齿顶圆压力角
h	ra-rb	齿高
L	rb * tan(at) * tan(at)/2	齿轮渐开线长度
Q	P/lc/L/2	热流密度

5. 施加初始温度

选择 Main Meun > Solution > Define loads > Apply > Thermal > Temperature > Uniform temperature，

在弹出的对话框中，在“Lab”中选择“TEMP”，在“VALUE”中输入“25”，单击“OK”。

6. 设置求解选项

选择 Main Menu > Solution > Analysis Type > New Analysis，在弹出的对话框中，选择“Transient”，然后单击“OK”，接受默认设置，在弹出的对话框中单击“OK”。

7. 输出控制

选择 Main Menu > Solution > Sol' n Controls，在弹出的对话框中，在“Frequency”中选择“Write every substep”，单击“OK”。

8. 定义三角形热源模型公式

选择 Utility Menu > Parameters > Functions > Define/Edit，弹出“Function Editor”对话框，“Function Type”中选择“Single equation”，在“（X，Y，Z）interpreted in CSYS:”中选择“12”。在“Result”等式后面输入“3 * ({X}/(RA-RB)) * ({Z}/LC) * Q * (- 129355 * {X}^3 + 3589.8 * {X}^2 - 32.351 * {X} + 0.4478”，热流密度计算公式，该公式是在局部坐标系 12 下关于坐标 Y 值和 Z 值的计算公式。选择 File > Save，输入公式文件名“heatflux”，单击“保存”，保存公式文件。选择 File > Close，退出公式编辑对话框。

9. 施加载荷并求解三角形热源模型

选择需要施加载荷的节点，选择 Main Menu > Solution > Define Loads > Apply > Thermal > Heat Flux > On Nodes，弹出“Apply HFLUX on Nodes”对话框。单击“Pick All”，在弹出的对话框中“Apply HFLUX on nodes as a”后面的选择框中选择“Existing table”，单击“OK”。在弹出的对话框“Existing table”后面选择“HEATFLUX”，单击“OK”。

为了模拟磨削过程中工件的运动，需要通过 ANSYS 软件的 DO 命令对工件进行循环加载，施加载荷的结果如图 8-78 所示。

10. 查看仿真结果

选择 Main Meun > General Postproc > Read Results > By Pick，弹出结果文件，选择第 30 个载荷步，单击“Read”，读取温度结果，单击“Close”关闭对话框。

选择 Main Meun > General Postproc > Plot Results > Contour Plot > Nodal Solu，弹出“Contour Nodal Solution Data”对话框，选择 Nodal Solution > DOF Solution > Nodal Temperature，单击“OK”。得到第 30 载荷步的温度分布云图，如图 8-79 所示。

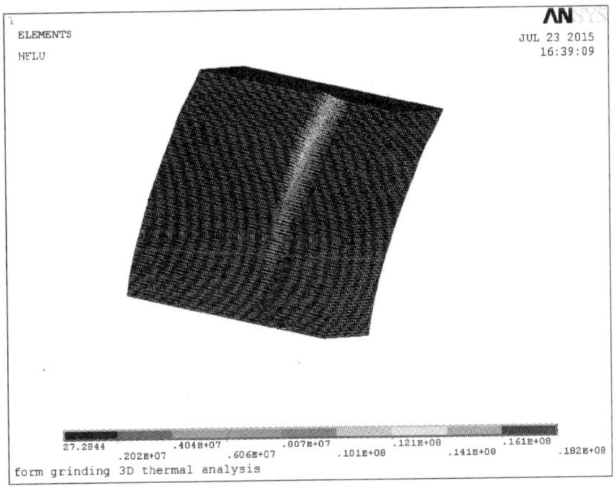

图 8-78　热流密度加载结果

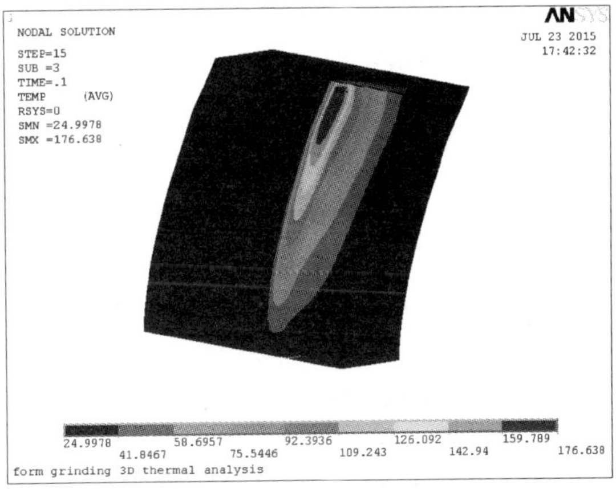

图 8-79　工件温度分布云图

选择 Select > Entities，弹出“Select Entities”对话框，如图 8-45 所示，选择“Nodes”“By Location”“Z coordinates”，在“Min，Max”输入栏中输入“lc/2”，单击“OK”，选择当前载荷步下接触弧长中部的节点。

选择 Main Meun > General Postproc > Plot Results > Path Operations > Define Path > By Nodes，弹出“By Node”对话框，从齿轮表面依次从齿底到齿顶选择所有节点，单击“OK”。选择 Main Meun > General Postproc > Plot Results > Path Operations > Map onto Path，弹出“Map Result Items onto Path”对话框，输入“lab”标签，单击“OK”。

选择 Main Meun > General Postproc > Plot Results > Path Operations > Plot Path Item > On Graph，弹出“Plot of Path Items on Graph”对话框，选择自己输入的“lab”标签，得到如图 8-80 所示沿齿轮轮廓线的磨削温度分布。

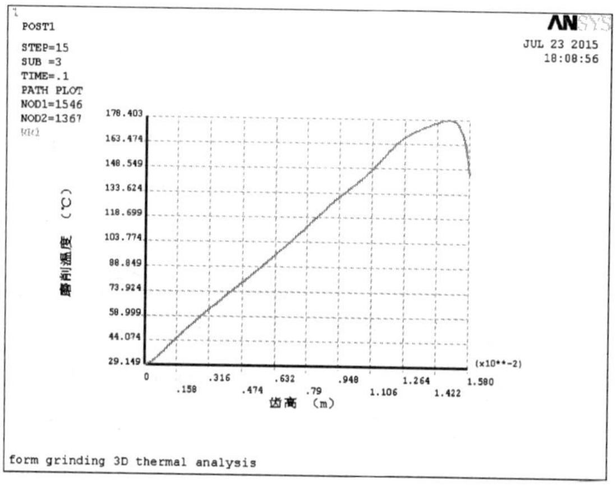

图 8-80　沿齿轮轮廓线的磨削温度分布

8.3.3　有限元仿真 APDL 程序

```
FINISH
/CLEAR
/CONFIG,NRES,100000
/FILNAME,FORM GRINDING THERMAL ANSLYSIS 1ST,1
/TITLE,FORM GRINDING 3D THERMAL ANALYSIS
/UNITS,SI
KEYW,PR_THERM,1
                                        ! 进入前处理器
/PREP7
ET,1,SOLID90                            ! 选择拟分析单元
                                        ! 定义材料属性
MP,DENS,1,7800
MP,C,1,500
MP,KXX,1,35
                                        ! 定义变量参数
```

```
M = 8E - 3                              ! 齿轮模数
Z = 28                                  ! 齿轮齿数
A = 20                                  ! 标准压力角
PI = 3.14
VS = 30                                 ! 砂轮线速度
VW = 0.075                              ! 工作台速度
AP = 0.1E-3                             ! 径向进给深度
P = 3.356E-3                            ! 磨削消耗功率
LC = 4.6E-3                             ! 平均接触弧长
R1 = M * Z/2                            ! 分度圆半径
HA1 = 1                                 ! 齿顶高系数
RA = (Z + 2 * HA1) * M/2                ! 齿顶圆半径
RB = R1 * COS(A * PI/180)               ! 基圆半径
AT = ACOS(RB/RA)                        ! 齿顶圆压力角
L = RB * TAN(AT) * TAN(AT)/2            ! 齿轮渐开线长度
Q = P/LC/L/2                            ! 总热流密度
                                        ! 建立几何模型
                                        ! 创建关键点
K,1,105.246E-3,0,,
K,2,106.737E-3,0.178E-3,,
K,3,108.218E-3,0.491E-3,,
K,4,109.693E-3,0.899E-3,,
K,5,111.162E-3,1.385E-3,,
K,6,112.626E-3,1.941E-3,,
K,7,114.086E-3,2.562E-3,,
K,8,115.541E-3,3.244E-3,,
K,9,116.992E-3,3.885E-3,,
K,10,118.439E-3,4.783E-3,,
K,11,119.868E-3,5.628E-3,,
K,12,105.246E-3,4E-3,,
K,13,106.737E-3,0.178E-3 +4E-3,,
K,14,108.218E-3,0.491E-3 +4E-3,,
K,15,109.693E-3,0.899E-3 +4E-3,,
K,16,111.162E-3,1.385E-3 +4E-3,,
K,17,112.626E-3,1.941E-3 +4E-3,,
K,18,114.086E-3,2.562E-3 +4E-3,,
K,19,115.541E-3,3.244E-3 +4E-3,,
K,20,116.992E-3,3.885E-3 +4E-3,,
K,21,118.439E-3,4.783E-3 +4E-3,,
K,22,119.868E-3,5.628E-3 +4E-3,,
```

```
K,31,105.246E-3,0,20E-3,
K,32,106.737E-3,0.178E-3,20E-3,
K,33,108.218E-3,0.491E-3,20E-3,
K,34,109.693E-3,0.899E-3,20E-3,
K,35,111.162E-3,1.385E-3,20E-3,
K,36,112.626E-3,1.941E-3,20E-3,
K,37,114.086E-3,2.562E-3,20E-3,
K,38,115.541E-3,3.244E-3,20E-3,
K,39,116.992E-3,3.885E-3,20E-3,
K,40,118.439E-3,4.783E-3,20E-3,
K,41,119.868E-3,5.628E-3,20E-3,
K,42,105.246E-3,0+4E-3,20E-3,
K,43,106.737E-3,0.178E-3+4E-3,20E-3,
K,44,108.218E-3,0.491E-3+4E-3,20E-3,
K,45,109.693E-3,0.899E-3+4E-3,20E-3,
K,46,111.162E-3,1.385E-3+4E-3,20E-3,
K,47,112.626E-3,1.941E-3+4E-3,20E-3,
K,48,114.086E-3,2.562E-3+4E-3,20E-3,
K,49,115.541E-3,3.244E-3+4E-3,20E-3,
K,50,116.992E-3,3.885E-3+4E-3,20E-3,
K,51,118.439E-3,4.783E-3+4E-3,20E-3,
K,52,119.868E-3,5.628E-3+4E-3,20E-3,
/VIEW,1,1,1,1
/ANG,1
/REP,FAST
/REPLOT,RESIZE

                                                  ! 通过关键点创建渐开线
FLST,3,11,3
FITEM,3,1
FITEM,3,2
FITEM,3,3
FITEM,3,4
FITEM,3,5
FITEM,3,6
FITEM,3,7
FITEM,3,8
FITEM,3,9
FITEM,3,10
FITEM,3,11
```

```
BSPLIN,,P51X
                                        ! 通过关键点创建渐开线
FLST,3,11,3
FITEM,3,12
FITEM,3,13
FITEM,3,14
FITEM,3,15
FITEM,3,16
FITEM,3,17
FITEM,3,18
FITEM,3,19
FITEM,3,20
FITEM,3,21
FITEM,3,22
BSPLIN,,P51X
                                        ! 通过关键点创建渐开线
FLST,3,11,3
FITEM,3,31
FITEM,3,32
FITEM,3,33
FITEM,3,34
FITEM,3,35
FITEM,3,36
FITEM,3,37
FITEM,3,38
FITEM,3,39
FITEM,3,40
FITEM,3,41
BSPLIN,,P51X
                                        ! 通过关键点创建渐开线
FLST,3,11,3
FITEM,3,42
FITEM,3,43
FITEM,3,44
FITEM,3,45
FITEM,3,46
FITEM,3,47
FITEM,3,48
FITEM,3,49
```

```
FITEM,3,50
FITEM,3,51
FITEM,3,52
BSPLIN,,P51X
                                              ! 通过关键点创建直线
LSTR,      1,      12
LSTR,     11,      22
LSTR,     31,      42
LSTR,     41,      52
LSTR,     42,      12
LSTR,     52,      22
LSTR,     41,      11
LSTR,     31,       1
                                              ! 通过线创建面
FLST,2,4,4
FITEM,2,7
FITEM,2,3
FITEM,2,8
FITEM,2,4
AL,P51X
FLST,2,4,4
FITEM,2,3
FITEM,2,11
FITEM,2,1
FITEM,2,14
AL,P51X
FLST,2,4,4
FITEM,2,8
FITEM,2,10
FITEM,2,6
FITEM,2,11
AL,P51X
FLST,2,4,4
FITEM,2,12
FITEM,2,5
FITEM,2,9
FITEM,2,7
AL,P51X
FLST,2,4,4
```

```
FITEM,2,6
FITEM,2,2
FITEM,2,5
FITEM,2,1
AL,P51X
FLST,2,4,4
FITEM,2,9
FITEM,2,2
FITEM,2,10
FITEM,2,4
AL,P51X
                                        ! 通过面创建体
FLST,2,6,5,ORDE,2
FITEM,2,1
FITEM,2,-6
VA,P51X
SAVE
/USER,  1
/REPLO
VPLOT
                                        ! 网格划分
TYPE,   1
MAT,        1
REAL,
ESYS,       0
SECNUM,
LESIZE,ALL,0.2E-3,,,,1,,,1,             ! 设置网格尺寸
CM,_Y,VOLU
VSEL,,,,        1
CM,_Y1,VOLU
CHKMSH,'VOLU'
CMSEL,S,_Y
! *
MSHAPE,0,3D
MSHKEY,1
VMESH,_Y1
MSHKEY,0
! *
CMDELE,_Y
```

```
CMDELE,_Y1
CMDELE,_Y2
! *
SAVE
                                                  ! 进入求解器
/SOLU
LSIZE=0.2E-3
KBC,1
ALLSEL
ESEL,ALL
IC,ALL,TEMP,25,
ALLSEL
                                                  ! 循环加载
*DO,I,1,30,1
LOCAL,12,1,RB,0,(I-1)*LSIZE,0,0,0,,,! 定义随时间移动的均布坐标系
ASEL,S,,,2
NSLA,S,1
SFDELE,ALL,HFLUX
ALLSEL,ALL
                                                  ! 热流分布计算函数
*DEL,_FNCNAME
*DEL,_FNCMTID
*DEL,_FNC_C1
*DEL,_FNC_C2
*DEL,_FNC_C3
*DEL,_FNC_C4
*DEL,_FNCCSYS
*SET,_FNCNAME,'HEATFLUX'
*DIM,_FNC_C1,,1
*DIM,_FNC_C2,,1
*DIM,_FNC_C3,,1
*DIM,_FNC_C4,,1
*SET,_FNC_C1(1),RA
*SET,_FNC_C2(1),RB
*SET,_FNC_C3(1),LC
*SET,_FNC_C4(1),Q
*SET,_FNCCSYS,12
! /INPUT,HEATFLUX.FUNC,,,1
*DIM,%_FNCNAME%,TABLE,6,27,1,,,,%_FNCCSYS%
```

```
!
! BEGIN OF EQUATION:
3*({X}/(RA-RB))*({Z}/LC)*Q*(-129355*{X}^3+3589.8*{X}^2-32.351*{X}+0.4478)
*SET,%_FNCNAME%(0,0,1),0.0,-999
*SET,%_FNCNAME%(2,0,1),0.0
*SET,%_FNCNAME%(3,0,1),%_FNC_C1(1)%
*SET,%_FNCNAME%(4,0,1),%_FNC_C2(1)%
*SET,%_FNCNAME%(5,0,1),%_FNC_C3(1)%
*SET,%_FNCNAME%(6,0,1),%_FNC_C4(1)%
*SET,%_FNCNAME%(0,1,1),1.0,-1,0,1,17,2,18
*SET,%_FNCNAME%(0,2,1),0.0,-2,0,1,2,4,-1
*SET,%_FNCNAME%(0,3,1),0.0,-1,0,3,0,0,-2
*SET,%_FNCNAME%(0,4,1),0.0,-3,0,1,-1,3,-2
*SET,%_FNCNAME%(0,5,1),0.0,-1,0,1,4,4,19
*SET,%_FNCNAME%(0,6,1),0.0,-2,0,1,-3,3,-1
*SET,%_FNCNAME%(0,7,1),0.0,-1,0,1,-2,3,20
*SET,%_FNCNAME%(0,8,1),0.0,-2,0,0,0,0,0
*SET,%_FNCNAME%(0,9,1),0.0,-3,0,1,0,0,-2
*SET,%_FNCNAME%(0,10,1),0.0,-4,0,1,-2,2,-3
*SET,%_FNCNAME%(0,11,1),0.0,-2,0,129355,0,0,-4
*SET,%_FNCNAME%(0,12,1),0.0,-3,0,1,-4,3,-2
*SET,%_FNCNAME%(0,13,1),0.0,-2,0,3,0,0,2
*SET,%_FNCNAME%(0,14,1),0.0,-4,0,1,2,17,-2
*SET,%_FNCNAME%(0,15,1),0.0,-2,0,1,-3,3,-4
*SET,%_FNCNAME%(0,16,1),0.0,-3,0,2,0,0,2
*SET,%_FNCNAME%(0,17,1),0.0,-4,0,1,2,17,-3
*SET,%_FNCNAME%(0,18,1),0.0,-3,0,3589.8,0,0,-4
*SET,%_FNCNAME%(0,19,1),0.0,-5,0,1,-3,3,-4
*SET,%_FNCNAME%(0,20,1),0.0,-3,0,1,-2,1,-5
*SET,%_FNCNAME%(0,21,1),0.0,-2,0,32.351,0,0,2
*SET,%_FNCNAME%(0,22,1),0.0,-4,0,1,-2,3,2
*SET,%_FNCNAME%(0,23,1),0.0,-2,0,1,-3,2,-4
*SET,%_FNCNAME%(0,24,1),0.0,-3,0,0.4478,0,0,-2
*SET,%_FNCNAME%(0,25,1),0.0,-4,0,1,-2,1,-3
*SET,%_FNCNAME%(0,26,1),0.0,-2,0,1,-1,3,-4
*SET,%_FNCNAME%(0,27,1),0.0,99,0,1,-2,0,0
! END OF EQUATION:
3*({X}/(RA-RB))*({Z}/LC)*Q*(-129355*{X}^3+3589.8*{X}^2-32.351*{X}+0.4478)
```

```
! -->
ASEL,S,,,2
NSLA,S,1
NSEL,R,LOC,Z,0,LC
SF,ALL,HFLUX,%HEATFLUX%                  ! 对接触弧内的节点时间热流载荷
ALLSEL,ALL
ANTYPE,4
TRNOPT,FULL
LUMPM,0
TIME,I*LSIZE/VW                          ! 设置加载时间
AUTOTS,1
NSUBST,5,5,1
OUTRES,ERASE
OUTRES,ALL,ALL
KBC,1
SOLVE
*ENDDO                                   ! 结束循环
```

8.4 高效深切磨削温度计算

8.4.1 磨削条件

（1）砂轮型号　采用高效深切磨削砂轮，型号为多层电镀 CBN 砂轮，砂轮直径为 350mm，砂轮宽度为 10mm，粒度为 F75 ~ F90，埋入率为 2/3 ~ 4/5，磨料层厚度为 0.5mm，采用磨石进行修锐。

（2）工件材料　采用 40Cr 钢，其材料和基本尺寸见表 8-14。

表 8-14　工件材料和基本尺寸

工件材料	40Cr	宽度 B/mm	100
长度 L/mm	100	工件高度 H/mm	22.5

（3）测量装置　通过 Kistle 9257BA 压电晶体测力仪测量磨削力。

（4）冷却系统　采用 SY-1 水基磨削液，供液压力为 8MPa。

（5）磨削参数　磨削参数见表 8-15。

表 8-15　磨削参数

砂轮线速度/(m/s)	工作台速度/(m/min)	磨削深度/mm	切向磨削力/N
180	6	2.5	225

工件和磨粒热性能参数见表 8-16。

表 8-16　工件和磨粒热性能参数

材料	κ[W/(m·K)]	ρ/(kg/m^3)	c/[J/(kg·K)]
40Cr	66.6	7860	460
CBN	240	3480	506

8.4.2　磨削温度场的有限元仿真

1. 几何模型建立和网格划分

普通平面浅磨削时，磨削深度较小，因此在磨削温度计算与数值仿真时可认为已加工表面与未加工表面重合，热源所在表面与其运动方向平行，如图 8-81 所示，$\phi=0$ 的情况。但在深磨条件下，如在大切深的缓进给磨削和超高速高效深磨中，磨削深度可达几毫米甚至几十毫米。如果将磨削接触弧简化为直线，则高效深磨时的传热情况如图 8-81 所示。热源所在表面与其运动方向之间有一个夹角 ϕ，倾斜的平面热源一面以速度 v 平移，同时热源前下方的材料不断进入磨削区被去除。显然此时不能再认为已加工表面和未加工表面是同一个表面，而应根据实际情况考虑磨削深度 a_p 对热源运动和传热条件的影响。

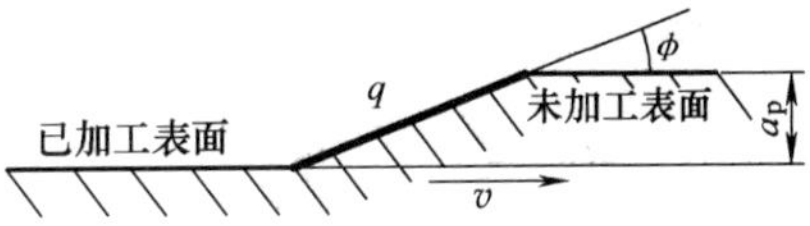

图 8-81　倾斜移动热源模型

根据上述分析，将高效深切磨削简化为图 8-82 所示，即砂轮切入区、稳定磨削区和砂轮切出区三个部分。在砂轮切入区，砂轮—工件接触弧长逐渐增大；在稳定磨削区，砂轮—工件接触弧长保持不变；在砂轮切出区，砂轮—工件接触弧长逐渐减小。各部分接触弧长计算如下

砂轮切入区

$$l_{c1}=\frac{v_w t}{\cos\phi}$$

稳定磨削区

$$l_{c2}=\sqrt{a_p D_e}$$

砂轮切出区

$$l_{c1}=\sqrt{a_p D_e}-\frac{v_w t}{\cos\phi}$$

式中　D_e——砂轮当量直径；

a_p——磨削深度；

v_w——工件进给速度。

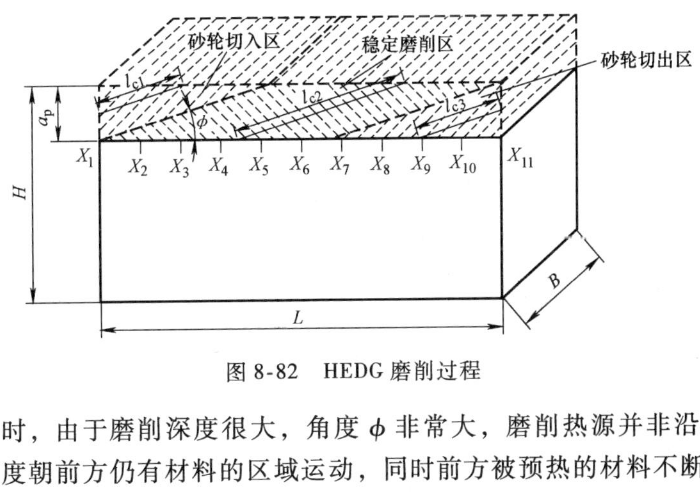

图 8-82　HEDG 磨削过程

在高效深磨时，由于磨削深度很大，角度 ϕ 非常大，磨削热源并非沿接触弧运动，而是以工件进给速度朝前方仍有材料的区域运动，同时前方被预热的材料不断被去除，即一部

分从磨削区进入工件的热量在尚未向下传入非磨削区时，就被切离的材料带走。所以在建模时，可将工件划分为有限个堆叠的薄片（图 8-83），运用 ANSYS 单元生死技术，假设薄片在每一个时间步加载后被逐步去除。为了缩短计算时间，仅取磨削工件横截面进行仿真。选择 PLANE75 平面热分析单元对上述几何模型进行网格划分，得到如图 8-84 所示有限元模型。

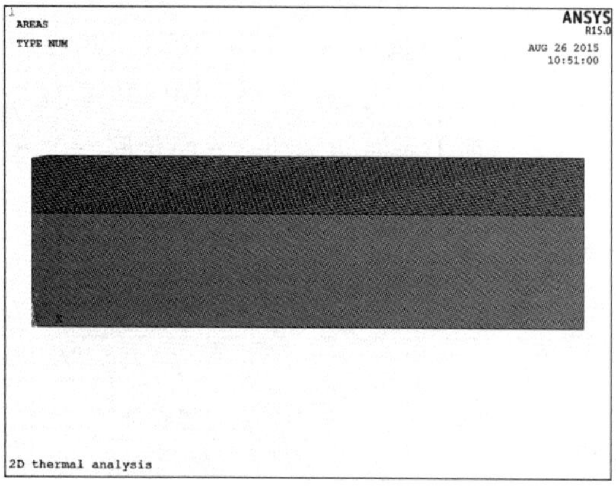

图 8-83　HEDG 几何模型

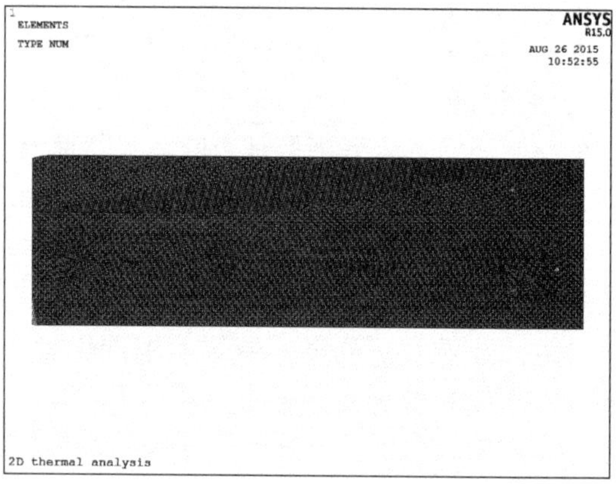

图 8-84　HEDG 有限元模型

2. 加载求解

高效深磨的磨削深度很大，因而工件—砂轮接触弧长也很大。在接触弧上，从接触前端至末端，最大未变形切屑厚度变化非常大，因此假定传入工件的热流在磨削接触区呈三角形分布，热流最强的部分在接触区的前缘入口处，则热流分布函数如下

$$q_{\mathrm{w}}(l)=\frac{2\bar{q}_{\mathrm{w}}l}{l_{\mathrm{c}}}$$

式中　$\bar{q}_{\mathrm{w}}$——平均热流密度；

　　　l_{c}——接触弧长。

利用有限元分析软件 ANSYS 的函数编辑器建立热流分布函数，通过 DO 循环实现循环加载。砂轮切入区、稳定磨削区、砂轮切出区的热流加载分别如图 8-85、图 8-86 和图 8-87 所示。

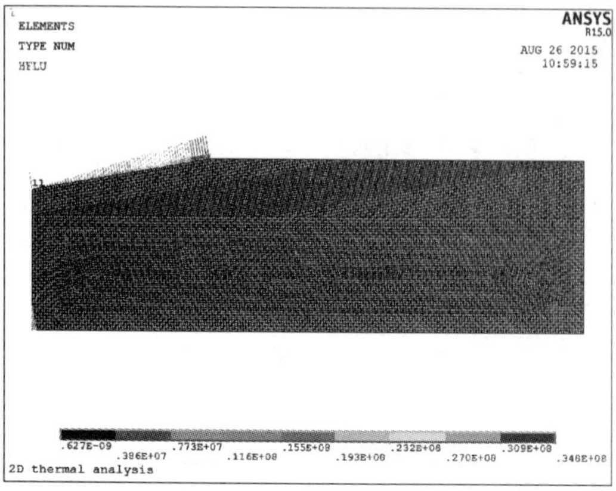

图 8-85　砂轮切入区接触弧上热流分布

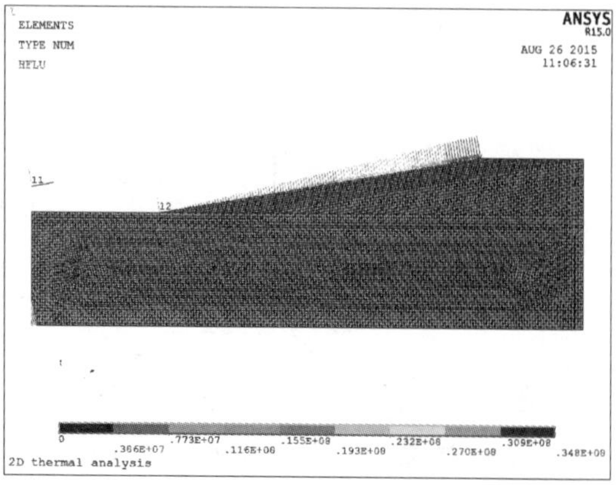

图 8-86　稳定磨削区接触弧上热流分布

3. 仿真结果

进入 ANSYS 软件通用后处理器，查看数值仿真结果，图 8-88、图 8-89 和图 8-90 分别为三个磨削阶段工件温度分布云图，最大磨削温度出现在工件—砂轮倾斜接触面上，已加工表面的温度远低于最大磨削温度。

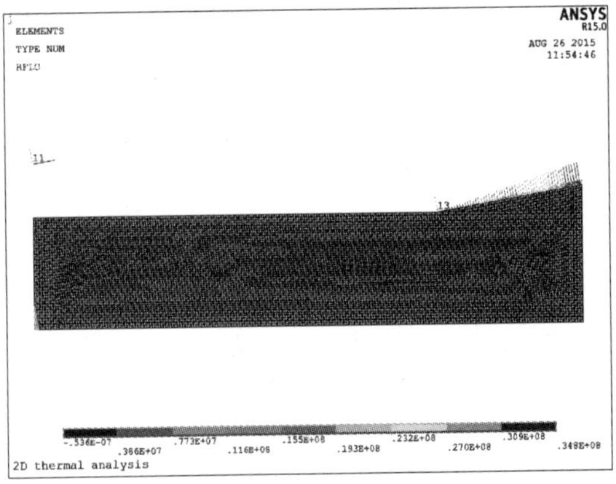

图 8-87　砂轮切出区接触弧上热流分布

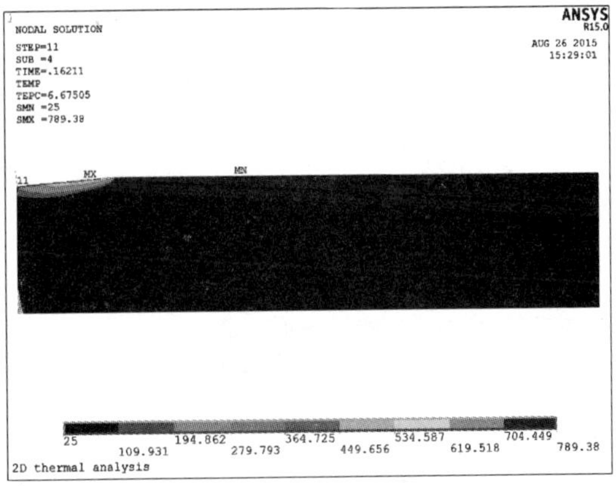

图 8-88　砂轮切入阶段温度分布云图

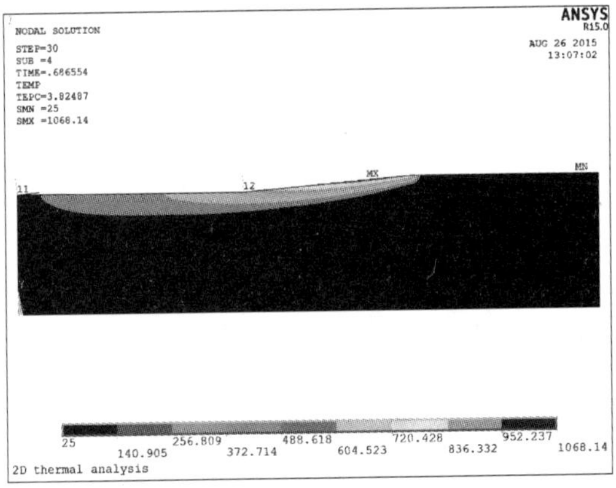

图 8-89　稳定磨削阶段温度分布云图

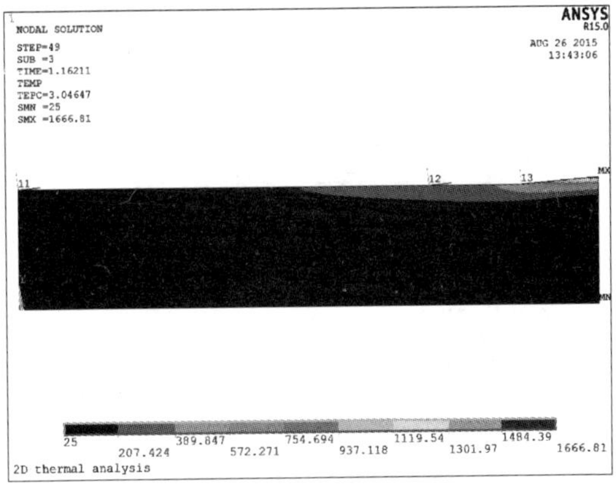

图 8-90　砂轮切出阶段温度分布云图

图 8-91、图 8-92 和图 8-93 分别为三个磨削阶段磨削温度沿砂轮—工件接触弧的分布曲

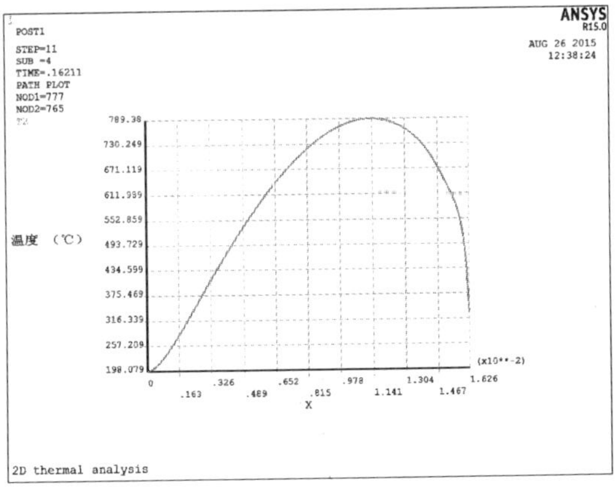

图 8-91　砂轮切入阶段沿接触弧温度分布曲线

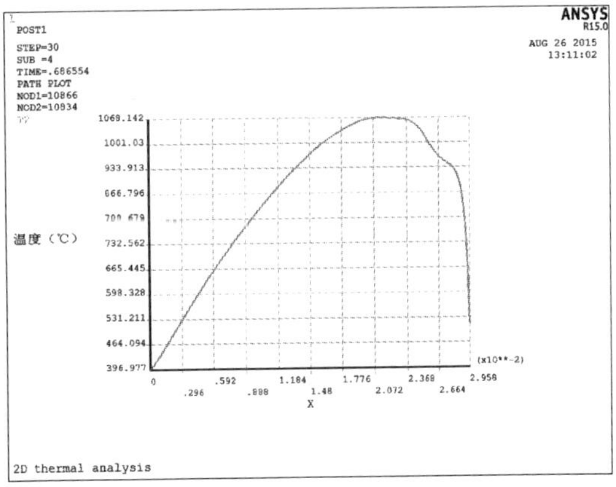

图 8-92　稳定磨削阶段沿接触弧温度分布曲线

线，砂轮切入阶段和温度磨削阶段的最大磨削温度均出现在接触弧的中前部，而砂轮切出阶段的磨削温度沿砂轮—工件接触弧几乎呈线性分布，而且接触弧前端温度非常高。这是因为在砂轮切出阶段，接触弧前方已经没有材料，绝热边界的存在使得传热条件恶化，磨削热量聚集在接触弧下方很有限的材料内，使得工件温度非常高。

进入 ANSYS 软件时间历程后处理器，查看求解后已加工表面不同位置温度随时间的变化曲线如图 8-94 所示，其中 X_1 ~ X_{11} 的位置如图 8-82 所示。

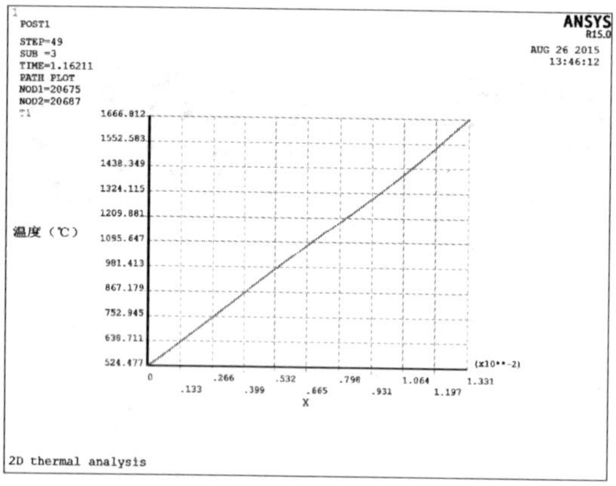

图 8-93　砂轮切出阶段沿接触弧温度分布曲线

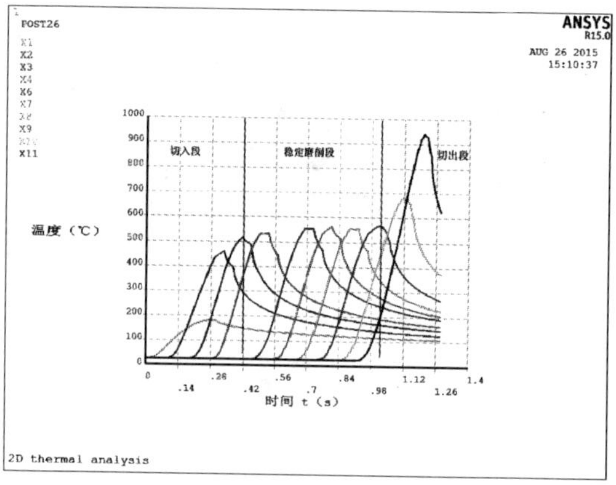

图 8-94　已加工表面不同位置温度随时间的变化曲线

8.4.3　有限元仿真 APDL 程序

```
FINISH
/CLEAR
/CONFIG,NRES,100000
/FILNAME,HEDG 2D THERMAL ANSLYSIS,1
/TITLE,2D THERMAL ANALYSIS
/UNITS,SI
/GRAPHICS,FULL
KEYW,PR_THERM,1
                                        ! 进入前处理器
/PREP7
                                        ! 定义单元
ESTIF,1E-30
ET,1,PLANE75
                                        ! 定义材料参数
MP,DENS,1,7850
MP,C,1,460
MP,KXX,1,66.6
                                        ! 输入参数
```

```
FT = 225                                  ! 切向磨削力
AP = 2.5E-3                               ! 磨削深度
VS = 180                                  ! 砂轮线速度
VW = 6/60                                 ! 工件进给速度
De = 0.350                                ! 砂轮直径
LC = SQRT(AP * DS)                        ! 稳定磨削区接触弧长
B = 0.01                                  ! 砂轮宽度
Hw = 0.0225                               ! 工件高度
Bw = 0.1                                  ! 工件宽度
Pt = FT * VS                              ! 磨削功率消耗
QT = Pt/(B * LC)                          ! 总热流量
E = 0.254                                 ! 传入工件的热分配比
QW = E * QT                               ! 传入工件的热流量
LSIZE1 = AP/20                            ! 网格尺寸
FA = ASIN(AP/LC)                          ! 磨削倾角
FB = 180 * FA/3.1415926
                                          ! 模型及网格划分

K,1,,,,
K,2,0,Hw - AP,,
K,3,Bw,Hw - AP,,
K,4,Bw,,,
K,5,0,Hw,,
K,6,Bw,Hw,,
KFILL,2,5,19,100,1,1,
K,20,LSIZE1/TAN(FA),Hw,0
K,50,Bw - LSIZE1/TAN(FA),Hw - AP,0
K,60,Bw - AP/TAN(FA),Hw - AP,0
K,30,AP/TAN(FA),Hw,0
KFILL,20,30,18,200,1,1,
KFILL,3,6,19,300,1,1,
KFILL,50,60,18,400,1,1,
KFILL,2,60,17,500,1,1,
KFILL,30,6,17,600,1,1,
                                          ! 通过关键点创建面,创建砂轮切入区磨削

FLST,2,4,3
FITEM,2,118
FITEM,2,20
FITEM,2,200
FITEM,2,117
```

```
A,P51X
FLST,2,4,3
FITEM,2,117
FITEM,2,200
FITEM,2,201
FITEM,2,116
A,P51X
FLST,2,4,3
FITEM,2,116
FITEM,2,201
FITEM,2,202
FITEM,2,115
A,P51X
FLST,2,4,3
FITEM,2,115
FITEM,2,202
FITEM,2,203
FITEM,2,114
A,P51X
FLST,2,4,3
FITEM,2,114
FITEM,2,203
FITEM,2,204
FITEM,2,113
A,P51X
FLST,2,4,3
FITEM,2,113
FITEM,2,204
FITEM,2,205
FITEM,2,112
A,P51X
FLST,2,4,3
FITEM,2,112
FITEM,2,205
FITEM,2,206
FITEM,2,111
A,P51X
FLST,2,4,3
FITEM,2,111
```

```
FITEM,2,206
FITEM,2,207
FITEM,2,110
A,P51X
FLST,2,4,3
FITEM,2,110
FITEM,2,207
FITEM,2,208
FITEM,2,109
A,P51X
FLST,2,4,3
FITEM,2,109
FITEM,2,208
FITEM,2,209
FITEM,2,108
A,P51X
FLST,2,4,3
FITEM,2,108
FITEM,2,209
FITEM,2,210
FITEM,2,107
A,P51X
FLST,2,4,3
FITEM,2,107
FITEM,2,210
FITEM,2,211
FITEM,2,106
A,P51X
FLST,2,4,3
FITEM,2,106
FITEM,2,211
FITEM,2,212
FITEM,2,105
A,P51X
FLST,2,4,3
FITEM,2,105
FITEM,2,212
FITEM,2,213
FITEM,2,104
```

```
A,P51X
FLST,2,4,3
FITEM,2,104
FITEM,2,213
FITEM,2,214
FITEM,2,103
A,P51X
FLST,2,4,3
FITEM,2,103
FITEM,2,214
FITEM,2,215
FITEM,2,102
A,P51X
FLST,2,4,3
FITEM,2,102
FITEM,2,215
FITEM,2,216
FITEM,2,101
A,P51X
FLST,2,4,3
FITEM,2,101
FITEM,2,216
FITEM,2,217
FITEM,2,100
A,P51X
FLST,2,4,3
FITEM,2,100
FITEM,2,217
FITEM,2,30
FITEM,2,2
A,P51X
                                     ! 通过关键点创建面,创建稳定磨削区磨削
FLST,2,4,3
FITEM,2,2
FITEM,2,30
FITEM,2,600
FITEM,2,500
A,P51X
FLST,2,4,3
```

```
FITEM,2,500
FITEM,2,600
FITEM,2,601
FITEM,2,501
A,P51X
FLST,2,4,3
FITEM,2,501
FITEM,2,601
FITEM,2,602
FITEM,2,502
A,P51X
FLST,2,4,3
FITEM,2,502
FITEM,2,602
FITEM,2,603
FITEM,2,503
A,P51X
FLST,2,4,3
FITEM,2,503
FITEM,2,603
FITEM,2,604
FITEM,2,504
A,P51X
FLST,2,4,3
FITEM,2,504
FITEM,2,604
FITEM,2,605
FITEM,2,505
A,P51X
FLST,2,4,3
FITEM,2,505
FITEM,2,605
FITEM,2,606
FITEM,2,506
A,P51X
FLST,2,4,3
FITEM,2,506
FITEM,2,606
FITEM,2,607
```

```
FITEM,2,507
A,P51X
FLST,2,4,3
FITEM,2,507
FITEM,2,607
FITEM,2,608
FITEM,2,508
A,P51X
FLST,2,4,3
FITEM,2,508
FITEM,2,608
FITEM,2,609
FITEM,2,509
A,P51X
FLST,2,4,3
FITEM,2,509
FITEM,2,609
FITEM,2,610
FITEM,2,510
A,P51X
FLST,2,4,3
FITEM,2,510
FITEM,2,610
FITEM,2,611
FITEM,2,511
A,P51X
FLST,2,4,3
FITEM,2,511
FITEM,2,611
FITEM,2,612
FITEM,2,512
A,P51X
FLST,2,4,3
FITEM,2,512
FITEM,2,612
FITEM,2,613
FITEM,2,513
A,P51X
FLST,2,4,3
```

```
FITEM,2,513
FITEM,2,613
FITEM,2,614
FITEM,2,514
A,P51X
FLST,2,4,3
FITEM,2,514
FITEM,2,614
FITEM,2,615
FITEM,2,515
A,P51X
FLST,2,4,3
FITEM,2,515
FITEM,2,615
FITEM,2,616
FITEM,2,516
A,P51X
FLST,2,4,3
FITEM,2,516
FITEM,2,616
FITEM,2,6
FITEM,2,60
A,P51X
                                                  ! 通过关键点创建面,创建砂轮切出区磨削
FLST,2,4,3
FITEM,2,417
FITEM,2,60
FITEM,2,6
FITEM,2,318
A,P51X
FLST,2,4,3
FITEM,2,416
FITEM,2,417
FITEM,2,318
FITEM,2,317
A,P51X
FLST,2,4,3
FITEM,2,415
FITEM,2,416
```

```
FITEM,2,317
FITEM,2,316
A,P51X
FLST,2,4,3
FITEM,2,414
FITEM,2,415
FITEM,2,316
FITEM,2,315
A,P51X
FLST,2,4,3
FITEM,2,413
FITEM,2,414
FITEM,2,315
FITEM,2,314
A,P51X
FLST,2,4,3
FITEM,2,412
FITEM,2,413
FITEM,2,314
FITEM,2,313
A,P51X
FLST,2,4,3
FITEM,2,411
FITEM,2,412
FITEM,2,313
FITEM,2,312
A,P51X
FLST,2,4,3
FITEM,2,410
FITEM,2,411
FITEM,2,312
FITEM,2,311
A,P51X
FLST,2,4,3
FITEM,2,409
FITEM,2,410
FITEM,2,311
FITEM,2,310
A,P51X
```

```
FLST,2,4,3
FITEM,2,408
FITEM,2,409
FITEM,2,310
FITEM,2,309
A,P51X
FLST,2,4,3
FITEM,2,407
FITEM,2,408
FITEM,2,309
FITEM,2,308
A,P51X
FLST,2,4,3
FITEM,2,406
FITEM,2,407
FITEM,2,308
FITEM,2,307
A,P51X
FLST,2,4,3
FITEM,2,405
FITEM,2,406
FITEM,2,307
FITEM,2,306
A,P51X
FLST,2,4,3
FITEM,2,404
FITEM,2,405
FITEM,2,306
FITEM,2,305
A,P51X
FLST,2,4,3
FITEM,2,403
FITEM,2,404
FITEM,2,305
FITEM,2,304
A,P51X
FLST,2,4,3
FITEM,2,402
FITEM,2,403
```

```
FITEM,2,304
FITEM,2,303
A,P51X
FLST,2,4,3
FITEM,2,401
FITEM,2,402
FITEM,2,303
FITEM,2,302
A,P51X
FLST,2,4,3
FITEM,2,400
FITEM,2,401
FITEM,2,302
FITEM,2,301
A,P51X
FLST,2,4,3
FITEM,2,50
FITEM,2,400
FITEM,2,301
FITEM,2,300
A,P51X
FLST,2,3,3
FITEM,2,3
FITEM,2,50
FITEM,2,300
A,P51X
                                        ! 通过关键点创建面,创建工件
FLST,2,4,3
FITEM,2,1
FITEM,2,2
FITEM,2,3
FITEM,2,4
A,P51X
                                        ! 使用面粘结
FLST,2,58,5,ORDE,2
FITEM,2,1
FITEM,2,-58
AGLUE,P51X
NUMCMP,ALL                              ! 压缩对象编号
```

```
SAVE
                                                     ! 网格划分

ASEL,,,,ALL
AATT,1,,1,0
ASEL,,,,ALL
LESIZE,ALL,LSIZE1,,,,1,,,1,                          ! 设定网格尺寸
MSHKEY,0
FLST,5,58,5,ORDE,2
FITEM,5,1
FITEM,5,-58
CM,_Y,AREA
ASEL,,,,P51X
CM,_Y1,AREA
CHKMSH,'AREA'
CMSEL,S,_Y
! *
AMESH,_Y1
! *
CMDELE,_Y
CMDELE,_Y1
CMDELE,_Y2
! *
SAVE
                                                     ! 进入求解器

/SOLU
ANTYPE,TRANS,NEW
TIMINT,0,STRUCT
TIMINT,1,THERM
TIMINT,0,MAG
TIMINT,0,ELECT
TREF,25
NROPT,FULL
AUTOS,ON
KBC,1
PRED,ON
LNSRCH,ON
SAVE
                                                     ! 砂轮切入阶段求解

LOCAL,11,0,0,0.02+AP-LSIZE1,0,FB,0,0,,,              ! 建立第一个移动的局部坐标系
```

```
LC1 = LSIZE1/SIN(FA)                                    ! 初始接触弧长
                                                        ! 热流密度计算函数
*DEL,_FNCNAME
*DEL,_FNCMTID
*DEL,_FNC_C1
*DEL,_FNC_C2
*DEL,_FNCCSYS
*DEL,'HEATFLUX'
*SET,_FNCNAME,'HEATFLUX'
*DIM,_FNC_C1,,1
*DIM,_FNC_C2,,1
*SET,_FNC_C1(1),QW
*SET,_FNC_C2(1),LC1
*SET,_FNCCSYS,11
! /INPUT,HEATFLUX.FUNC,,,1
*DIM,%_FNCNAME%,TABLE,6,5,1,,,,%_FNCCSYS%
!
! BEGIN OF EQUATION:(2*QW/LC1)*{X}
%_FNCNAME%(0,0,1) = 0.0, -999
%_FNCNAME%(2,0,1) = 0.0
%_FNCNAME%(3,0,1) = %_FNC_C1(1)%
%_FNCNAME%(4,0,1) = %_FNC_C2(1)%
%_FNCNAME%(5,0,1) = 0.0
%_FNCNAME%(6,0,1) = 0.0
%_FNCNAME%(0,1,1) = 1.0, -1,0,2,0,0,17
%_FNCNAME%(0,2,1) = 0.0, -2,0,1, -1,3,17
%_FNCNAME%(0,3,1) =   0, -1,0,1, -2,4,18
%_FNCNAME%(0,4,1) = 0.0, -2,0,1, -1,3,2
%_FNCNAME%(0,5,1) = 0.0,99,0,1, -2,0,0
! END OF EQUATION:(2*QW/LC1)*{X}
! -->
ALLSEL
NSEL,S,LOC,Y,0
NSEL,R,LOC,X,0,LC1
SF,ALL,HFLUX,%HEATFLUX%                                 ! 施加热流载荷
ALLSEL
T1 = LSIZE1/TAN(FA)/VW
TIME,T1
TIMINT,ON
```

```
AUTOTTS,1
NSUBST,10,10,1
OUTRES,ERASE
OUTRES,ALL,ALL
SOLVE
NSLE,S,ALL
NSEL,R,LOC,Y,0
NSEL,R,LOC,X,0,LC1
SFDELE,ALL,HFLUX
ALLSEL
*DO,I,1,19,1                                    ! 开始砂轮切入磨削阶段加载循环
LOCAL,11,0,0,0.02+AP-(I+1)*LSIZE1,0,FB,0,0,,,
LC1=LSIZE1*(I+1)/SIN(FA)                        ! 砂轮切入阶段随时间变化的接触
                                                  弧长
                                                ! 热流密度计算函数
*DEL,_FNCNAME
*DEL,_FNCMTID
*DEL,_FNC_C1
*DEL,_FNC_C2
*DEL,_FNCCSYS
*DEL,'HEATFLUX'
*SET,_FNCNAME,'HEATFLUX'
*DIM,_FNC_C1,,1
*DIM,_FNC_C2,,1
*SET,_FNC_C1(1),QW
*SET,_FNC_C2(1),LC1
*SET,_FNCCSYS,11
! /INPUT,HEATFLUX.FUNC,,,1
*DIM,%_FNCNAME%,TABLE,6,5,1,,,,%_FNCCSYS%
!
! BEGIN OF EQUATION:(2*QW/LC1)*{X}
%_FNCNAME%(0,0,1) = 0.0,-999
%_FNCNAME%(2,0,1) = 0.0
%_FNCNAME%(3,0,1) = %_FNC_C1(1)%
%_FNCNAME%(4,0,1) = %_FNC_C2(1)%
%_FNCNAME%(5,0,1) = 0.0
%_FNCNAME%(6,0,1) = 0.0
%_FNCNAME%(0,1,1) = 1.0,-1,0,2,0,0,17
%_FNCNAME%(0,2,1) = 0.0,-2,0,1,-1,3,17
```

```
%_FNCNAME%(0,3,1) =    0, -1,0,1, -2,4,18
%_FNCNAME%(0,4,1) = 0.0, -2,0,1, -1,3,2
%_FNCNAME%(0,5,1) = 0.0,99,0,1, -2,0,0
! END OF EQUATION:(2 * QW/LC1) * {X}
!  - - >
ALLSEL
                                                        ! 施加热流密度
ASEL,S,,,%I%                                            ! 选择编号为“I”的面
NSLA,S,1
ESLN,S,1
EKILL,ALL                                               ! 杀死所选单元
ALLSEL
ESEL,S,LIVE
NSEL,S,LOC,Y,0
NSEL,R,LOC,X,0,LC1
SF,ALL,HFLUX,%HEATFLUX%                                 ! 施加热流载荷
ALLSEL
T2 = I * LSIZE1/TAN(FA)/VW
TIME,T1 + T2
TIMINT,ON
AUTOTTS,1
NSUBST,10,10,1
OUTRES,ERASE
OUTRES,ALL,ALL
SOLVE
NSLE,S,ALL
NSEL,R,LOC,Y,0
NSEL,R,LOC,X,0,LC1
SFDELE,ALL,HFLUX
ALLSEL
* ENDDO                                                 ! 结束砂轮切入阶段加
                                                          载循环
SAVE
                                                        ! 稳定磨削阶段
* DO,J,1,18,1                                           ! 开始稳定磨削阶段加
                                                          载循环
LOCAL,12,0,J * (0.1 - AP/TAN(FA))/18,0.02,0,FB,0,0,,,   ! 建立第二个移动的局
                                                          部坐标系
                                                        ! 热流密度计算函数
```

```
* DEL,_FNCNAME
* DEL,_FNCMTID
* DEL,_FNC_C1
* DEL,_FNC_C2
* DEL,_FNCCSYS
* DEL,'HEATFLUX'
* SET,_FNCNAME,'HEATFLUX'
* DIM,_FNC_C1,,1
* DIM,_FNC_C2,,1
* SET,_FNC_C1(1),QW
* SET,_FNC_C2(1),LC
* SET,_FNCCSYS,12
! /INPUT,HEATFLUX.FUNC,,,1
* DIM,%_FNCNAME%,TABLE,6,5,1,,,,%_FNCCSYS%
!
! BEGIN OF EQUATION:(2 * QW/LC) * {X}
%_FNCNAME%(0,0,1) = 0.0, -999
%_FNCNAME%(2,0,1) = 0.0
%_FNCNAME%(3,0,1) = %_FNC_C1(1)%
%_FNCNAME%(4,0,1) = %_FNC_C2(1)%
%_FNCNAME%(5,0,1) = 0.0
%_FNCNAME%(6,0,1) = 0.0
%_FNCNAME%(0,1,1) = 1.0, -1,0,2,0,0,17
%_FNCNAME%(0,2,1) = 0.0, -2,0,1, -1,3,17
%_FNCNAME%(0,3,1) =    0, -1,0,1, -2,4,18
%_FNCNAME%(0,4,1) = 0.0, -2,0,1, -1,3,2
%_FNCNAME%(0,5,1) = 0.0,99,0,1, -2,0,0
! END OF EQUATION:(2 * QW/LC) * {X}
! -->
ALLSEL
ASEL,S,,,%I+J%                                  ! 选择编号为"I+J"的面
NSLA,S,1
ESLN,S,1
EKILL,ALL                                       ! 杀死选择单元
ALLSEL
ESEL,S,LIVE
NSEL,S,LOC,Y,0
NSEL,R,LOC,X,0,LC
SF,ALL,HFLUX,%HEATFLUX%                         ! 施加热流载荷
```

```
ALLSEL
T3 = J * (0.1 - AP/TAN(FA))/18/VW
TIME,T1 + T2 + T3
TIMINT,ON
AUTOTTS,1
NSUBST,5,5,1
OUTRES,ERASE
OUTRES,ALL,ALL
SOLVE
ESEL,S,LIVE
NSLE,S,ALL
NSEL,R,LOC,Y,0
NSEL,R,LOC,X,0,LC
SFDELE,ALL,HFLUX
ALLSEL
*ENDDO                                        ! 结束稳定磨削阶段加载循环
                                              ! 砂轮切出阶段求解
*DO,N,1,19,1                                  ! 开始切出阶段加载循环
LOCAL,13,0,J * (0.1 - AP/TAN(FA))/18 + N * (LSIZE1/TAN(FA)),0.02,0,FB,0,
0,,,                                          ! 建立第三个移动的局部坐标系
LC2 = LSIZE1 * (20 - N)/SIN(FA)               ! 砂轮切出阶段随时间变化的接触
                                                弧长
                                              ! 热流密度计算函数
*DEL,_FNCNAME
*DEL,_FNCMTID
*DEL,_FNC_C1
*DEL,_FNC_C2
*DEL,_FNCCSYS
*DEL,'HEATFLUX'
*SET,_FNCNAME,'HEATFLUX'
*DIM,_FNC_C1,,1
*DIM,_FNC_C2,,1
*SET,_FNC_C1(1),QW
*SET,_FNC_C2(1),LC2
*SET,_FNCCSYS,13
! /INPUT,HEATFLUX.FUNC,,,1
*DIM,%_FNCNAME%,TABLE,6,5,1,,,,%_FNCCSYS%
!
! BEGIN OF EQUATION:(2 * QW/LC2) * {X}
```

```
%_FNCNAME%(0,0,1) = 0.0, -999
%_FNCNAME%(2,0,1) = 0.0
%_FNCNAME%(3,0,1) = %_FNC_C1(1)%
%_FNCNAME%(4,0,1) = %_FNC_C2(1)%
%_FNCNAME%(5,0,1) = 0.0
%_FNCNAME%(6,0,1) = 0.0
%_FNCNAME%(0,1,1) = 1.0, -1,0,2,0,0,17
%_FNCNAME%(0,2,1) = 0.0, -2,0,1, -1,3,17
%_FNCNAME%(0,3,1) =    0, -1,0,1, -2,4,18
%_FNCNAME%(0,4,1) = 0.0, -2,0,1, -1,3,2
%_FNCNAME%(0,5,1) = 0.0,99,0,1, -2,0,0
! END OF EQUATION:(2 * QW/LC2) * {X}
! --->
ALLSEL
ASEL,S,,,%I+J+N%                          ! 选择编号为“I+J+N”的面
NSLA,S,1
ESLN,S,1
EKILL,ALL                                 ! 杀死选择单元
ALLSEL
ESEL,S,LIVE
NSEL,S,LOC,Y,0
NSEL,R,LOC,X,0,LC2
SF,ALL,HFLUX,%HEATFLUX%                   ! 施加热流载荷
ALLSEL
T4 = N * (LSIZE1/TAN(FA))/VW
TIME,T1 + T2 + T3 + T4
TIMINT,ON
AUTOTTS,1
NSUBST,5,5,1
OUTRES,ERASE
OUTRES,ALL,ALL
SOLVE
ESEL,S,LIVE
NSLE,S,ALL
NSEL,R,LOC,Y,0
NSEL,R,LOC,X,0,LC2
SFDELE,ALL,HFLUX
ALLSEL
*ENDDO                                    ! 结束切出阶段加载循环
```